采掘机械

宋青龙　任瑞云　主　编
吴　晗　谢继华　副主编
格日乐　卜桂玲　参　编

北京理工大学出版社
BEIJING INSTITUTE OF TECHNOLOGY PRESS

内 容 提 要

本书全面、系统地介绍了矿山采掘机械、支护设备、掘进机械和装载机械的主要类型、结构、工作原理、工作性能、运行理论、电气控制系统、选型计算以及运行维护、检修等方面的内容，并对其在本领域中的新技术、新成果、新产品及发展方向作了相应介绍。为便于组织教学，每章附有相应的习题和思考题。本书突出应用型本科院校教育培养应用型人才的特点，从矿山生产实际出发，以应用为目的，以理论适度、概念清楚、突出应用为重点，内容充实，具有先进性、实用性。

本书可作为高等学校矿山机电等矿业类相关专业的教材和参考书，也可作为有关工程技术人员的参考资料。

版权专有 侵权必究

图书在版编目（CIP）数据

采掘机械 / 宋青龙，任瑞云主编. —北京：北京理工大学出版社，2020.6
ISBN 978-7-5682-8502-5

Ⅰ. ①采… Ⅱ. ①宋… ②任… Ⅲ. ①采掘机–高等学校–教材 Ⅳ. ①TD421.5

中国版本图书馆 CIP 数据核字（2020）第 089538 号

出版发行 / 北京理工大学出版社有限责任公司	
社　　址 / 北京市海淀区中关村南大街 5 号	
邮　　编 / 100081	
电　　话 / （010）68914775（总编室）	
（010）82562903（教材售后服务热线）	
（010）68948351（其他图书服务热线）	
网　　址 / http://www.bitpress.com.cn	
经　　销 / 全国各地新华书店	
印　　刷 / 涿州市新华印刷有限公司	
开　　本 / 787 毫米×1092 毫米　1/16	
印　　张 / 14	责任编辑 / 钟　博
字　　数 / 329 千字	文案编辑 / 钟　博
版　　次 / 2020 年 6 月第 1 版　2020 年 6 月第 1 次印刷	责任校对 / 周瑞红
定　　价 / 69.00 元	责任印制 / 李志强

图书出现印装质量问题，请拨打售后服务热线，本社负责调换

校企合作教材编委会

主　任：侯　岩　马乡林

副主任：梁秀梅　于德勇　孟祥宏　周如刚
　　　　卜桂玲

编　委：金　芳　任瑞云　王　英　宋国岩
　　　　孙　武　栗井旺　陈　峰　丁志勇
　　　　谢继华　陈文涛　格日乐　吴　晗
　　　　宋青龙　李　刚　宋　辉　王　巍
　　　　孙志文　王　丽　田　炜

前　言

本书是根据国家对地方本科院校转型发展的要求，积极探索并实施校企合作等应用型人才培养模式，探索应用型课程内容，结合职业标准教学模式，并总结编者多年来的经验编写而成。

依据培养应用型人才的要求和煤炭行业的特点，本着"理论的实用性、教材的科学性、技术的先进性"的指导思想，本书注重基本概念、基本原理、基本结构的分析，在精选内容的基础上，力求贴近矿山生产实际，使教材内容适应矿山生产的现状和发展的需要。为便于组织教学，每章附有相应的习题和思考题。

本书由呼伦贝尔学院的宋青龙和任瑞云担任主编。参与本书编写的还有呼伦贝尔学院的卜桂玲、吴晗、格日乐，扎赉诺尔煤业有限责任公司的谢继华。全书由宋青龙和任瑞云负责统稿，吴晗和谢继华担任副主编，任瑞云教授、谢继华高级工程师对全部书稿进行了仔细审读，并提出了许多十分中肯的修改意见，对保障和提高本书的质量起到了关键作用。

在本书的编写过程中，神华大雁矿业集团有限责任公司、扎赉诺尔煤业有限责任公司、大同煤矿集团有限责任公司、神华集团有限责任公司等单位的领导和同事给予了大力支持，在此一并表示衷心的感谢。

在编写过程中，我们参考了许多文献、资料，在此对这些文献、资料的编著者表示衷心的感谢！

由于水平有限，书中的错误和不妥之处在所难免，敬请使用本书的广大师生和读者批评、指正。

编　者

目　　录

第一章 采煤机械

第一节 概 述

我国是产煤大国，煤炭是我国的主要能源之一。随着采煤机械化的发展，采煤机是现在最主要的采煤机械，是实现煤矿生产机械化和现代化的重要设备之一。煤炭工业的机械化是指采掘、支护、运输、提升的机械化。采掘包括采煤和掘进巷道。机械化采煤可以减轻体力劳动、提高安全性，达到高产量、高效率、低消耗的目的。采煤机械主要有滚筒采煤机和刨煤机两种。

一、采煤机的发展

20 世纪 40 年代初，英国和苏联相继研制出链式采煤机。这种采煤机主要采用截链落煤的方式，即在截链上安装被称为截齿的专用截煤工具，其工作效率低。同时德国研制出了用刨削方式落煤的刨煤机。

20 世纪 50 年代初，英国和德国相继研制出固定滚筒采煤机，这就是第一代采煤机。其在采煤机上安装有截煤滚筒，这是一种圆筒形部件，其上装有截齿，用截煤滚筒实现装煤和落煤。

进入 20 世纪 60 年代，英国、德国、法国和苏联先后对采煤机的截煤滚筒作出革命性的改进。第二代采煤机——单滚筒采煤机和第三代采煤机——双滚筒采煤机相继诞生。

第二代采煤机的改进：其一是截煤滚筒可以在使用中调整高度，完全解决对煤层赋存条件的适应性；其二是把圆筒形截煤滚筒改进成螺旋叶片式截煤滚筒，即螺旋滚筒，极大地提高了装煤效果。这两项关键的改进是滚筒式采煤机成为现代化采煤机械的基础。可调高螺旋滚筒采煤机或刨煤机与液压支架和可弯曲输送机配套，构成综合机械化采煤设备，使煤炭生产进入高产、高效、安全和可靠的现代化发展阶段。从此，综合机械化采煤设备成为各国地下开采煤矿的发展方向。20 世纪 70 年代以来，综合机械化采煤设备朝着大功率、遥控、遥测的方向发展，其性能日臻完善，生产率和可靠性进一步提高。1970 年无链牵引采煤机的研制及 1976 年第四代采煤机——电牵引采煤机的出现，使工矿自动检测、故障诊断以及计算机数据处理和数显等先进的监控技术在采煤机上得到应用。

采煤机的发展方向如下：

（1）牵引方式向电牵引和无链牵引的方向发展。

（2）大功率化。采煤机的功率将达到 1 100～1 500 kW，以电牵引为主。

（3）切割速度提高。以 14～16 m/min 的切割速度为目标。

（4）截煤滚筒的切割深度逐步增加。如今在澳大利亚，1.0 m 的切割深度很普遍。

（5）调整方式趋向交流变频调速。

（6）调高范围逐步增大。目前中厚煤层最大采高可达 5 m，薄煤层采高最低，为 0.8 m。

二、采煤机的分类方法

采煤机的分类方法如下：

（1）按滚筒数目来分，可分为单滚筒、双滚筒采煤机；

（2）按煤层厚度来分，可分为厚煤层、中厚煤层、薄煤层采煤机；

（3）按调高方式来分，可分为固定滚筒式、摇臂调高式、机身摇臂调高式采煤机；

（4）按牵引传动方式来分，可分为机械牵引、液压牵引、电牵引采煤机；

（5）按机身设置方式来分，可分为横向布置、纵向布置采煤机；

（6）按牵引机构来分，可分为有链牵引、无链牵引采煤机。

下面介绍滚筒采煤机。

滚筒采煤机是一种用于 0.8～2 m 薄煤层开采的综合机械化采煤设备，集"采、装、运"功能于一身，配备自动化控制系统实现无人工作面全自动化采煤。由于滚筒采煤机对电动机的高品质需求，滚筒采煤机价格一般高于普通采煤机 1～2 倍，且生产效率大大高于普通采煤机。例如"三一重装"的滚筒煤机在良好状态下可日产煤 5 000 t，并且将采煤机不宜开采的薄煤层开采出来，避免了资源的浪费。图 1－1 所示是滚筒采煤机外形。

图 1－1　滚筒采煤机外形

滚筒采煤机是一种外牵引的浅截式采煤机，采用刨削的方式落煤，并通过煤刨的梨面将煤装入输送机的工作面。

1. 滚筒采煤机的优点

（1）截深较浅（一般为 50～100 mm），可充分利用煤的压张效应，刨削力及单位能耗小。

（2）刨落下的煤的块度大（平均切屑断面面积为 70～80 cm²），煤粉量和煤尘少，劳动条件好。

（3）结构简单，可靠刨头的位置可以设计得很低（300 mm），可实现薄煤层和极薄煤层的机械化采煤。

（4）工人不必跟机操作，可在顺槽控制台进行操作。

2. 滚筒采煤机的缺点

（1）对地质条件的适应性差。

（2）调高比较困难，开采硬煤层比较困难。

（3）刨头与输送机和底板的摩擦阻力大，电动机功率的利用率低。

3. 滚筒采煤机的适用条件

（1）中硬及中硬以下煤质应选用拖钩刨，中硬以上煤质应选用滑行刨。滚筒采煤机最适合刨节理发达的脆性煤，硬煤一般不宜用滚筒采煤机，最好要求不黏顶煤。如煤层轻度黏顶，则可用人工处理。要求含硫化铁的块度小，且含量不多，使分布位置不影响滚筒采煤机刨煤。

（2）顶板中等及以下稳定的工作面用滚筒采煤机，可采用液压支架与其配套使用。要求底板较平整，没有底鼓或超过 70～100 mm 的起伏不平。拖钩刨要求底板中等硬度，否则煤刨容易"啃底"。泥岩、黏土砂质岩等软底板，宜用滑行刨。用滚筒采煤机的机采工作面，要求顶板中等稳定，用点柱或带帽点柱支护顶板。顶板允许裸露宽度为 0.8～1.1 m，时间为 2～3 h。要求伪顶厚不大于 200 mm。

（3）煤层沿走向及倾斜方向没有大的断层及褶曲现象。小断层落差为 0.3～0.5 m 时可以采用滚筒采煤机，大于 0.5 m 时应超前处理。

（4）煤层厚度为 0.5～2.0 m，倾角小于 25°（最好在 15° 以下）。

4. 滚筒采煤机采煤时必须遵守的规定

（1）沿工作面，必须至少每隔 12 m 装设能随时停止刨头和刮板输送机的装置，也可发送信号，由刨煤机操作员集中操作。

（2）滚筒采煤机应有刨头位置指示器，同时必须在刮板输送机两端设置明显标志，防止刨头同刮板输送机机头撞击。

（3）工作面倾角在 12° 以上时，配套的刮板输送机必须装设防滑锚固装置，防止滚筒采煤机组在作业时下滑。

5. 使用滚筒采煤机的规定和要求

（1）试车时应遵守以下规定：

① 用电话或声光信号发出开机信号，让工作面上的所有人员退到安全地点；

② 乳化液泵运输巷及工作面刮板输送机顺序启动；

③ 打开供水喷雾装置，喷雾应良好；

④ 点动滚筒采煤机两次。经检查，各部声音正常，仪表指示准确，牵引链松紧合适，方可正式刨煤。

（2）滚筒采煤机要根据煤层硬度调整刨煤深度。为避免上漂或下扎，要随时调整刨刀角度，采高上限要小于支架高度 0.1 m，不准割碰顶梁。

（3）刨头被卡住时，必须停机，查找原因，不准来回开动刨头进行冲击。

（4）不准用滚筒采煤机刨坚硬夹石或硫化铁夹层。必须经过放炮处理后，才准开机刨煤。

（5）紧链时，任何人不准靠近紧链叉或紧链钩。紧链工具取下后方可启动滚筒采煤机。

（6）不准用滚筒采煤机牵拉、推移、拖吊其他设备、物件。

（7）非紧急情况下，不准用紧急开关停止滚筒采煤机。

（8）不刨煤时，不得让滚筒采煤机空运转，只许点动开关，以防止过位损坏设备。

（9）发现刨刀不锋利时，应立即更换。更换时，要将开关打在停电位置并闭锁刮板输送机，通知其他操作员后方可工作。

（10）发现滚筒采煤机有下列情况之一时，应立即停止刨煤，妥善处理后方可继续刨煤：

① 运转部件发出异常声音、强烈震动或温度超限时；

② 各种指示灯、仪表指示异常时；

③ 无直接操作滚筒采煤机和刮板输送机随时启动或停止的安全装置或该装置失灵时；

④ 刨头被卡住闷车时；

⑤ 有危及人员安全情况时；

⑥ 工作面、运输巷刮板输送机停机时。

6. 滚筒采煤机的组成

滚筒采煤机基本上以双滚筒采煤机为主，其由截割部、牵引部、电气系统和辅助（附属）装置四部分组成，如图1-2所示。

（1）截割部。截割部包括摇臂齿轮箱（对整体调高采煤机来说，摇臂齿轮箱和机头齿轮箱为一整体）、机头齿轮箱、滚筒及附件，主要作用是落煤、碎煤和装煤。

（2）牵引部。牵引部由牵引传动装置和牵引机构组成，牵引机构是移动采煤机的执行机构，又分为有链牵引和无链牵引。牵引部的主要作用是控制采煤机，使其按要求沿工作面运行，并对采煤机进行过载保护。

（3）电气系统。电气系统包括电动机及其箱体和装有各种电子元件的中间箱（连接筒）。它为采煤机提供动力并对其进行过载保护及控制其动作。

（4）辅助（附属）装置。辅助装置包括挡煤板，底托架，电缆拖曳装置，供水喷雾冷却装置及调高、调斜等装置。

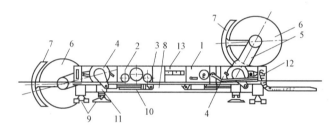

图1-2 双滚筒采煤机的组成

1—电动机；2—牵引部；3—牵引链；4—机头减速箱；5—摇臂；6—滚筒；7—弧形挡煤板；
8—底托架；9—滑靴；10—摇臂调高油缸；11—机身调斜油缸；12—电缆拖曳装置；13—电气控制箱

7. 滚筒采煤机的工作原理

滚筒采煤机的割煤是通过螺旋滚筒上的截齿对煤壁进行切割实现的。

滚筒采煤机的装煤是通过滚筒螺旋叶片的螺旋面进行装载的，在旋转时利用螺旋叶片的轴向推力，将从煤壁上切割下的煤抛到刮板输送机溜槽内运走。

三、机械化采煤的类型

机械化采煤分为普通机械化采煤（简称"普采"）、高档普通机械化采煤（简称"高档普采"）、综合机械化采煤（简称"综采"）和综采放顶煤采煤（简称"综放"）。其主要区别是它们所使用的支护设备不同。

1. 普通机械化采煤

普通机械化采煤（图1-3）是指用机械方法破煤和装煤，用输送机运煤，用金属支柱和铰接顶梁来支护顶板的采煤方式。其优点是设备投资少，其缺点是安全性差，人工架设顶梁、支柱和降柱慢，生产效率低。

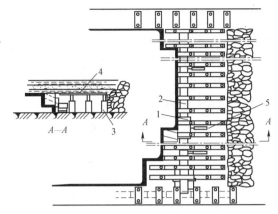

图1-3 普通机械化采煤

1—单滚筒采煤机；2—刮板运输机；3—金属支柱；4—金属铰接顶梁；5—千斤顶

2. 高档普通机械化采煤

高档普通机械化采煤是指用机械化方法破煤和装煤，用输送机运煤，用单体柱支护顶板的采煤方式。其优点是设备投资虽比普通机械化采煤稍多，但安全性稍高；人工架设顶梁、支柱和降柱稍快，生产效率比普通机械化采煤稍高一些。

3. 综合机械化采煤

综合机械化采煤（图1-4）是指用机械化方法破煤和装煤，用输送机运输，用普通液压支架支护顶板的采煤方式。其优点是其设备投资虽比高档普采多，但安全性高；升架和降架快，生产效率比高档普采高。

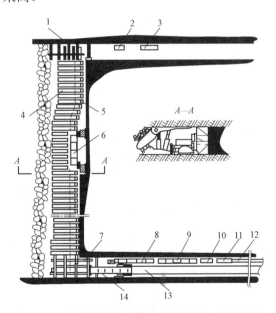

图1-4 综合机械化采煤工作面布置及配套设备

1，7—端头支架；2—液压安全绞车；3—喷雾泵站；4—液压支架；5—刮板运输机；6—双滚筒采煤机；8—集中控制台；
9—配电箱；10—乳化液泵站；11—移动变电站；12—轨道；13—带式运输机；14—转载机

4. 综采放顶煤采煤

综采放顶煤采煤是指用机械化方法破煤和装煤，用输送机运输，用放顶煤液压支架支护顶板的采煤方式。其优点是生产效率高，其缺点是投资大，只适于在特厚煤层中使用。

综放工作面设备是指工作面和平巷生产系统中的机械和电气设备，包括滚筒采煤机（刨煤机）、液压支架、可弯曲刮板输送机、桥式转载机、可伸缩带式输送机、乳化液泵站、供电设备、集中控制设备、单轨吊车以及其他辅助设备等。

1）综放采煤机的工作过程

综放采煤机的工作过程如下：

（1）采煤。

（2）移架。由于在采煤机启动后，液压支架要随之移动，所以应及时支护，以保护设备及人员安全。对于破碎顶板，因顶板易冒落，所以应先移架，以确保安全；而对于不易冒落的稳定顶板，应先推移刮板，再移架，如此可提高生产效率。

（3）推运输机（溜子）。采煤机后 10～15 m 开始。

2）综放采煤机双滚筒位置

一次采全高方式，采用双滚筒采煤，无论是上行采煤，还是下行采煤，总是用采煤机的前滚筒采顶煤，用后滚筒采底煤。因此采煤机换向时，需要把前、后滚筒调整一下位置，这适合采煤方法要求，也有利于采煤机滚筒摇臂的润滑。

二次采全高，采煤用的单滚筒则是上行割顶煤，下行割底煤。

3）综放采煤机的进刀方式

当采煤机沿工作面割完一刀后，需要重新将滚筒切入煤壁，推进一个截深，这一过程称为"进刀"。常用的进刀方式有端部斜切法和中部斜切法两种。

（1）端部斜切法。利用采煤机在工作面两端 25～30 m 范围内斜切进刀称为端部斜切法，如图 1-5 所示。其操作过程如下：

① 采煤机下行正常割煤时，滚筒 2 割顶煤，滚筒 1 割底煤 [图 1-5（a）]，在离滚筒 1 约 10 m 处开始逐段移输送机。当采煤机割到工作面运输巷处（输送机头）时，将滚筒 2 逐渐下降，以割底部残留煤，同时将输送机移成图 1-5（b）所示的弯曲形。

② 翻转挡煤板（现代采煤机已经不设挡煤板了，如果没有则此步省略，下同），将滚筒 1 升到顶部，然后开始上行斜切 [图 1-5（b）中虚线]，斜切长度约为 20 m，同时将输送机移直 [图 1-5（c）]。

③ 翻转挡煤板并将滚筒 1 下降割煤，同时将滚筒 2 上升，然后开始下行切割 [图 1-5（c）中虚线]，直到工作面运输巷。

④ 翻转挡煤板，将滚筒位置上、下对调，由滚筒 2 割残留煤 [图 1-5（d）]，然后快速移过斜切长度（25～30 m）并上行正常割煤，随即移动下部输送机，直到工作面回风巷时又反向牵引。

可见，端部斜切法要在工作面两端近 20 m 地段使采煤机往返一次，翻转挡煤板及对调滚筒位置 3 次，所以工序比较复杂。这种进刀法适用于工作面较长、顶板较稳定的条件。

（2）中部斜切法（半工作面法）。利用采煤机在工作面中部斜切进刀称为中部斜切法，如图 1-6 所示。其操作过程如下：

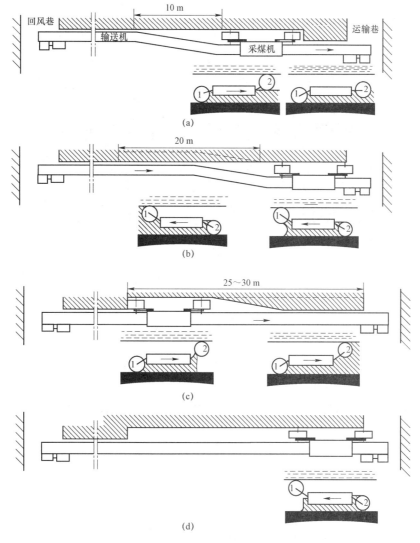

图 1-5　端部斜切法

① 开始时工作面是直的，输送机在工作面中部弯曲 [图 1-6 (a)]，采煤机在工作面运输巷将滚筒 1 升起，待滚筒 2 割完残留煤后快速上行至工作面中部，装净上一刀留下的浮煤，并逐步使滚筒斜切入煤壁 [图 1-6 (a) 中虚线]；然后转入正常割煤，直到工作面回风巷；再翻转挡煤板，将滚筒 1 下降割残留煤，同时将下部输送机移直，这时工作面是弯的，输送机是直的 [图 1-6 (b)]。

② 将滚筒 2 升起，机器下行割掉残留煤后，快速移到中部，逐步使滚筒斜切入煤壁 [图 1-6 (b) 中虚线]，转入正常割煤，直到工作面运输巷；再翻转挡煤板，将滚筒 2 下降，即完成了一次进刀；然后将上部输送机逐步移成图 1-6 (c) 所示状态，即又恢复到工作面是直的，输送机是弯的位置。

③ 将滚筒 1 上升，机器快速移到工作面中部，又开始新的斜切进刀。

4）滚筒采煤机的割煤方式

滚筒采煤机的割煤方式可分为单向割煤和双向割煤两种。

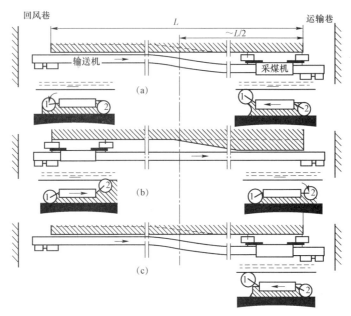

图 1-6 中部斜切法

（1）单向割煤。采煤机沿工作面全长往返一次只进一刀的割煤方式称为单向割煤。单向割煤一般用在煤层厚度小于或等于采煤机采高的条件下。

（2）双向割煤。骑座输送机溜槽的双滚筒采煤机工作时，运动前方的滚筒割顶煤，后随着滚筒割底煤。"爬底板"采煤机则相反，是前滚筒割底煤，后滚筒割顶煤。

割完工作面全长后，需要调换滚筒的上、下位置，并把挡煤板翻转180°，然后进行相反方向的割煤行程。这种采煤机沿工作面牵引一次进一刀，返回时又进一刀的割煤方式称为双向割煤。

第二节　滚筒式采煤机的截割部

采煤机的截割部是由采煤机的工作机构和传动装置所组成的部件。截割部消耗的功率占采煤机装机总功率的80%～90%。工作机构截割性能的好坏、传动装置质量的高低，都将直接影响采煤机的生产率、传动效率、比能耗和使用寿命。生产率高和比能耗低主要体现在截割部。

截割部的作用是将电动机的动力经过减速后，传递给截割滚筒，以进行割煤，并且通过滚筒上的螺旋叶片将截割下来的煤装到工作面输送机上。为提高螺旋滚筒的装煤效果，在滚筒后面还装有挡煤板。

双滚筒采煤机具有两个结构相同、左右对称的截割部，它们分别位于采煤机的两端。左、右截割部可由一个电动机驱动，也可以分别由两个电动机驱动。双滚筒采煤机具有生产能力大，效率高，用于开采中厚煤层时能一次采全高，能自开缺口，装煤效果好，机器稳定，性能好以及不经改装能适用于左、右工作面等优点。

一、滚筒采煤机截割部的工作机构

滚筒采煤机截割部的工作机构的作用是承担落（碎）煤、装煤任务，是采煤机的重要部件。其包括截齿和滚筒两大部件。其中，螺旋滚筒式工作机构是使用较广泛的工作机构，如图1-7所示。

图1-7 螺旋滚筒式工作机构

1. 截齿

1）截齿的作用

截齿是采煤机直接落煤的刀具，其外形如图1-8所示。截齿的几何形状和质量直接影响采煤机的工况、能耗、生产率和吨煤成本。

2）截齿的要求

对截齿的基本要求是强度高、耐磨损、几何形状合理、固定可靠。

3）截齿的类型

采煤机使用的截齿主要有扁截齿和镐形截齿两种，如图1-8所示。

（a）扁截齿　　　　　　　　　　（b）镐形截齿

图1-8 截齿外形

（1）扁截齿。如图1-8（a）所示，扁截齿是沿滚筒径向安装的，故又称径向截齿，习惯称为刀形截齿。这种截齿适用于截割各种硬度的煤，包括坚硬煤和黏性煤，在生产中使用较多。其刀体端面呈矩形。

（2）镐形截齿。如图1-8（b）和图1-9所示，镐形截齿刀体的安装位置接近滚筒的切线处，因此镐形截齿又称为切向截齿。这种截齿一般在脆性煤和节理发达的煤层中具有较好的截割性能。

镐形截齿结构简单，制造容易。从原理上讲，在进行截煤工作时，截齿可以绕轴线自转而自动磨锐，以保持截齿头部锋利，从而利于截煤。

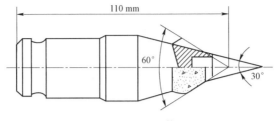

图 1-9　镐形截齿

4）截齿的材料

截齿的材料一般为 40Cr、35CrMnSi、35SiMnV 等合金钢，经调质处理获得足够的强度和韧性。扁截齿的端头镶有硬质合金片，镐形截齿的端头堆焊硬质合金层。硬质合金是一种碳化钨和钴的合金。碳化钨硬度极高，耐磨性好，但性质脆，承受冲击荷载的能力差。在碳化钨中加入适量的钴，可以提高硬质合金的强度和韧性，但硬度稍有降低。截齿上的硬质合金常用 YG-8C 或 YG-11C。YG-8C 适用于截割软煤或中硬煤，而 YG-11C 适用于截割坚硬煤。经验证明，改进截齿结构，适当加大截齿长度，增大切屑厚度，可以提高煤的块度，减少煤尘。

5）截齿的固定

截齿的固定方式，对于小型镐形截齿采用弹簧圈把截齿固定在齿座上；对于扁截齿用柱销将其固定在齿座上，为了防止柱销外移或转动，再用弹簧钢丝定位；有的截齿利用插在橡胶圈内的柱销定位，柱销两端卡在齿座相应的光槽里。具体的固定方法如下（图 1-10）：

（1）扁截齿的固定方式。

① 图 1-10（a）中，销钉和橡胶套装在齿座侧孔内，装入截齿时靠刀体下端斜面将销钉 3 压回，对位后销钉被橡胶套弹回至刀体窝内而将截齿固定；

② 图 1-10（b）中，销钉和橡胶套装在刀体孔中，装入时，销钉沿斜面压入齿座孔中而实现固定；

③ 图 1-10（c）中，销钉和橡胶套装在齿座中，用卡环挡住销钉并防止橡胶套转动，装入时，刀体斜面将销钉压回，靠销钉卡住刀体上的缺口而实现固定。

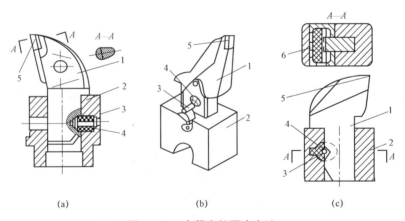

图 1-10　扁截齿的固定方法

1—刀体；2—齿座；3—销钉；4—橡胶套；5—硬质合金头；6—卡环

（2）镐形截齿的固定方式如图 1-11 所示。

6）截齿的配置

螺旋滚筒上截齿的排列规律称为截齿的配置。合理地选择参数和配置形式，可使煤的块度合理，截割比能耗小，滚筒荷载变化小，机器运行稳定。

双头螺旋滚筒截齿的配置及排列示意如图 1-12 所示（截齿配置图是将截齿展开为平面，并将安装角度和位置标在图上）。

用实线表示齿尖的运动轨迹的水平线（即截线）；相邻截线间的距离就是截线距；竖线表示截齿；实心或空心点表示截齿齿尖（实心的点是有角度的）；粗实线代表螺旋叶片；"+"表示向煤壁倾斜；"-"表示向采空区倾斜。不偏斜的齿称为 0° 齿。在螺旋叶片上的齿，一般全部装成 0° 的。

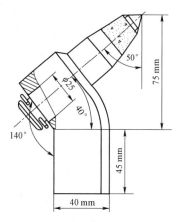

图 1-11　镐形截齿的固定方法

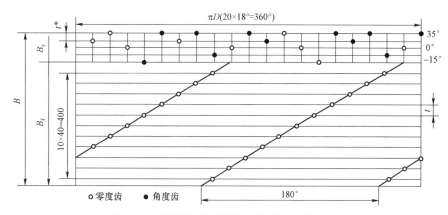

图 1-12　双头螺旋滚筒截齿的配置及排列示意

螺旋滚筒上截齿的特点如下：

（1）叶片上截齿按螺旋线排列，大部分是变截距的，如图 1-13（a）所示。

（2）滚筒端盘截齿排列较密，为了减少端盘与煤壁的摩擦，截齿应倾斜安装。靠内侧的煤壁处顶板压张效应弱，截割阻力较大，为了避免截齿受力过大，减轻截齿过早磨损，端盘截齿配置的截线应加密，截齿应加多。端盘截齿一般为滚筒总截齿数的一半左右，端盘消耗功率一般约占滚筒总功率的 1/3，如图 1-13（b）所示。

2. 螺旋滚筒

1）螺旋滚筒的结构

螺旋滚筒是滚筒采煤机的截割机构，用来落煤和装煤。

螺旋滚筒的结构如图 1-14 所示，主要由叶片、筒毂、端盘组成。螺旋叶片和端盘有齿座，其上装有镐形截齿和扁截齿，叶片由 20～30 mm 厚的钢板锻压而成，内有喷雾水道，两齿座之间装有内喷雾喷嘴。螺旋滚筒一般为铸焊结构，即齿座、筒毂和端盘是单独铸造或锻造的，加工后和叶片组焊成一体。滚筒也有整体铸造的。

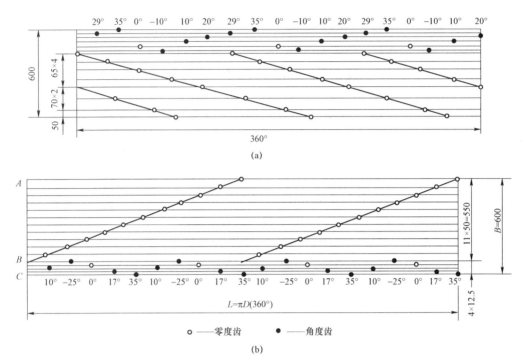

图 1-13 截齿排列示意

（a）变截距截齿排列示意；（b）双头螺旋滚筒截齿排列示意

2）螺旋滚筒的结构参数

螺旋滚筒的结构参数主要有直径、宽度、螺旋叶片的头数和升角以及截齿的排列等。

（1）滚筒的三个直径

滚筒的三个直径是指滚筒直径 D、筒毂直径 D_g 及螺旋叶片外缘直径 D_y，如图 1-14 所示。

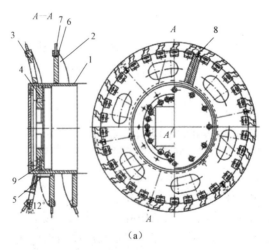

图 1-14 螺旋滚筒的结构及实物

（a）结构

1—筒毂；2—螺旋叶片；3—端盘；4—法兰；5—水管导板；6—齿座；7—截齿；8—喷嘴；9—兰盘内孔

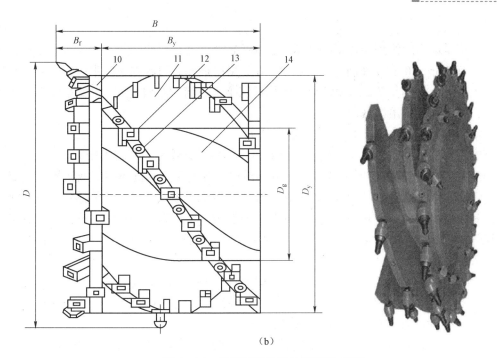

（b）

图1-14 螺旋滚筒的结构及实物（续）

（b）实物

10—端盘；11—螺旋叶片；12—齿座；13—喷嘴；14—筒毂

滚筒直径是截齿齿尖的截割圆直径，是三个直径中最大的直径。常用的直径范围为0.65～2.3 m。我国规定的滚筒直径系列有 0.50 m、0.55 m、0.60 m、0.70 m、0.75 m、0.80 m、0.85 m、0.90 m、0.95 m、1.00 m、1.10 m、1.25 m、1.40 m、1.60 m、1.80 m、2.00 m、2.30 m和 2.60 m。

① 滚筒直径（D）。滚筒直径主要取决于所采煤层的厚度（或采高）和采煤机的形式。对于摇臂调高式双滚筒采煤机，滚筒直径一般应稍大于最大采高的 0.5 倍；对于底托架调高的双滚筒采煤机，滚筒直径一般应小于煤层的最小厚度（一般应小于 0.1～0.2 m）；对于中厚煤层的单滚筒采煤机，滚筒直径应为最大采高的 0.5～0.6 倍；对于薄煤层双滚筒采煤机或一次采全高的单滚筒采煤机，滚筒直径应为煤层最小厚度减去 0.1～0.3 m。

② 筒毂直径（D_g）。筒毂直径决定了叶片间的体积。在相同外缘直径条件下，筒毂直径越小，其空间越大；反之，筒毂直径越大，空间就越小，也使煤在滚筒内循环和重复破碎的可能性增加。

③ 螺旋叶片外缘直径（D_y）。其是指齿座凸出的最大直径。

表 1-1 所示为滚筒三个直径间的关系。

表 1-1 滚筒三个直径间的关系

滚筒直径 D/m	D_y/D_g	通常 D_y/D_g
$D>1$	$\geqslant 2$	1.25～1.67
$D<1$	$\geqslant 2.5$	

（2）滚筒宽度

滚筒宽度是滚筒边缘到端盘最外侧截齿齿尖的距离，也即采煤机的理论截深。目前，采煤机的截深有 0.6～1.0 m 多种规格，其中以 0.6 m 用得最多。随着综采技术的发展，也有加大截深到 1.0～1.2 m 的趋势。一般滚筒的实际截深小于滚筒的结构宽度，也就是滚筒的宽度应等于或稍大于采煤机滚筒截深。

（3）滚筒螺旋叶片头数、升角，旋向及转向

滚筒螺旋叶片头数、升角，旋向及转向对落煤特别是装煤能力有很大影响。

① 叶片头数。根据螺旋叶片的数量，螺旋滚筒可分为单头螺旋滚筒、双头螺旋滚筒、三头螺旋滚筒和四头螺旋滚筒四种。双滚筒采煤机常用的是双头或三头螺旋滚筒。螺旋叶片头数主要是按截割参数的要求确定的，对装煤效果影响不大。直径 $D<1.25$ m 的，一般用双头螺旋滚筒；1.25 m$<D<$1.4 m 的，一般用双头或三头螺旋滚筒；1.4 m$<D<$1.6 m 的，用三头或四头螺旋滚筒。

② 升角。单头螺旋叶片及其展开后的形状如图 1－15 所示。D_y 和 D_g 分别表示螺旋叶片的外径和内径。螺旋的直径不同，升角也不同，螺旋叶片的外缘升角和内缘升角分别为 α_y 和 α_g。显然，螺旋叶片的外缘升角小于内缘升角。

螺旋叶片升角的大小直接影响装煤的效果。一般来说，升角越大，螺旋的排煤能力越大，但升角过大，会将煤抛出很远，以致甩到溜槽的采空区侧，并且引起煤尘飞扬；升角越小，螺旋的排煤能力越小，煤在螺旋叶片内循环，造成煤的重复破碎，使能量消耗增大。大量实验表明，螺旋叶片的外缘升角在 20°左右，螺旋叶片的内缘升角为 40°～50°范围内装煤效果较好。

$$\text{螺旋叶片升角}\ \alpha = \tan^{-1}\frac{nS}{\pi D}$$

式中　　α——螺旋叶片升角；

　　　　n——螺旋头数；

　　　　S——螺距，其大小应保证从滚筒中顺利地排出煤，一般为 0.25～0.4 m；

　　　　D——对应的直径。

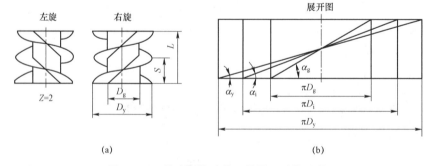

图 1－15　单头螺旋叶片及其展开后的形状

（a）单头螺旋叶片；（b）展开后的形状

③ 旋向。螺旋滚筒螺旋线的方向有左旋和右旋两种，分别称为左旋滚筒和右旋滚筒。其合理的旋向关系到装煤效果、运行稳定性和操作员操作的安全性。

④ 转向。双滚筒采煤机有两个滚筒，分别称为左滚筒和右滚筒。采用反向对滚的双滚筒采煤机，左截割部用左旋滚筒，右截割部用右旋滚筒。一般其前端的滚筒沿顶板割煤，后端滚筒沿底板割煤。这种布置一是可以使两滚筒截割阻力相互抵消，增加机器的稳定性；二是使操作员操作安全，煤尘少，装煤效果好 [图 1-16（a）]。

在某些特殊条件下，例如煤层中部含硬夹矸时，可使左螺旋的右滚筒逆时针旋转，右螺旋的左滚筒顺时针旋转 [图 1-16（b）]。运行中，前滚筒割底煤，后滚筒割顶煤。在下部采空的情况下，中部硬夹矸易被后滚筒破落下来。

某些型号的薄煤层采煤机，滚筒与机体在一条轴线上。前滚筒割出底煤以便机体通过，因此也采用"前底后顶"式布置。后滚筒割顶煤后，立即移支架，以防顶煤或碎矸垮落 [图 1-16（d）]。

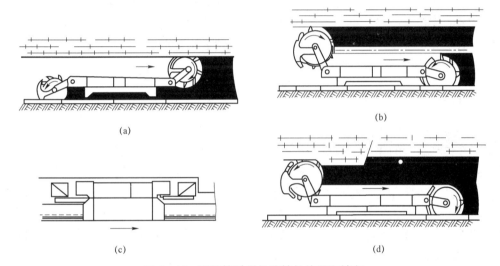

(a)

(b)

(c)

(d)

图 1-16 双滚筒采煤机滚筒的位置和转向

单滚筒采煤机，其转向和工作面有关。左、右工作面是站在工作面下方向上高处看，在左面的称为左工作面，在右面的称为右工作面。

用于左工作面选右螺旋滚筒，用于右工作面选左螺旋滚筒。这样的滚筒旋转方向有利于采煤机稳定运行。当采煤机上行割顶煤时，其滚筒截齿自上而下运行，煤体对截齿的反力是向上的。但因滚筒的上方是顶板，无自由面，故煤体反作用力不会引起机器震动。当机器下行割底煤时，煤体反力向下，也不会引起震动，并且下行时负荷小，也不易产生"啃底"现象。这样的转向还有利于装煤，产生煤尘少，煤块不会抛向操作员位置，如图 1-17 所示。

在特殊情况下，有的工作面将采煤机滚筒位于回风巷方向一端。其在进行截割时，采煤机截割部在工作面上方，牵引部在下方，这时右工作面应采用右螺旋滚筒，左工作面采用左螺旋滚筒。其优点是，改善了操作员的工作条件，可使其少吸煤尘；电动机处在进风流中，有利于操作员的人身安全；电缆车在机体下方，可不必通过机体以减少挤坏电缆事故。其缺点是，上行时机体不稳，功率消耗大；下行时采煤机后方煤尘大，对跟机操作人员的身体健康不利；输送机煤流通过采煤机下部，使块煤率下降，有时还会被大块煤卡住等。因此这种方式应用较少，仅在少数倾角较小的工作面上使用。

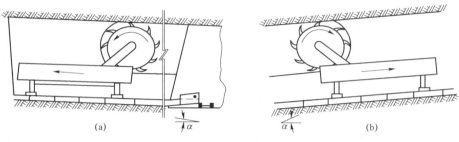

图 1−17　单滚筒采煤机的滚筒转向

（a）右工作面；（b）左工作面

⑤ 滚筒的转速。滚筒的转速对煤的块度、生成的粉尘量以及装煤能力都有影响。一般来说，对于直径一定的滚筒，滚筒的转速越高，切削量就越小，煤的块度就越小，块煤量就越少，产生的煤粉量越大，单位能耗增加。滚筒采煤机要求滚筒的装煤能力大于落煤能力，否则落下的煤会堵塞在螺旋叶片中。因此，滚筒转速的选择要同时考虑装煤效果与煤粉生成量。一般滚筒转速为 30～50 r/min。

二、截割部传动装置

截割部传动装置一般由机头减速箱和摇臂减速箱组成。

截割部传动装置的作用是将电动机的动力传递给滚筒，以达到滚筒转矩的转速需要。由于在截割时要消耗采煤机总功率的 80%～90%，因此要求截割部传动装置具有较高的强度、刚度和可靠性，并具有良好的润滑密封、散热条件和高的传动效率。截割部传动装置应适应滚筒调高的要求，使滚筒保持适当的工作高度。对于单滚筒采煤机，还应使截割部传动装置能适应左、右工作面的要求。对于双滚筒采煤机，其具有两个结构相同、左右对称的截割部，它们分别位于采煤机的两端。左、右截割部可由一个电动机驱动，也可以分别由两个电动机驱动。

1. 采煤机截割部传动装置的结构特点

（1）截割部传动装置均采用机械传动。固定减速箱是截割部的主要组成部分。采煤机电动机的转速一般为 1 470 r/min 左右，而滚筒的转速根据直径的不同，一般为 30～50 r/min。为了达到减速的目的，截割部减速箱一般由 3～5 级减速齿轮组成。

（2）有一对圆锥齿轮传动。由于滚筒的轴线与电动机的轴线垂直（这种装置称为纵向布置，如果二者平行，就称为横向布置），因此在截割部减速箱里都采用一对圆锥齿轮传动。

（3）有一对可更换的快速齿轮。滚筒的截割速度（截齿刀尖的圆周切向速度）一般为 4～5 m/s，因此采用不同直径的滚筒时，其转速应相应地改变，故在截割部减速箱中一般都有一对可更换的快速齿轮。通过改变齿轮的齿数，可以改变滚筒的转速，以适应不同硬度的介质。

（4）在电动机和滚筒之间设有一离合器。采煤机调动或检修，或试验牵引部时需打开离合器，使滚筒停止转动。此外，为了保证人员安全，当采煤机停止工作时，也需要将滚筒与电动机断开。

（5）一般采用摇臂中增加惰轮的形式。为了使采煤机自开缺口，截割滚筒一般都伸出距机身（或底托架）长度以外一定的距离，多数采煤机采用摇臂的形式。为了适应煤层厚度和煤层的起伏变化，截割滚筒的高度都是可调整的。为了扩大调高范围，希望摇臂长一些，因此在摇臂中增加了惰轮。

（6）采用行星齿轮传动。行星齿轮与传统齿轮相比，传动效率高，减速比大。

（7）设有机械过载保护。采煤机滚筒往往承受大的冲击荷载，为了保护传动件不受损，在传动系统中设有机械过载保护装置，如在机械传动中安装安全销。通常安全销的剪切强度为电动机额定力矩的2～2.5倍。

（8）装有辅助液压泵。为了实现滚筒高度的调整和挡煤板的翻转，采煤机都有一套单独的辅助液压系统。辅助液压泵有的装在截割部减速箱内，有的装在单独的辅助液压箱内，也有的装在牵引部内。

（二）截割部常见的传动方式

1. 电动机—固定减速箱—摇臂（不含行星齿轮传动）—滚筒〔图1-18（a）〕

这种传动方式应用较多，其特点是传动简单，摇臂从固定减速箱端部伸出，支承可靠，强度和刚度好，但摇臂下降位置受输送机限制，卧底量较小。

2. 电动机—固定减速箱—摇臂—行星齿轮传动—滚筒〔图1-18（b）〕

这种传动方式在滚筒内装了行星齿轮传动后，可使前几级传动比减小，简化了传动系统，并使末级齿轮（行星齿轮）的模数减小，但筒壳尺寸加大，因此这种传动方式适用于中厚煤层采煤机。

3. 电动机—减速箱—滚筒〔图1-18（c）〕

这种传动方式取消了摇臂，是靠电动机、减速箱和滚筒组成的截割部来调高的，使齿轮数大大减少，机壳的强度、刚度增大，并且可获得较大的调高范围，还可使采煤机机身长度大大缩短，有利于采煤机开缺口等工作。

4. 电动机—摇臂—行星齿轮传动—滚筒〔图1-18（d）〕

这种传动方式由于电动机轴与滚筒轴平行，故取消了易损坏的锥齿轮，传动简单，调高范围大，机身长度小。这种传动方式适用于新的电牵引采煤机。

（三）传动润滑

采煤机截割部传动的功率大，传动件不仅受冲击且负载很大，因此传动装置的润滑十分重要。传动润滑方法有以下几种。

1. 飞溅润滑

最常用的润滑方法是飞溅润滑。一般地，在减速箱中，减速器的轴在同一水平面上或接近同一水平面上，润滑效果最好，润滑油面位置合适，就可以由大齿轮带动油液溅到齿轮的啮合面上进行润滑，同时甩到减速箱的箱壁上，以利于散热。

2. 强迫润滑

随着现代采煤机功率的加大，采取强制方法的润滑也日渐增多，即用专门的润滑装置将润滑油供应到各个润滑点上。此方法适用于摇臂中的齿轮润滑。

采煤机摇臂齿轮的润滑具有特殊性，它不仅承载重、冲击大，而且割顶煤或割底煤时，摇臂中的润滑油集中在一端，使其他部位的齿轮得不到润滑，因此，在采煤机操作中，当滚筒割顶煤右卧底时，工作一段时间后，应停止牵引，将摇臂下降或放平，使摇臂内的全部齿轮都得到润滑后再工作。

3. 油脂润滑

对于一些转速相对不太大的传动部件，可用压力注油器定期注入油脂以润滑。

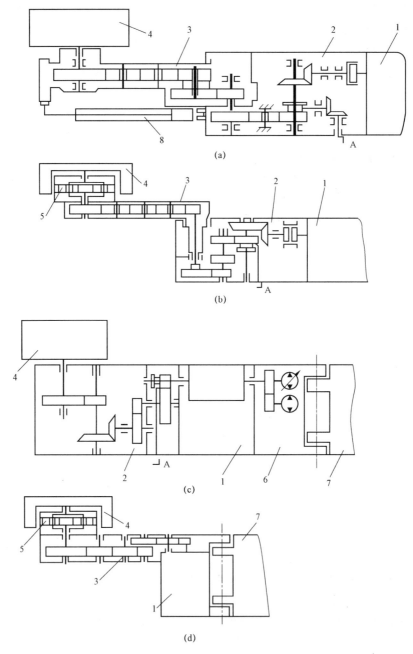

(a)

(b)

(c)

(d)

图 1—18　截割部传动方式

1—电动机；2—固定减速箱；3—摇臂；4—滚筒；5—行星齿轮传动；6—泵箱；7—机身及牵引部；8—调高油缸；

A—离合器手把

第三节 滚筒式采煤机的牵引部

滚筒式采煤机的牵引部的作用是移动采煤机，使截割机构切入煤壁进行落煤时的工作移动或进行非工作调动，而且移动时的牵引速度关系到煤炭的产量和质量，并且对工作机构的效率也有影响。

牵引部的组成包括牵引机构和传动装置两部分。其中，牵引机构是直接移动机器的装置；传动装置用来驱动牵引机构并调节牵引速度，它完成能量的转换，将电动机的电能转换成主链轮或驱动轮的机械能。

传动装置可以装在采煤机的内部，称为内牵引；也可以装在采煤机的外部（主要是指工作面的两端），称为外牵引。内牵引应用广泛；外牵引仅在薄煤层采煤机上为了减少机身长度才采用，不适用于中厚煤层及以上煤层的生产。牵引部按速度调节可分为机械牵引、液压牵引和电牵引三类。

牵引机构有链牵引和无链牵引两种形式。随着高产高效工作面的产生，要求采煤机具有较大的功率和牵引力，因此有链牵引逐渐显现出强度不够的安全隐患，并逐步退出历史舞台，被无链牵引所替代。

一、牵引部的特点

牵引部具有以下特点：

（1）具有足够大的牵引力，使采煤机顺利割煤和爬坡；

（2）牵引速度一般为 0～10 m/min，而且能无级调速，适应不同介质条件下的工作；

（3）采煤机电动机转向不变时，通过换向机构，能实现双向牵引；

（4）采煤机牵引一般根据电机负荷和液压变化进行自动调速，以充分发挥采煤机的最大效能；

（5）具有过载保护装置，即当机器超过其额定负载时，能够自动停止牵引，以保护机器设备。

二、采煤机牵引机构

采煤机牵引机构是牵引动力的输出装置，它牵引采煤机沿工作面方向穿梭工作。牵引机构分为有链牵引机构和无链牵引机构。由于钢丝绳牵引受牵引力的限制，易发生断绳事故，并且断裂后不易重新连接，故这种牵引机构已被淘汰。

1. 有链牵引机构

1）有链牵引机构的工作原理

有链牵引机构的工作原理如图 1-19 所示，牵引链 3 绕过主动链轮 1 和导向链轮 2，两端分别固定在输送机上、下机头的紧链装置 4 上。当行走部的主动链轮转动时，通过牵引链与主动链轮啮合驱动采煤机沿工作面移动。当主动链轮逆时针方向旋转时，牵引链从右段绕入，从左段绕出。这时左段链为松边，其拉力为 p_1，采煤机在此力作用下，克服阻力而向右移动；反之，当主动链轮顺时针方向旋转时，则采煤机向左移动。

2）有链牵引机构的分类

（1）有链牵引机构有内牵引和外牵引两种。内牵引方式应用较广泛，外牵引已被淘汰。

（2）根据链轮的安装位置不同，有链牵引机构有立式链轮和水平链轮两种。立式链轮吐链方便，而水平链轮的牵引链容易堆积，造成牵引链在链轮处被卡死；另外，冒落的矸石也容易进入水平链轮，产生严重磨损和脱链现象。因此，在中厚煤层采煤机上，广泛采用立式链轮布置形式。

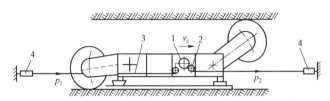

图 1-19　有链牵引机构的工作原理

1—主动链轮；2—导向链轮；3—牵引链；4—紧链装置

3）有链牵引机构的组成

有链牵引机构包括牵引链、链轮、链接头和紧链装置。

（1）矿用圆环链和链接头。

锚链为矿用高强度圆环链。圆环链中的链环一平一立，交错相接。圆环链与链轮相啮合，如图 1-20 所示，平环卧在链轮的齿间槽里，立环嵌入链轮的立环槽里，链轮转动时，依靠轮齿的圆弧侧面将作用力传递到锚链上，而牵引链对链轮的反作用力则为采煤机的牵引力。

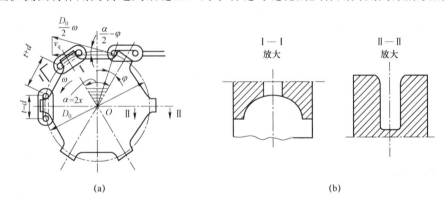

（a）　　　　　　　　　　（b）

图 1-20　锚链结构与链轮啮合情况及其放大示意

图 1-21　矿用圆环链和链轮实物

采煤机的牵引链都采用高强度矿用圆环链，如图 1-21 所示，它是用 23MnCrNiMo 优质合金钢经编链成焊接而成的。圆环链已标准化，《矿用高强度圆环链》（GB/T 12718—2009）对圆环链的形式、基本参数和尺寸、技术要求、试验方法等都作了规定。为了制造和运输方便，圆环链的链段一般做成适当长度并由奇数个链环组成。

链接头的外形尺寸应与圆环链相差不多，强度应不低于链环，装拆方便，运行中不会自行脱开。

（2）链轮。

圆环链链轮的几何形状比较复杂，其形状和制造质量对于链环和链轮的啮合影响很大。链轮形状不正确会啃坏链环，加剧链环和链轮的磨损，或者使链环不能与链轮正确啮合而造成掉链。链轮通常用 ZG35CrMnSi 铸造，齿面淬火硬度为 HRC45～50。

4）牵引速度波动

圆环链缠绕到链轮上后，平环链棒料中心所在的圆称为节圆（其直径为 D 的连线在节圆内构成了一个内接多边形，导致牵引速度不均匀，致使采煤机负载不平稳）。圆环链的齿数越少，速度波动越大。主动链轮的齿数一般为 5～8。

5）牵引链的固定与张紧

通常，牵引链通过紧链装置固定在输送机两端。紧链装置产生的初拉力可使牵引链拉紧，并可缓和紧边转移到松边时弹性收缩而增大的张力。

目前，采煤机的牵引链紧链装置主要有弹簧紧链装置和液压紧链装置两种。其中，液压紧链装置的工作原理如图 1-22 所示。牵引链 1 绕过导向链轮 2，通过连接环和液压缸 3 连接。如果采煤机由右向左开始工作，这时左端牵引链的张紧力使左端拉紧装置的安全阀 7 大大超过调定值，使液压缸全部缩回，而采煤机右端牵引链的预紧力（初张力）由定压减压阀 6 的调定压力值来决定，并使右端拉紧装置的液压缸活塞杆伸出。当采煤机继续向左端牵引时，将使非工作边张力逐渐增加，当右端液压缸的压力值增加到安全阀的调定值时，安全阀动作，液压缸收缩，导向链轮 2 左移，用液压缸的行程补偿牵引链的弹性收缩，从而限制了非工作边张力的增加。

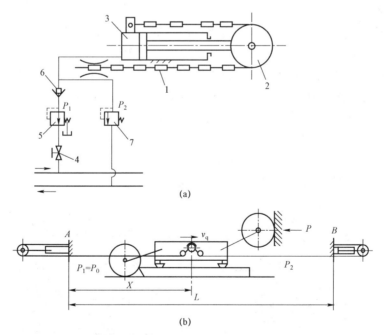

(a)

(b)

图 1-22　液压紧链装置的工作原理

1—牵引链；2—导向链轮；3—液压缸；4—截止阀；5—减压阀；6—定压减压阀；7—安全阀

液压紧链装置的优点是非工作边能保持恒定的张力，其初张力（预紧力）的大小由定压减压阀的调定值决定。在工作过程中非工作边的张力大小由安全阀的调定值决定。弹性伸长量的存在，使采煤机移动时产生振动，其最大振幅可达 5 mm，引起切屑断面的急剧变化，从而导致采煤机荷载发生大的变化，使零部件承受较大的动荷载，在较大的荷载作用下，易发生断链，造成伤人伤物的事故，这是链牵引的最大缺点。因此，近年来，链牵引也逐渐被淘汰，而无链牵引的采煤机被广泛使用。

2. 无链牵引机构

1）无链牵引机构的优点

使用无链牵引机构的采煤机通常称为无链牵引采煤机。

无链牵引机构具有如下优点：

（1）完全避免了由牵引链带来的伤人伤物的事故；

（2）由于取消了牵引链，工作面的劳动环境得到改善，特别是消灭了牵引链与输送机的刮板相碰击产生的噪声，同时也没有断链故障，确保生产安全；

（3）消除了由牵引链工作中的脉动所引起的采煤机的振动，使采煤机移动平稳、振动小、荷载均匀，延长了机器的使用寿命，降低了故障率；

（4）可利用无链双牵引传动将牵引力提高到 400～600 kN，以适应采煤机在大倾角条件下的工作，利用制动器还可解决机器的防滑问题；

（5）可以实现工作面多台采煤机同时工作，提高了工作效率；

（6）由于没有链牵引，就没有链条产生的围绕折曲的啮合损失，啮合效率高，可将牵引力有效地用在割煤上；

（7）由于取消了在输送机两端的紧链补偿装置，简化了输送机两端头的设施，使采煤机可以直接割到两端头；

（8）没有牵引链，避免了液压电动机"反链敲缸"现象的发生。

2）无链牵引机构的缺点

（1）对输送机的弯曲和起伏不平的要求较高，对煤层地质条件变化的适应性较差；

（2）无链牵引机构使机道增加 100 mm，提高了对支架护顶能力的要求。

（3）由于输送机增加了供牵引行走的元件，初期投资较大。

3）无链牵引机构的形式

（1）齿轮—销轨型。如图 1–23 所示，这种行走机构是通过驱动齿轮 2 经中间齿轮 3 与铺在输送机上的圆柱销排式齿轨相啮合而使采煤机移动。

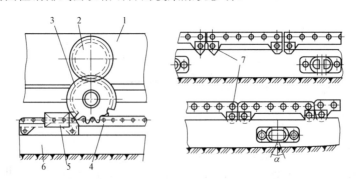

图 1–23　齿轮—销轨型无链牵引机构

1—牵引部；2—驱动齿轮；3—中间齿轮；4—销轨；5—导向滑靴；6—溜槽；7—销轨座

（2）滚轮—齿轨型。如图1-24所示。滚轮（又称销轮）—齿轨型无链牵引机构由两个牵引传动箱分别驱动滚轮与固定在输送机上的齿轨相啮合而移动机器。滚轮 5 由直径为 100 mm 的圆柱组成，其强度大，工作可靠。例如，MG-300W、AM-500 型采煤机使用的就是滚轮—齿轨型无链牵引机构。

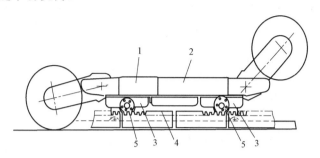

图1-24 滚轮—齿轨型无链牵引机构

1—电动机；2—牵引部泵箱；3—牵引部传动箱；4—齿条；5—滚轮

（3）链轮—链轨型。如图1-25所示。链轮—链轨型无链牵引机构由采煤机牵引部传动装置的长齿驱动链轮 2 与铺设在输送机采空区侧挡板内链轨架上的不等节距圆环链相啮合而移动机器。例如，EDW-300L 和 DTS-300 型采煤机使用的就是这种机构。

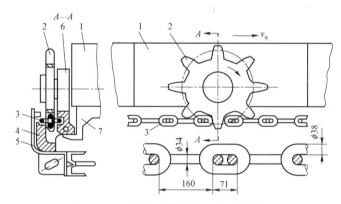

图1-25 链轮—链轨型无链牵引机构

1—传动装置；2—长齿驱动链轮；3—圆环链；4—链轨架；5—侧挡板；6—导向滚轮；7—底托架

（4）复合齿轮—齿轨型。

复合齿轮—齿轨型无链牵引机构如图1-26所示。这种机构在采煤机牵引部 1 的出轴上装有一套双四齿交错齿轮 2，以驱动装在底托架的双六齿交错齿轮 3 上，后者与输送机上的交错齿条 4 轨道啮合来移动机器。例如，BJD 系列采煤机使用的就是这种机构。

三、牵引部传动装置

1. 牵引部传动装置的作用

牵引部传动装置的作用是将采煤机电动机的能量传到主动链轮或驱动轮并实现调整。

2. 牵引部传动装置的分类

牵引部传动装置按传动类型可分为机械牵引、液压牵引和电牵引三类。

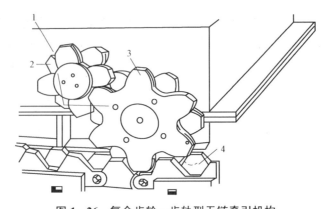

图 1-26 复合齿轮—齿轨型无链牵引机构
1—牵引部；2—双四齿交错齿轮；3—双六齿交错齿轮；4—交错齿条

（1）机械牵引。使用机械牵引传动装置的采煤机具有制造方便、结构紧凑且简单、定比传动、运行可靠、维修方便的特点。但它对煤层条件变化的适应性较差，不能实现无级调整。目前已经不使用了。

（2）液压牵引。使用液压牵引传动装置的采煤机利用液压传动来驱动牵引部。液压牵引传动装置体积小、质量轻、惯性小、转矩大、运行平稳，易于实现无级调整、换向、停止和过载保护，便于操作和实现自动调速；但因井下灰尘大，液压系统的故障率高，因此使用这种装置的采煤机已逐渐被淘汰。

液压牵引传动装置常用的保护回路如下：

① 伺服变量机构。

控制效果：给定调速杆相应的位置，主油泵就有相应的排量和排油方向。

② 主回路。

主要部件：双向变量泵、双向定量油马达；

调速：改变主油泵的排量；

换向：改变主油泵的排油方向。

③ 补油和热交换回路。

主要部件：吸液过滤器、补油泵、精过滤器、补油单向阀、梭阀、背压阀、冷却器；

作用：向主油路补充油液和置换做功后温度升高的油液。

④ 手动调速换向系统。

作用：调整采煤机的牵引速度和改变采煤机的牵引方向。

⑤ 液压恒功率调速油路。

作用：在牵引过载时减小牵引速度，在牵引欠载时增大牵引速度。

⑥ 过载保护回路。

作用：在采煤机牵引严重过载时对主油泵起安全保护作用。

（3）电牵引

电牵引是新一代采煤机采用的牵引调速方式。

① 电牵引采煤机的分类。

a. 按电牵引采煤机的类型可分为：

● 纵向单电动机驱动型。其主要用于开采薄煤层。

● 横向双电动机驱动型。大多数电牵引采煤机均为此类型，不包括牵引部及其他辅助部分的驱动电动机。

b. 按牵引电动机的调速特性可分为晶闸管直流电动机调速、大功率晶体管变频交流电动机调速和采用电控交—直—交调压调频的交流电动机调速三种形式。

c. 根据调速原理，牵引电动机有直流和交流两种类型，据此可将采煤机分为直流串励电牵引采煤机、直流他励电牵引采煤机、直流复励电牵引采煤机和交流变频电牵引采煤机四种类型。

电牵引不仅克服了液压调速时工作介质易受污染以及受温度变化影响大的弊端，而且有效率高、寿命长、易实现各种保护、监控和显示以及减小采煤机尺寸的优点，因此其成为今后的发展方向。

② 电牵引采煤机的工作原理。

电牵引采煤机是通过对专门驱动牵引部的电动机调速，从而调节牵引速度的采煤机。图 1－27 所示是 MG300/720-AWD 型电牵引采煤机示意，此种采煤机是将交流电输入可控硅整流、控制箱，由控制直流电动机调整，然后经齿轮减速装置带动驱动轮使机器移动。两个滚筒分别用交流电动机经摇臂来驱动。由于截割部电动机的轴线与机身纵轴线垂直，所以截割部机械传动系统与液压牵引采煤机不同，没有锥齿轮传动。这种截割部兼作摇臂的结构可使机器的长度缩短。摇臂调高系统的油泵由单独的交流电动机驱动。

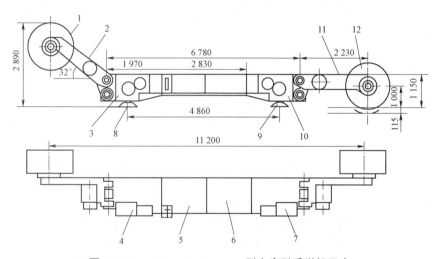

图 1－27　MG300/720－AWD 型电牵引采煤机示意
1，12—左、右滚筒；2，11—左、右摇臂；3，10—左、右牵引箱；4，7—左、右行走箱
5，6—变频调速箱及控制箱；8，9—左、右滑靴

③ 电牵引采煤机的特点。

a. 由于取消了易出故障、维修困难的液压电动机、液压泵、阀组和大量易燃、易漏、易污染、价格较高的液压油，因此抗污染能力大大提高，从而提高了运行的可靠性和经济的合理性。

b. 电牵引部的调速、换向、过载保护和各种监控都可以由电气系统实现，易于实现各种保护、检测和显示。机械传动部分大为简化，因此可以缩小采煤机的体积。采煤机总重量可比液压牵引采煤机减轻 1/3 左右。

c. 电牵引部传动效率比液压牵引提高了近 30%。

d. 由于采用电子元件控制系统，所以其动作灵敏、迅速，过渡过程反应快，且保护装置齐全，具有较好的自动调速性能，为实现采煤机全自动控制提供了条件。

e. 取消了传统采煤机的平板式托架，而采用框架结构，大框架由三段组成，它们之间用高强度液压螺栓副连接，结构简单、强度大、可靠性高、便于拆装。

f. 采用交流变频调速，调速范围广、体积小、故障少，能得到大的牵引速度和牵引力。

g. 各主要部件安装均单独进行，部件间没有动力传递连接，部件都能从机身的采空侧抽出，容易更换，维修方便，设备利用率高。

h. 截割电动机横向布置在摇臂上，摇臂和机身连接处没有动力传递，取消了易损坏的螺旋伞齿轮传动和结构复杂的通轴，使机身长度缩短。

i. 采煤机电源电压等级多采用 3 300 V，采用单根电缆供电，电缆数量减少，直径减小，利用电缆拖移便于现场管理。

j. 调高系统多采用集成阀块，管路少，维修方便。

第四节　辅助装置

采煤机除了截割部、牵引部、电动机与电气控制装置外，其余的部分称为辅助装置。采煤机的辅助装置包括底托架、机身调斜装置和滚筒调高系统、拖移电缆装置、喷雾降尘装置和防滑装置等。

一、底托架

底托架是支承采煤机整个机体的部件，是采煤机的机座，将牵引部、截割部和电动机用螺栓固定在底托架上组成一个整体，利用底托架下面铰接的四个滑靴在刮板输送机上滑行。采煤机一般用铸钢底托架，其结构坚固，自重大，降低了采煤机的重心，使其运行平稳。

底托架与输送机之间具有足够的空间，便于输送机上的大块煤顺利地从采煤机下通过。底托架的高度应与煤层的厚度以及所选用的滚筒直径相适应。

底托架分为固定式与可调式两种。固定式底托架上复板与溜槽之间的距离、倾角保持不变，采用这种底托架的采煤机，对煤层的起伏变化的适应性较差。可调式底托架具有机身调斜功能，可根据煤层的变化，随时调整机身与溜槽之间的角度，以适应倾斜煤层开采要求。

底托架还分为整体式和分段组合式。整体式底托架刚度大、强度高，但人井及井巷运输比较困难；分段组合式底托架强度偏小，刚度较弱，连接易松动，但有利于人井及井巷运输。

底托架上的滑靴是采煤机的支承件，按照滑靴的结构和作用的不同，可分为导向滑靴和非导向滑靴两种。位于采空侧的为导向滑靴，位于煤壁侧的为非导向滑靴。非导向滑靴又分为平滑靴和滚轮滑靴两种。

两个导向滑靴利用开口导向管与输送机上的导向管滑动连接，具有支承、导向及防止采煤机掉道的作用；两个非导向滑靴具有支承并使采煤机沿工作面输送机滑动的功能。平滑靴结构简单；滚轮滑靴结构复杂，由于它与输送机之间为滚动摩擦，所以运行阻力较小。

二、机身调斜装置和滚筒调高系统

为了使滚筒能适应底板的起伏不平，调整机身摆动的角度，称为调斜。调斜的方法是在采空区侧的滑靴上加上调节油缸。

为了适应煤层厚度的变化，在煤层高度范围内调整滚筒的高度，称为调高。有摇臂调高和机身调高两种方式。

辅助液压调高系统如图 1-28 所示。

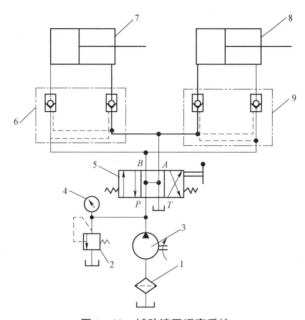

图 1-28 辅助液压调高系统

1—粗过滤器；2—安全阀；3—液压泵；4—压力表；5—换向阀；6，9—液压锁；7，8—调高液压缸

当换向阀 5 在中间位置时，调高油泵排出的压力油直接经中位返回油缸。两个油缸不进油，不回油，调高液压缸保持合适位置。

当换向阀 5 处于左位置时，两个调高油缸伸出。当换向阀处于右位置时，两个调高油缸缩回。

系统最大的工作压力由安装的压力表 4 来控制。

液压锁的作用是在换向阀 5 处于中位时，防止调高油缸缩回。

三、拖移电缆装置

电缆架用来盘绕采煤机的供电电缆和水管。当采煤机沿工作面移动时，拖移电缆装置用来拖动采煤机的动力电缆和降尘用的水管，并保护电缆和水管免遭破坏。采煤机在工作时，相当于工作面长度一半的动力电缆和水管要被拖移，为避免它们在拖移中承受拉力而损坏，将它们夹持在电缆拖移链中，放在电缆槽中拖移。

目前，采煤机的拖移电缆装置有两种类型：一种是采用链式电缆夹装置（图 1-29）；另一种是不用链式电缆夹，而在工作面输送机侧板上设管理移动电缆的装置。大部分采煤机都采用链式电缆夹装置，少数如与伽立克设备配套的采煤机，不用链式电缆夹装置。

链式电缆夹装置是将移动电缆和水管卡在链式电缆夹内，采煤机直接拖动链式电缆夹，从而带着电缆和水管跟随采煤机移动，这样，拖动电缆的拉力由链式电缆夹承受，电缆和水管不承受拉力，并且受到电缆夹的保护，可以防止被砸坏。当采煤机沿工作面牵引时，链式电缆夹在输送机侧边的电缆槽内移动。链式电缆夹一般选用高强度轻型材料，以减轻质量。

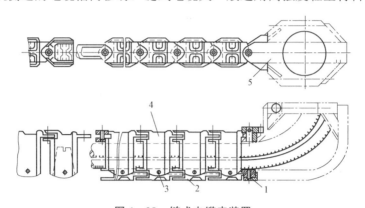

图 1-29　链式电缆夹装置

1—销轴；2—扁链夹；3—挡销；4—框形链夹；5—弯头

四、喷雾降尘装置

滚筒采煤机在截煤和装煤的过程中会产生大量的煤尘，这不仅容易引起尘爆炸事故，而且也直接危害工人的健康。特别是随着综合机械化程度的提高，工作面的产量大大提高，煤尘的生成量也随之增加。因此，综合机械化采煤工作面的降尘是一个很重要的问题。

喷雾降尘装置的作用有减少煤尘、冲淡瓦斯、冷却截齿、湿润煤层、冲灭截割火花等。

喷雾降尘装置的种类有内喷雾和外喷雾两种。

目前，采煤机普遍采用内、外喷雾系统。压力水经滚筒轴中的孔道及叶片上的供水通道，从安装在滚筒叶片上和端盘上的喷嘴喷出水雾的降尘方式称为内喷雾。压力水从安装在靠近滚筒附近，如摇臂上或机身其他部位适当的地方（如挡煤板处）的喷嘴喷出水雾的降尘方式称为外喷雾。

内喷雾由于喷嘴靠近截齿，有利于把粉尘消灭在生成之初、洒湿煤体表面、减少粉尘的产生，因此内喷雾灭尘效果好而且耗水量小。它将雾状的水喷洒在煤壁上，对煤粉的产生起到抑制作用，这种降尘方式是一种积极的措施。其主要缺点是喷头易被煤粉堵住。

外喷雾的喷嘴离滚筒较远，只能降低扩散中的粉尘，灭尘效果差而且耗水量大。因此，现在采煤机多采用内、外喷雾相结合的方式，降尘效果较好。冷却喷雾系统应使用中硬以下的水，最好是软水，且需过滤，不得有明显的机械杂质和悬浮物。

采煤机冷却系统用于冷却电动机、截割部、液压牵引部。采煤机冷却系统和喷雾系统是结合在一起的。一部分压力水经过冷却系统后，还可用来喷水降尘，以节约用水。

图 1-30 所示为某采煤机的冷却喷雾系统。主水阀由球形截止阀、过滤器和压力表等组成，其功能是将 320 L/mm 来水进行控制、分流、过滤和水压显示。采煤机前、后滚筒喷雾水量可通过水阀水量调节手把调节分配。分水阀对水阀来水进行二次分配和对冷却水进行限压，内设安全阀，其调定压力为 2 MPa，安装部位为左牵引部干腔。

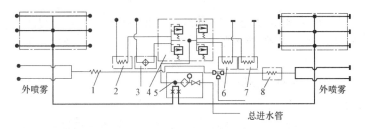

图 1-30 冷却喷雾接口

1—左摇臂水套；2—左截割电动机水套；3—液压箱冷却器；4—分水阀；5—主水阀；
6—牵引电动机水套；7—右截割电动机水套；8—右摇臂水套

由分水阀左路分出来的两路冷却水，一路给液压传动部冷却，另一路给左截割电动机水套冷却，两路水最后从左牵引部煤壁侧流出。由分水阀右路分出来的两路冷却水，一路给牵引电动机水套冷却，另一路给右截割电动机水套冷却，两路水最后由右牵引部煤壁侧流出。

外喷雾喷嘴设在左、右摇臂水套上，外喷雾水源为单独水源，由一根软管单独供水，流量为 120 L/min，压力为 6.3 MPa。

水阀将内喷雾水分为左、右两路，分别接入左、右截割部内喷雾水套，经左、右滚筒的 3 个叶片流道后经滚筒喷嘴喷出。

五、防滑装置

骑在输送机上工作的采煤机，当煤层倾角大于 15° 时，就有下滑的危险。特别是有链牵引采煤机上行工作时，一旦断链，就会发生采煤机下滑的重大事故。因此，由国家安全生产监督管理总局第 13 次局长办公室会议审议通过并公布的《煤矿安全规程》（总局令第 87 号）规定：当工作面倾角在 15° 以上时，必须有可靠的防滑装置。

常用的防滑装置有防滑杆、液压安全绞车、液压制动器等。

1. 防滑杆

在采煤机底托架下装有防滑杆和操纵手把，防滑杆是倾斜向下安装的。当采煤机向下采煤时，即使牵引链断了，由于采煤机滚筒受煤壁阻挡，采煤机不会下滑，因此可用操纵手把将防滑杆提起。当采煤机向上采煤时，则需将防滑杆放下，这时如发生断链下滑，防滑杆即插在输送机刮板上，从而防止采煤机下滑事故的发生。但在发生断链后，应及时停止刮板输送机，以免采煤机随刮板输送机下滑。这种装置只用于中、小型采煤机。

2. 液压安全绞车

液压安全绞车是一种液压传动的滚筒式小绞车。它装在工作面上部的回风巷内。绞车的钢丝绳固定在采煤机上。当采煤机发生断链情况时，通过采煤机下滑而使绞车制动，采煤机在绞车钢丝绳的牵制下停止下滑。

液压安全绞车的特点：绞车不需要进行任何操作，当采煤机启动时，绞车先于采煤机自动启动；当采煤机停止时，绞车电动机同时停止，绞车制动闸将绳筒制动；当采煤机向下牵引时，通过钢丝绳带动绞车向外放绳，绞车放绳的速度始终保持与采煤机的牵引速度一致，并随着采煤机牵引速度的变化而自动调节钢丝绳的速度，使钢丝绳的张力始终保持不变。

由上可知，液压安全绞车的运转状态完全受采煤机的控制，它与采煤机的运行协调一致，始终保持钢丝绳为张紧状态，并保持一定的张力。钢丝绳的张力可根据具体情况进行调节。液压安全绞车采用变量液压泵和定量液压电动机系统，其工作原理和采煤机的液压牵引相似。

这种结构形式在中、小型采煤机上使用较多。

3. 液压制动器

在无链牵引中，可用设在牵引部液压电动机输出轴上的两套液压制动器，代替设于上平巷的液压安全绞车，以防止停机时采煤机下滑。一套工作，另一套留作备用，这是大功率采煤机上使用最多的防滑装置。

第五节　MG700/1660-WD 型交流电牵引采煤机

一、概述

MG700/1660-WD 型交流电牵引采煤机，是鸡西煤矿机械有限公司自主开发研制的新型大功率交流电牵引采煤机。

1. 适用范围

其主要用于煤层厚度为 2.3～4.5m、煤层倾角小于 12°、含有夹矸等硬煤质厚煤层的年产 500 万 t 以上的高产高效综合机械化工作面。可在周围空气中的甲烷、煤尘、硫化氢、二氧化碳等不超过《煤矿安全规程》中所规定的安全含量的矿井中使用。整体为多部电机横向布置，电控系统为机载式，采用计算机控制技术。

2. 产品型号及含义

M——采煤机，G——滚筒式，700——截割功率（kW），1600——装机功率（kW），W——无链牵引，D——电牵引

总装机功率为 1 660 kW，截割功率为 2×700 kW，牵引功率为 2×110 kW，调高泵站功率为 2×20 kW。牵引形式为齿轮—齿轨型。操作控制点位置分别设置在机身两端头处，可直接操作按钮或手把，也可以采用无线电发射器离机遥控。

3. 主要技术参数（表 1-2）

表 1-2　MG700/1660-WD 型交流电牵引采煤机的主要技术参数

1	适应煤层	
	采高范围/mm	2 300～4 533
	煤层倾角（°）	≤12
	煤质硬度	f≤4.5
2	总体	
	基面高度/mm	1 691
	机身宽度/mm	1 720
	摇臂回转中心距底板高度/mm	1 441
	摇臂回转中心距离/mm	8 636

	行走轮中心距离/mm	5 811		
2	行走轮啮合中心高/mm	560		
	有效截深/mm	865		
3	电动机截割牵引泵电动机			
	型号	YBCS2－7(8)A	YBQYS3－110A	YBRB3－20
	额定功率/kW	700	110	20
	额定转速/(r·min⁻¹)	1 486	1 480	1 473
	额定电压/V	3 300	460	3 300
	形式	三相异步、定子水冷、矿用隔爆型		
4	牵引部			
	牵引调速方式	交流变频、机载		
	牵引行走型式	摆线轮、销轨		
	牵引功率/kW	2×110		
	牵引速度/(m·min⁻¹)	12.5/22 14.5/25.5		
	牵引力/kN	938/532 809/460		
	调车速度/(m·min⁻¹)	22/25.5		
5	截割部			
	截割功率/kW	2×700		
	摇臂形式	直摇臂、双行星、内冷却		
	摇臂长度/mm	2 822		
	摇臂摆角/(°)	总摆角60；上摆角44；下摆角16		
	滚筒转速与截割速度			
	齿尖线速度筒转速/(r·min⁻¹) 滚筒直径/mm	38.09	33.69	29.7
	2 500	4.99	4.41	3.89
	2 250	4.49	3.97	3.5
6	泵站			
	输入功率/kW	2×20		
	泵型号	PGP511B+PGP511A		
	额定压力/MPa	22.5/21		
	额定排量/(mL·r⁻¹)	23/4		
	过滤精度/μm	20		

7	操纵形式布置		
	中间电控、两端控制站控制及无线电遥控		
8	电缆		
	主电缆：MCP 3×185+1×95+4×10+（2×2.5ST）		
	截割电缆：MCP3×70+3×35/3E+3×（2×2.5ST）		
	牵引电缆：MCP3×70+3×35/3E+3×（2×2.5ST）		
	泵电机电缆：MCP 3×10+3×6/3E+3×（2×2.5ST）		
	屏蔽控制电缆：5×1，6×1，3×1；外径：ϕ10		
9	冷却和喷雾		
	电动机冷却方式	定子水冷；电控箱、摇臂水套冷却	
	喷雾方式	滚筒内喷雾、机身外喷雾	
	喷雾泵型号	PB－320/63；PB-210/100	
	额定流量/（L·min⁻¹）	320；210	
	最大压力/MPa	6.3；10	
	冷却及内喷雾水压/MPa	2.6	
	外喷雾水压力/MPa	4.0	
	主水管型号	KJR25（外径ϕ39）	
10	配套运输机		
	运输机型号	中部槽尺寸/mm	生产厂家
	SGZ10000/1400	1 500×1 000×352	张家口煤机公司
	SGZ10000/1050	1 500×1 000×337	西北煤机一厂
	SGZ960/900	1 500×900×308	张家口煤机公司
11	整机重量/t	≈90	

4．主要特点

（1）整机布置采用无底托架、积木式组合结构，多电动机横向布置，多点驱动。

（2）机身通过一组液压拉杆（共 5 根ϕ70）形成刚性连接。

（3）截割部为分体直摇臂形式，臂杆部分可实现左、右互换；臂杆与连接块采用 4 个小圆柱销和 11 个 M48×3 螺杆连接；行星减速器处带冷却水套，直齿腔内部装有冷却水管。

（4）整机设有集中注油装置，可方便地为左、右截割部行星机构，直齿传动腔，左、右牵引齿轮腔以及左、右牵引部液压油池注油。

（5）牵引调速采用机载式交流变频调速、一拖一控制方式，具有四象限运行能力，并可实现一拖二应急运行。牵引驱动采用准渐开线齿轮—强力销排形式。

（6）液压系统采用两个二联齿轮泵，左、右单独油箱，左、右独立执行系统，分离式操作元件，可实现左、右截割部同时调高，并具有手动换向（应急）功能。

（7）电控系统由多个具有 CAN 接口的模块组成网络式控制系统，具有抗干扰能力强、实时性好、系统组成灵活、维护方便快捷等优点。

（8）具有 12 英寸①真彩液晶显示屏幕集中显示和左、右操作站，简要显示机器的运行工况。

（9）控制方式为机身中段集中操作、机身两端操作站控制及无线离机遥控。

（10）具备适应现代化矿井所需的各种检测、监测功能和远程传输接口。

二、整机组成及工作原理

1. 组成

MG700/1660-WD 型交流电牵引采煤机主要由左、右牵引部，截割部，左、右连接块，左、右行走箱，顶护板，拖缆装置，左、右支承组件及电控部组成。电气控制系统、液压传动系统及喷雾冷却系统组成机器的控制保护系统。图 1-31 所示为其外形。

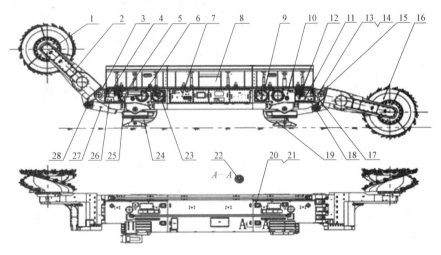

图 1-31　MG700/1660-WD 型交流电牵引采煤机外形

1—采煤机螺旋滚筒；2—截割部；3—左连接块；4—注油组件；5—左牵引部；6—左行走箱；7—电控部；8—顶护板；9—右牵引部；10—右行走部；11—注油组件；12—液压系统；13—长铰轴组件；14—短铰轴组件；15—右连接块；16—采煤机螺旋滚筒；17—操作站组件；18—右本安接线盒；19—右支承组件；20—螺钉；21—螺母；22—定位销；23—喷雾冷却系统；24—左支承组件；25—拖揽装置；26—左本安接线盒；27—调高油缸；28—油缸铰轴组件

左、右牵引部，电控部通过一组液压拉杆（共 5 根 φ70）形成刚性连接。左、右牵引部分别与电控部的左、右端面干式对接。左、右行走箱为整体焊接结构，除壳体外其他零部件为左、右完全互换结构，分别固定在左、右牵引部的箱体上。牵引部与电控部对接面用圆柱销定位，配以高强度螺钉和螺母连接。

截割部为分体直摇臂结构，即截割电动机、减速器均设在截割机构减速箱上，截割机构减速箱为左、右互换结构，通过左、右连接块分别与左、右牵引部，调高油缸铰接，油缸的另一端铰接在支承组件上，当油缸伸缩时，实现摇臂升降。左、右支承组件固定在左、右牵引部上，与行走箱上的导向滑靴一起承担整机重量。

---

① 1 英寸=2.54 厘米。

1）牵引部结构及其工作原理

牵引部分为左、右牵引部，本机牵引部为对称结构，其中除壳体外，牵引传动装置左、右完全相同，主要包括牵引电动机和牵引传动系统（如图 1–32 所示）。其工作原理是将电动机输入的动力通过牵引传动系统传递给行走箱的驱动轮、行走轮。行走轮与运输机销轨相啮合，实现采煤机的牵引。

为使采煤机能在较大的倾角条件下可靠工作，在牵引部一轴上设有液压制动器，以防止机器下滑，当工作面倾角＜12°时，可以不安装液压制动器。

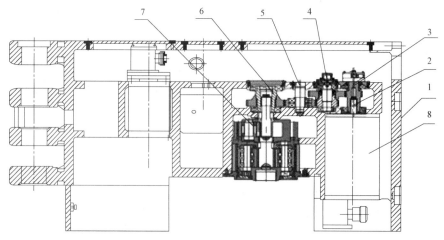

图 1 – 32　牵引传动系统

1—左牵引壳体；2—花键轴；3—一轴组件；4—二轴组件；5—三轴组件；

6—四轴组件；7—双行星机构；8—电动机

（1）牵引传动系统、双级行星减速器与牵引电动机

① 牵引传动系统。牵引部的机械传动系统由二级直齿传动和一组双级行星减速机构组成，牵引电动机出轴花键与一轴齿轮内花键相连，将电动机的输出转矩通过牵引传动系统传给行走箱的驱动轮，带动行走轮转动，通过行走轮与销轨啮合，实现采煤机的行走。一轴通过花键与液压制动器相连，实现牵引传动装置的制动。操作机器前面阀组上控制注油的手液动换向阀，可方便地为各齿轮腔与液压腔注油。液压油的注油装置在左牵引部上，齿轮油注油装置在右牵引部上。放油口在油池底面。齿轮腔与液压油池的注油油位最高不超过油标的中间位置。

MG700/1660-WD 型交流电牵引采煤机设有两种牵引速度，通过调整第一级直齿传动的不同齿数的配比来实现牵引速度的变化。可根据不同的工况进行选择。表 1–3 所示为牵引速度。

表 1–3　牵引速度

项目	一轴齿轮配齿/数	二轴齿轮配齿/数	最大牵引速度/（m·min⁻¹）	最大牵引力/kN
低速	23	57	12.5	938
高速	25	55	14.5	815

② 双级行星减速器。

如图 1-33 所示，双级行星减速器由两组 NGW 型行星机构组成。动力输入端通过内花键将动力传递给太阳轮，从而将动力输入第一级行星机构，经第一级行星减速将动力通过行星架内花键传至第二级行星机构太阳轮，再经第二级行星减速将动力通过行星架内花键传递给行走箱。为保证行星机构的匀载，第一级行星机构采用行星架和太阳轮双浮动形式，第二级采用内齿圈和太阳轮双浮动形式。

③ 牵引电动机。

牵引电动机为隔爆型三相交流电动机，与变频调速系统配套，作为采煤机的牵引动力源，可适用于环境温度不高于 40 ℃、相对湿度不大于 95%、含有甲烷或爆炸性煤尘的场合。

在下井前应仔细检查所有螺钉及部件是否完好，出轴转动是否灵活，观察水道有无阻塞，测量绝缘电阻，当阻值低于 1 MΩ时，电动机需进行干燥处理。开机前需先通水，拆装时应特别注意部件的隔爆面，不许有磕碰损伤。

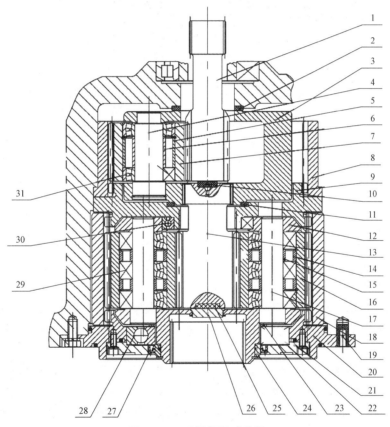

图 1-33　双级行星减速器

1—太阳轮 I；2—环；3—行星架 I；4—轴；5，6，14，15，24—套；7—行星轮 I；8—内齿圈 I；9—连接座；10—垫；
11—环；12—行星架 II；13—太阳轮 II；16—行星轮 II；17—轴；18—内齿圈 II；19—圆柱销；20—连接盘；21—盖；
22—调整垫片；23—垫；25—限位垫；26—堵；27—CR 220X250X 15 HMS4V；28，29，30，31—滚动轴承

2）截割机构

（1）截割机构的作用和组成。

截割机构主要完成截煤和装煤作业。其主要组成部分有：截割电动机、摇臂减速箱、连

接块、润滑冷却系统、内外喷雾系统、离合装置和滚筒等，还包括一个温度传感器和一个倾角传感器，用于检测摇臂的温度和摆角。

（2）截割机构的结构。

截割机构的结构如图1-34所示。

截割机构减速箱为整体直摇臂形式，左、右截割机构减速箱完全互换，截割机构减速箱通过连接块与牵引部铰接，只有连接块及护罩分左右。

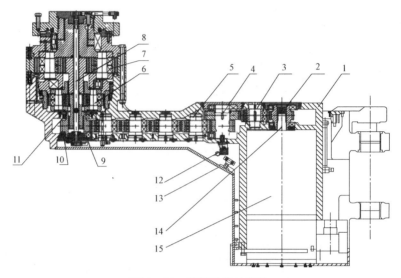

图1-34 截割机构的结构

1—截割部壳体；2—一轴；3—二轴；4—三轴；5—四轴；6—一级行星减速器；7—二级行星减速器；
8—内喷雾装置；9—齿轮；10，11—FAG滚动轴承；12—西德福齿轮泵；
13—检测排油阀组；14—扭矩轴；15—电动机YBCS2-750（A）

① 传动系统。截割机构的传动系统共有二级直齿传动和二级行星减速，其中改变第一级减速齿轮传动副的齿数比，可使滚筒获得三种不同的转速，即38.092 r/min、33.69 r/min、29.722 r/min。配套滚筒有2.25 m和2.5 m两种类型。

每部截割机构均由一台700 kW交流电动机单独驱动，电动机动力通过扭矩轴输出到截割传动系统，扭矩轴不仅起到动力传递和离合器的作用，而且起到柔性启动和保护其他机械传动件及电动机的作用。

在操作机器前面阀组上控制注油的手液动换向阀，可方便地为各齿轮腔注油。注油装置在右牵引部上，放油口在油池底面。注油油位应在油标的中间位置（使截割部处于水平状态）。

② 一轴组件。如图1-35所示，轴齿轮一端与截割电动机输出轴以渐开线花键干式连接。该轴齿轮设有三种齿数，与二轴齿轮相啮合，实现不同滚筒转速配齿。

③ 二轴组件。如图1-36所示，二轴为一个惰轮轴，由于在一对变速轮之间，轴套采用偏心套结构，与心轴之间用平键定位，实现惰轮轴线的三个位置。

④ 三轴组件。如图1-37所示，三轴为双联齿轮结构，通过平键将大齿轮的动力传递给小齿轮，实现截割部的第一级减速。同时在操作侧安装一部齿轮泵，实现直齿腔齿轮的润滑。该轴组大齿轮设有三种齿数，实现不同滚筒转速配齿。可从煤壁侧轴承杯处拆卸。

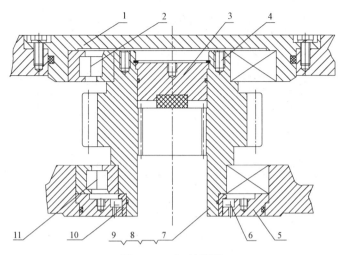

图 1-35 一轴组件

1—轴承杯；2—滚动轴承；3—堵；4—垫；5—距离套；6—CR 130X 160X 12 CRW1V

7—齿轮，$Z=25$；8—齿轮，$Z=27$；9—齿轮，$Z=29$；10—套；11—滚动轴承

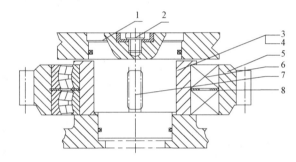

图 1-36 二轴组件

1—轴；2—挡块；3—偏心套；4—套；5—齿轮；6—G 滚动轴承；7—键 20X12X90；8—挡圈 225X3

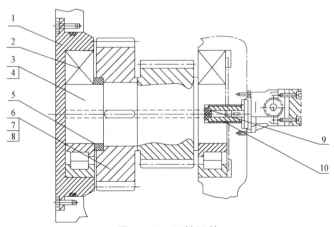

图 1-37 三轴组件

1—轴承杯；2—滚动轴承；3—齿轮轴；4—键 20X12X63；5—距离垫；6—齿轮，$Z=42$；

7—齿轮，$Z=40$；8—齿轮，$Z=38$；9—垫；10—花键轴

⑤ 四轴组件。如图 1-38 所示，该轴为惰轮轴，每部安装四组。

⑥ 一级行星减速器。如图 1-39 所示，减速器为四行星轮 NGW 型行星机构。主

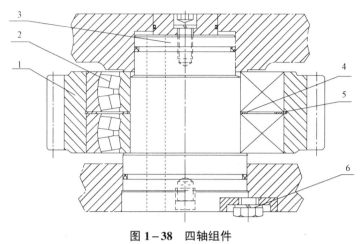

图 1-38 四轴组件

1—齿轮；2—滚动轴承；3—轴；4—垫；5—挡圈；6—挡块

要由太阳轮、行星轮、内齿圈、行星架、轴承等组成。太阳轮的另一端与摇臂大齿轮的内花键相连，输入扭矩，经减速后由行星架内花键输出。该级减速器内齿圈设有冷却水道。

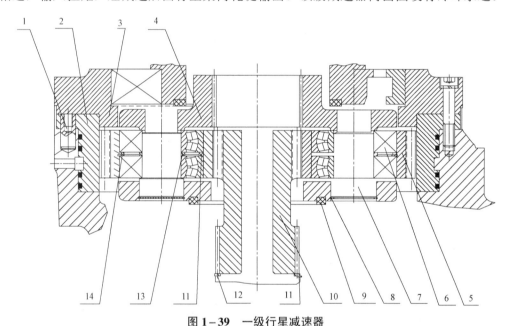

图 1-39 一级行星减速器

1—销子；2—内齿圈；3—轴承座；4—行星架；5—行星轮；6—FAG 滚动轴承；7—轴；8，11—挡圈；
9，12—垫；10—太阳轮；13—内套；14—外套

⑦ 二级行星减速器。图 1-40 所示为四行星轮 NGW 型行星机构。其主要由太阳轮、行星轮、内齿圈、行星架、轴承、机械密封装置和滚筒连接套等组成。第一级行星机构通过行星架将动力传递给二级太阳轮，经二级行星减速后通过行星架外花键带动滚筒连接套回转，将动力传递给螺旋滚筒。

（3）截割部的冷却与润滑。截割部主要利用直齿腔的上、下两组冷却管来冷却。在第一级行星减速器内齿圈及壳端面设有冷却装置，即冷却水先穿过直齿腔进入壳体端面冷却，然后进入第一级行星减速器内齿圈冷却，最后经喷嘴座喷出。

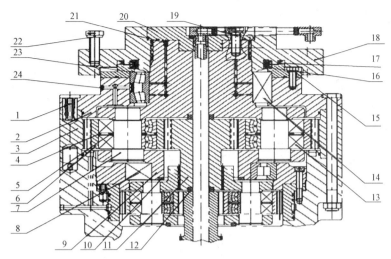

图 1-40　四行星轮 NGW 型行星机构

1—销子 50X100；2—轴承杯；3—内齿圈；4—外套；5—内套；6—行星轮；7—轴；8—滚动轴承；9—行星架；10，12—尼龙垫；

11—太阳轮；13—滚动轴承；14—M263349D—M263310 M263310EA；15—端盖；16—CR17102517—CR 405500

18—滚筒连接套；19—镀锌钢丝；20—压盖；21—内六角螺塞；22—镀锌钢丝 $\phi 3.5×4\,000$；23—调整垫；24—堵

　　直齿腔润滑是通过安装在截割部三轴操作侧的润滑泵实现的，润滑泵从截割部高速端吸油，然后把油打到低速端，从而起到润滑作用。

　　3）行走部

　　行走部采用焊接箱体结构（左、右行走部内部传动件通用），壳体分左右。行走箱内部传动为大模数渐开线齿轮，行走轮为渐开线齿轮。行走部主要由驱动轮、惰轮组件、行走轮组件和导向滑靴组成。图 1-41 所示为左行走部结构示意。

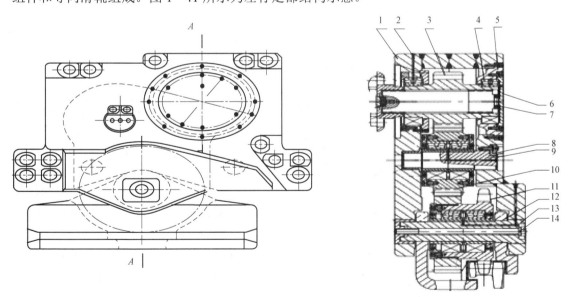

图 1-41　左行走部结构示意

1—左行走部壳体；2—内六角螺塞；3—驱动轮；4—滚动轴承；5—轴承杯；6—端盖；7—垫；8—压板；9—惰轮轴；

10—惰轮组件；11—行走轮组件；12—导向滑靴；13—行走轮芯轴；14—长螺栓

4）液压系统

采煤机的液压系统原理示意如图 1-42 所示，由调高泵、液压管路系统、调高油缸和液压制动器等组成。本机设有两套完全一样的泵站，分别安装在左、右牵引部上。该系统主要包括两部分：调高回路、控制和制动回路。

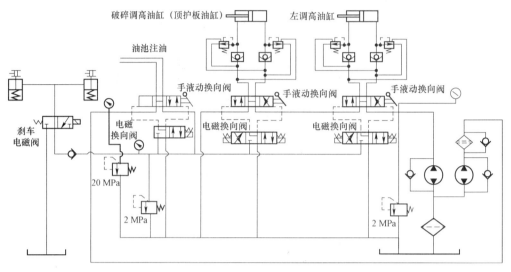

图 1-42　采煤机的液压系统原理示意

（1）调高泵站

本机设有两套相同的调高泵站，分别布置在采煤机的左、右牵引部的两端。由调高泵电动机，调高泵，控制阀组，粗、精过滤器，管路系统组成。所有液压元件均可从操作侧抽出，拆装方便。

① 调高回路的功能是使滚筒能按操作员所要求的位置工作。由泵电动机提供动力驱动调高泵。调高泵为双联齿轮泵，由一联排量为 23 mL/r 和一联排量为 4 mL/r 的齿轮泵共用一个动力源串联组成，共用一个吸油口、两个排油口，本机控制左、右滚筒调高的回路为各自独立的两个回路，即左、右滚筒可以同时调高，分别由一联排量为 23 mL/r 的齿轮泵提供油源。两只手液动换向阀（中位机能为 H 型）分别控制左、右摇臂的调高。当采煤机不调高时，调高泵排出的压力油由手液动换向阀的中位排回油池。当调高手柄动作时，手液动换向阀的 P、O 口分别与 A、B 口接通，高压油经过手液动换向阀打开液压锁进入调高油缸的一侧腔，另一侧腔中的液压油经液压锁和手液动换向阀回到油池，实现摇臂的升降。另外，在调高过程中，为防止系统压力过高损坏油泵及附件，在两回路中各设一个高压安全阀，调定压力为 20 MPa，起保护系统的作用。

采煤机调高的电液控制是通过电磁换向阀动作来实现的。当操作机器两端的控制站上或遥控器上相应的按钮时，控制调高的电磁换向阀一侧线圈得电动作，低压油经电磁换向阀阀口进入手液动换向阀控制腔，推动阀芯向一侧运动，使调高油液通过手液动换向阀进入油缸的相应侧腔，实现摇臂升降的电液控制。

当调高命令取消后，手液动换向阀的阀芯在弹簧的作用下复位，油泵卸荷，调高油缸在液压锁的作用下，自行封闭油缸两腔，将摇臂锁定在调定位置。

② 控制和制动回路是使手液动换向阀和制动器动作的油路。油源是由一联排量为 4 mL/r 的齿轮泵提供的。油泵排出的油经过低压溢流阀回油池，为保证电磁换向阀和刹车电磁阀动作时能推动手液动换向阀阀芯和制动器活塞动作，回路中低压溢流阀的开启压力设为 2 MPa。液压制动回路的动作是在采煤机给出牵引速度时，刹车电磁阀线圈得电动作，低压控制油通过刹车电磁阀进入制动器推动活塞运动压紧弹簧，使内、外摩擦片松闸，牵引解锁，采煤机正常牵引。当采煤机停机时，刹车电磁阀失电复位，在弹簧的作用下，压力油腔中的液压油回油池，同时内、外摩擦片被压紧，牵引制动，使采煤机停止牵引并防止下滑。注意：当工作面倾角大于 16° 时必须安装液压制动器。

（2）各液压元件

① 双联齿轮泵。MG700/166-WD 型交流电牵引采煤机使用的双联齿轮泵的型号是 PGP511B+PGP511A，其排量为 50 mL/r，压力为 22.5/21 MPa。

② 电磁换向阀。电磁换向阀的工作原理是通过采煤机的电控系统发出电信号，使电磁铁带电，电磁力吸住衔铁推动阀芯移动，以达到改变电磁阀进出口的目的。当电信号消失时，阀芯在弹簧力的作用下恢复在中位。

③ 调高油缸。其主要由耳座、缸体、阀芯、接管、活塞杆、导向套、活塞等组成。调高油缸的工作原理是：当 P 口进液时，压力油经液压锁进入活塞杆腔，活塞杆腔的回液经 O 口回油池，因活塞杆是固定在牵引部上的，所以缸体外伸，摇臂升高，当 O 口进油时，压力油经液压锁进入活塞杆腔，活塞杆腔的回油经 P 口回油池，缸体回缩，摇臂下降。

④ 液压锁。其安装在牵引部干腔内，通过软管与调高油缸相连。液压锁的阀芯在压力超过 32 MPa 时安全阀开启，油液回油池。

⑤ 粗过滤器。粗过滤器安装在油池的正面，采用网式滤芯，过滤精度为 80 μm，流量为 120 L/min，作用是保证液压系统内部油质的清洁。

⑥ 精过滤器。其滤芯材料为玻璃纤维，一次性使用可更换，流量为 60 L/min，过滤精度为 25 μm，最大压力为 35 MPa。主要作用是保证控制油源的油质清洁。

⑦ 制动器。其主要由外壳，活塞，内、外摩擦片等组成。采煤机不牵引时，活塞腔通过刹车电磁阀与油池相连，活塞在弹簧力作用下，压紧内、外摩擦片产生制动力矩，使采煤机制动。当发出牵引信号时，通过电气系统使二位四通电磁阀动作，压力油经刹车电磁阀阀口进入液压制动器的活塞杆腔，活塞在压力油作用下压紧弹簧组，使内、外摩擦片脱离接触，制动器轴空转，采煤机正常牵引。

⑧ 其他辅件。采煤机液压回路高压软管、硬管以快速接头、铰接或扣压式接头的形式连接。其拆装方便，密封性能好，使用性命长。安装时应注意不允许损坏 O 形密封圈。

5）喷雾冷却系统

（1）喷雾冷却系统的工作原理。

喷雾冷却系统的主要作用是在采煤机工作时对工作面的降尘以及机器主要部件（电动机、电控部等）进行冷却。喷雾冷却系统的工作原理如图 1-43 所示（图中只画出系统的左半部分，右半部分与左半部分对称）。

采煤机主来水管经拖缆机构接入反冲洗过滤器，第一路为高压冷却水，分别供给左、右摇臂冷却管，然后经喷嘴座喷出；第二、三路为左、右内喷雾供水，为螺旋滚筒提供喷雾用水；第四路为低压冷却水路，通过减压阀将来水压力减至 2.6 MPa，给各电动机、齿圈、电控箱提供冷却水。左、右内喷雾，左、右外喷雾及左、右冷却水路均有开关阀控制流量的大小和阀的开关。冷却水路装有压力流量开关，当冷却水流量低于设定值时，系统处于保护状态，不能开车。

（2）喷雾冷却系统的主要元件。

喷雾冷却系统的主要元件及作用如下：

① 反冲洗过滤器：主要控制主来水的通断及来水的过滤，可实现在线式反冲洗。

② 流量表：显示冷却水的流量。

③ 压力流量开关：其为机器提供保护，当冷却水流量低于设定值时系统处于保护状态，不能开车。

④ 减压阀：将工作面泵站的来水减压，给机器提供冷却水。压力设定为 2.6 MPa。

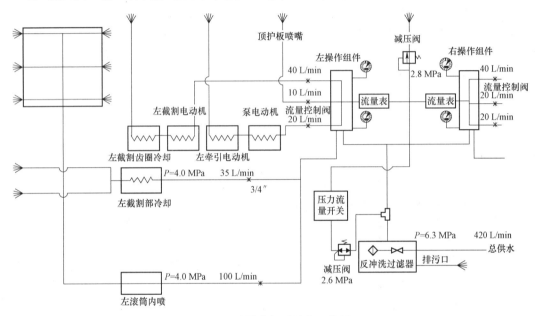

图 1-43 喷雾冷却系统的工作原理

⑤ 泄压阀：为冷却水路提供压力保护，使冷却水压力不高于设定值。压力设定为 2.8 MPa。

⑥ 开关阀：可根据实际情况控制各水路的通、断以及进行流量的宏观控制。

6）其他附属结构

（1）拖缆装置。

拖缆装置的作用：在采煤机运行时，拖动和保护随机移动的供电电缆和供水管，使供电电缆和供水管不因受过大拉力而损坏。MG700/1660-WD 型交流电牵引采煤机的拖缆装置设有磁性传感器，当电缆和水管因受拉力过大，发生水平位移时，磁性传感器和磁块的相对位置发生变化，会相对错开，电气系统则会采集信息并作出相应的保护措施。拖缆装置固定在左行走箱的上面，结构如图 1-44 所示。

根据采煤机和运输机的不同配套关系，可以通过改变拖缆装置的横向长度改变轴向尺寸，以适应不同运输机电缆槽位置的变化。

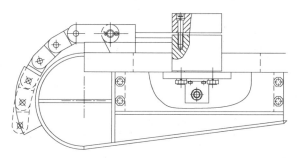

图 1-44 拖缆装置结构示意

（2）支承组件

支承组件固定在采煤机左、右牵引部煤壁侧下面，与左、右行走部的导向滑靴共同支承采煤机。其主要由支承腿、护罩、压盖、锁紧帽、轴、滑靴等组成。另外调高油缸的铰接点也设在支承组件上。可以通过改变支承架的高度来改变整机的高度，以适应不同机面的要求。

2. 工作原理

采煤机整体由煤壁侧的两组支承组件和操作侧的两只导向滑靴分别支承在工作面输送机上。行走箱中的行走轮与输送机齿轨相啮合，当行走轮转动时，采煤机便在工作面输送机上牵引行走，同时截割电动机通过截割机械传动带动滚筒旋转，完成落煤及装煤作业。

第六节　采煤机的使用

采煤机在综采工作面设备中是一种较复杂的机器，井下工作条件恶劣、检修质量不符合要求、违章操作或检查维护不良等各种原因，都会导致采煤机在运行中发生一些意料不到的故障。因此，预防和减少采煤机的故障，在出现故障后准确判断并排除故障，对发挥采煤机的效率、加强安全生产具有重要的意义。

一、《煤矿安全规程》对采煤机的使用要求

（1）使用滚筒式采煤机采煤时，必须遵守下列规定：

① 采煤机上装有能停止工作面刮板输送机运行的闭锁装置。启动采煤机前，必须先巡视采煤机四周，发出预警信号，确认人员无危险后，方可接通电源。采煤机因故暂停时，必须打开隔离开关和离合器。采煤机停止工作或者检修时，必须切断采煤机前级供电开关电源并断开其隔离开关，断开采煤机隔离开关，打开截割部离合器。

② 工作面遇有坚硬夹矸或者黄铁矿结核时，应当采取松动爆破处理措施，严禁用采煤机强行截割。

③ 工作面倾角在15°以上时，必须有可靠的防滑装置。

④ 使用有链牵引采煤机时，在开机和改变牵引方向前，必须发出信号。只有在收到返回信号后，才能开机或者改变牵引方向，防止牵引链跳动或者断链伤人。必须经常检查牵引链及其两端的固定连接件，若发现问题应及时处理。采煤机运行时，所有人员必须避开牵引链。

⑤ 更换截齿和滚筒时，采煤机上、下3m范围内，必须护帮护顶，禁止操作液压支架。

必须切断采煤机前级供电开关电源并断开其隔离开关，断开采煤机隔离开关，打开截割部离合器，并对工作面输送机施行闭锁。

⑥ 采煤机用刮板输送机作轨道时，必须经常检查刮板输送机的溜槽、挡煤板导向管的连接情况，防止采煤机牵引链因过载而断链；采煤机为无链牵引时，齿（销、链）轨的安设必须紧固、完好，并经常检查。

⑦ 采煤机必须安装内、外喷雾装置。割煤时必须喷雾降尘，内喷雾工作压力不得小于2MPa，外喷雾工作压力不得小于4MPa，喷雾流量应当与机型匹配。无水或者喷雾装置不能正常使用时必须停机；液压支架和放顶煤工作面的放煤口，必须安装喷雾装置，降柱、移架或者放煤时同步喷雾。破碎机必须安装防尘罩和喷雾装置或者除尘器。

⑧ 采煤机工作地点，每半年至少监测1次噪声。

（2）使用刨煤机采煤时，必须遵守下列规定：

① 工作面至少每隔30m装设能随时停止刨头和刮板输送机的装置，或者装设向刨煤机操作员发送信号的装置。

② 刨煤机应当有刨头位置指示器；必须在刮板输送机两端设置明显标志，防止刨头与刮板输送机机头撞击。

③ 工作面倾角在12°以上时，配套的刮板输送机必须装设防滑、锚固装置。

（3）使用掘进机、掘锚一体机、连续采煤机掘进时，必须遵守下列规定：

① 开机前，在确认铲板前方和截割臂附近无人时，方可启动。采用遥控操作时，操作员必须位于安全位置。开机、退机、调机时，必须发出报警信号。

② 作业时，应当使用内、外喷雾装置，内喷雾装置的工作压力不得小于2MPa，外喷雾装置的工作压力不得小于4 MPa。

③ 截割部运行时，严禁人员在截割臂下停留和穿越，机身与煤（岩）壁之间严禁站人。

④ 在设备非操作侧，必须装有紧急停转按钮（连续采煤机除外）。

⑤ 必须装有前照明灯和尾灯。

⑥ 操作员离开操作台时，必须切断电源。

⑦ 停止工作和交班时，必须将切割头落地。

（4）进行综合机械化采煤时，必须遵守下列规定：

① 必须根据矿井各个生产环节、煤层地质条件、厚度、倾角、瓦斯涌出量、自然发火倾向和矿山压力等因素，编制工作面设计。

② 运送、安装和拆除综采设备时，必须有安全措施，明确规定运送方式、安装质量、拆装工艺和控制顶板的措施。

③ 工作面煤壁、刮板输送机和支架都必须保持直线。支架间的煤、矸必须清理干净。工作面倾角大于15°时，液压支架必须采取防倒、防滑措施；工作面倾角大于25°时，必须有防止煤（矸）窜出刮板输送机伤人的措施。

④ 液压支架必须接顶。顶板破碎时必须超前支护。在处理液压支架上方冒顶时，必须制定安全措施。

⑤ 采煤机采煤时必须及时移架。移架滞后采煤机的距离，应当根据顶板的具体情况在作业规程中明确规定；超过规定距离或者发生冒顶、片帮时，必须停止采煤。

⑥ 严格控制采高，严禁采高大于支架的最大有效支护高度。当煤层变薄时，采高不得

小于支架的最小有效支护高度。

⑦ 当采高超过 3m 或者煤壁片帮严重时，液压支架必须设护帮板。当采高超过 4.5m 时，必须采取防片帮伤人措施。

⑧ 工作面两端必须使用端头支架或者增设其他形式的支护。

⑨ 工作面转载机配有破碎机时，必须有安全防护装置。

⑩ 处理倒架、歪架、压架，更换支架，以及拆修顶梁、支柱、座箱等大型部件时，必须有安全措施。

⑪ 在工作面内进行爆破作业时，必须有保护液压支架和其他设备的安全措施。

⑫ 乳化液的配制、水质、配比等，必须符合有关要求。泵箱应当设自动给液装置，防止吸空。

⑬ 采煤工作面必须进行矿压监测。

二、开机前检查

（1）必须检查机器附近有无人员工作；工作面瓦斯符合开机要求（$CH_4 < 1.0\%$）。

（2）检查各操作手把、按钮及离合器手把位置是否灵活可靠，并置于"零位"和"停止"位置。

（3）检查各部分油量是否适宜（符合润滑规定），以及有无渗漏现象。

（4）采煤机在启动前必须先供水，后开机；停机时，先停机，后断水；检查各路水管是否完好无损，水冷却及喷雾防尘装置是否完好，喷嘴是否畅通，水压和流量是否符合规定。

（5）检查电缆及电缆拖移装置是否完好无损。

（6）检查滚筒截齿是否齐全、锐利和牢固；各部连接螺栓是否齐全紧固，有无失效。

上述项目首次开机应全面检查处理，以后按检修计划和操作规程分部分进行。另外，在开机前和正常运行中，随时检查工作面输送机铺设情况，以及顶底板和支架情况。

三、电牵引采煤机的操作顺序

采煤机型号很多，生产厂家不同，其操作方法也不同。基本有以下几个步骤。

1. 一般规定

（1）电牵引采煤机正、副操作员必须熟悉电牵引采煤机的性能及构造原理，熟悉并掌握操作规程，按完好标准维护保养采煤机，懂得回采基本知识和工作面作业规程，经过培训考试并取得合格证后，方能持证上岗。

（2）要和工作面及运输巷刮板输送机操作员、转载机操作员、乳化液泵操作员和液压支架工等密切合作，按规定顺序开机、停机。不准强行切割硬岩。

（3）电动机、开关附近 20m 以内风流中瓦斯浓度达到 1.5% 时，必须停止运转，切断电源，撤离人员到安全地点，进行妥善处理。

（4）操作人员必须掌握并会观察采煤机各显示窗的内容，根据显示内容判断采煤机的运行状况。

2. 操作顺序

1）启动操作顺序

启动采煤机前，操作员必须巡视采煤机周围，通知所有人员撤离到安全地点，确认在机器转动范围内无人员和障碍物后，方可按下列顺序启动采煤：

（1）解除电气闭锁及接通电源。

（2）发出开机报警信号。

（3）打开供水阀，使其喷雾洒水。

（4）启动采煤机液压泵站。

（5）抬起左、右滚筒，脱离底板支承。

（6）启动滚筒电动机及转向检查。

2）摇臂升降操作顺序

（1）将电动离合操作手柄位于合适的位置上，并可靠锁紧。

（2）左、右摇臂升降操作均可在两处实现，即控制箱上的左升、右升、左降、右降按钮和左、右端头控制站的上升、下降按钮。这两处可同时实现对采煤机左、右摇臂的操作。

3）牵引系统操作顺序

（1）牵引装置送电操作：牵引装置送电是用控制箱上的牵电按钮来实现的。当采煤机得电 40 s 后，按下牵电按钮，牵引装置吸合，变频装置得电。

（2）牵引装置断电操作：牵引装置断电是由牵停按钮和牵电按钮同时实现的，先按牵停按钮不要放开，再按一下牵电按钮，这时牵引装置跳闸，变频器失电。

（3）牵引操作：可在控制箱、左端头站、右端头站三处操作，实现采煤机左行、右行、增速、减速、停止功能。

（4）左行操作：当牵引装置吸合，变频器得电后，按住左行按钮，变频器开始输出，采煤机开始左行，按住左行按钮不放，变频器频率增加，采煤机增速向左运行。若要使采煤机减速，按右行按钮采煤机就减速。若要使采煤机减速到零，可以直接按牵停按钮，也可以按住右行按钮（假如采煤机正在左行）直至采煤机减速到零。

（5）若要改变采煤机的运行方向，必须先按牵停按钮，然后再按方向按钮（左行或右行），采煤机才能改变方向。牵停按钮既是采煤机牵停按钮，又是改变牵引方向的前置按钮，它同时和牵电按钮共同作用发出牵断信号。

（6）右行操作：右行按右行按钮，其他的和左行相同。

4）系统显示操作顺序

采煤机右前盖板显示屏下有操作按钮，可实现监控系统的人机对话，在显示屏上可显现出截割电动机、牵引电动机、油泵电动机和瓦斯检测运行参数，牵引系统运行参数，曲线显示、故障内容显示，保护参数设置、极限参数设置，运行参数设定等内容。

四、运行注意事项

（1）在操作员交班或对采煤机进行修理、维护以及更换截齿时，必须断开采煤机上的电源隔离开关，按下牵停按钮，并将摇臂离合器手柄置于断开位置，通过采煤机上的运闭按钮使工作面输送机不能启动。

（2）先通水，后开机，严格按电控操作程序操作，开车时每隔 2 min 点动一次试车，检查声响和仪表显示正常后正试运行。

（3）电动机正常停止运行，启动不允许使用隔离开关手柄，只能在特殊的紧急情况下或启动电动机按钮不起作用时才可使用，但此后必须检修隔离开关的触点。

（4）采煤机在运行时要随时注意滚筒的位置，防止滚筒切割液压支架的前探梁和工作面输送机的铲板，避免损坏截齿、齿座以及滚筒。

（5）操作时要随机注意电缆、水管的状态，防止挤压、蹩劲和跳槽，以免挤伤、挂坏电缆及水管。

（6）操作时要经常注意检查机器是否有异常的噪声和发热现象，注意观察所有的仪表、油位、指示器是否处于正常工作状态。发现异常情况应马上处理。

（7）进行采煤操作时，左、右摇臂及滚筒必须处于一上一下的位置，不允许左、右摇臂同时处于上部位置。

（8）采煤机割煤时，任何人严禁在煤壁侧作业，如需作业，采煤机必须停机并闭锁运输机。

（9）工作面输送机移溜要滞后采煤机滚筒 15m 再进行操作。

（10）除温装置是在变频器停机三天以上，短期使用，正常时切勿使用加热器。

（11）随时注意各工种间的协调配合，照应机器运行前方和后方人员，安全操作。

（12）交检时牵引回零，停机，左、右滚筒处于低位，隔离开关分断。注意要先停机后停水。

（13）发现截齿短缺时必须及时补齐。被磨钝的截齿应及时更换，更换截齿时要将电源关掉，闭锁工作面运输机，以防发生事故。

（14）遇到采煤机有异响、异味，大块煤发生堵转，牵引手把失灵，拖缆被卡住，供水装置缺水，喷雾失效等情况时应及时停机处理。

（15）注意观察油压、油温及机器的运转情况，如有异常，应立即停机检查。

（16）长时间停机或换班时，必须断开隔离开关，并把离合器手把脱开并锁紧，关闭水阀开关等。

（17）未遇意外情况，在停机时不允许使用"紧急停车措施"。

五、停机工作

1. 一般停机工作

（1）收工时应将采煤机停在切口处或无淋水、支架完好的地方。

（2）待滚筒内运干净后，停止滚筒转动。

（3）滚筒降落到底板上，停止液压泵站。

（4）切断电源，将隔离开关和操作手把置于停止位置，关闭总供水阀。

（5）清扫机器各部分的煤尘，记录采煤机的工作日志。

2. 紧急停机工作

遇到下列情况之一应紧急停机：

（1）采煤机在工作中负荷太大，电动机发生闷车现象时，附近有严重片帮、冒顶时；

（2）采煤机内部发生特别异常声响时；

（3）电缆拖移装置卡住时；

（4）出现人身或其他重大事故时。

第七节　采煤机的检修和维护保养

为了保证维修工作人员的安全，应注意以下事项：

（1）只有在切断了采煤机的电源之后，才允许进行检修工作；隔离开关必须置于"关"的位置，未经授权时，开关不得接通。

（2）在倾斜工作面检修时要确保采煤机不会滑动。

（3）在检修时，拆下的各个组件以及在井下需更换的组件的运输包装和防护盖板，需保存以备今后再用。

（4）零件和较大的组件在更换时应该非常小心地固定在起吊设备上，并确保不会因此产生危险。

（5）只能使用性能良好并有足够起重力的起吊装置。

（6）不要在悬挂于空中的重物底下停留或者工作。

（7）只委托有经验的人员固定重物并给吊车操作人员发指令，发令人必须处在操作人员的视力范围内或者同其保持说话联系。

（8）在检修/修理开始时，需将采煤机表面的脏物清理干净，尤其要清洁接头和螺栓连接副。注意：不要使用带有腐蚀性的清洁剂。

（9）如果在装配、检修和修理的时候有必要拆下安全装置，那么在检修和修理工作结束后，必须马上重装安全装置并进行检查。

（10）只有在上述工作结束之后才可以让采煤机继续工作。

一、采煤机的检修

采煤机是综合机械化采煤设备中的关键设备，其性能和设备状态直接关系到综采工作面的生产效率。采煤机各零件的制造精度较高，但采煤工作面条件比较复杂、变化较大，为了保证采煤机的正常运转和设备完好，充分发挥采煤机的效能及延长机器的使用寿命，除了做好采煤机的日常维护工作，严格执行"四检"外，还必须定期对采煤机进行强制检修工作，因此必须有计划地对采煤机进行检修。

按检修内容，采煤机的检修可分为小修、中修和大修三种。

1. 采煤机的小修

当采煤机投入使用后，除了每天检修班的正常检修外，每三个月就应该进行一次停机小修，提前处理可能导致严重损坏的隐患问题。

（1）将破损的软管全部更新，各阀、液压接头和仪表若不可靠，应进行更换。

（2）各油室应清洗干净，更换经过滤后的新油液。

（3）全部紧固所有的连接螺栓。

（4）对每个润滑点加注足够的润滑油或油脂。

（5）齿座若有开焊或裂纹，应重新焊接好。

2. 采煤机的中修

采煤机的中修一般在使用期达 6 个月以上或者采煤 35 万 t 以上时进行，中修厂地应设在有起重设备的厂房内。中修除了完成小修内容外，还需完成以下项目：

（1）拆下所有的盖板、液压系统管路和冷却系统管路。

（2）清洗机器周围所有的脏物和被拆下的零部件。

（3）更换已损坏的易损件，如密封、轴承、接头、阀、仪表、液压元件等。

（4）检查截割部、牵引部的传动齿轮是否有异常。

（5）所有的齿轮箱、液压箱内部要清洗干净，按规定更换新的油液。

（6）打开电动机控制箱盖，检查各电器元件的损坏情况，以及电动机绕组对地缘电阻。

（7）在组装好采煤机后，应按规定程序进行牵引部、截割部的试验。

（8）按规定试验程序进行整机试验。

3. 采煤机的大修

采煤机在采完一个工作面后应升井大修。大修要求采煤机进行解体清洗检查，更换损坏零件，测量齿轮啮合间隙，对液压元件应按要求进行维护和试验，电器元件检修更换时，应做电器试验。机器大修后，主要零部件应做性能试验、整机空转试验，检测有关参数，符合大修要求后方可下井。

如果其主要部件磨损超限，整机性能普遍降低，并且具备修复价值和条件，可进行以恢复性能为目标的整机大修。采煤机的大修除了完成中修内容外，还需完成以下项目：

（1）将整机全部解体，按部件清洗检查。编制可用件与补制件明细表及大修方案，制订制造和采购计划。

（2）主油泵、补油泵、辅助泵、电动机、各种阀、软管、仪表接头、摩擦片、轴承、密封等都应更换新件。

（3）对所有的护板、箱体、滚筒、摇臂，凡碰坏之处都要进行修复，达到完好标准。

（4）各油室应清洗干净，加注合格的油液。

（5）紧固所有的连接螺栓。

（6）各主要部件装配完成后，按试验程序单独试验后，方可进行组装。

（7）对电动机的全部电控元件逐一检查，关键器件必须更换。

（8）组装后按整机试验要求及程序进行试验，其主要技术性能指标不得低于出厂标准。

二、采煤机的维护保养

《煤矿安全规程》规定采掘设备（包括液压支架、泵站系统）必须有维修和保养制度并有专人维护，保证设备性能良好。设备的维修保养工作要落实到人。要将责任与经济效益相结合，维修保养好的给予奖励，维修保养不当的要承担责任，其中包括经济责任，这样的设备维修保养制度称为包机制。

采煤机的检查

对采煤机的维修、保养实行"班检""日检""周检""月检"，这是一项对设备强制检修的有效措施，称为"四检"制。正确的维护和检修，对提高机器的可靠性、降低事故率、延长使用寿命十分重要。

1. 班检

班检由当班操作员负责进行，检查时间不少于 30min。

（1）检查处理外观卫生情况，保持各部清洁，无影响机器散热、运行的杂物。

（2）检查各种信号、仪表的情况，确保信号清晰，仪表显示灵敏可靠。

（3）检查各部连接件是否齐全、紧固，特别要注意各部对口、盖板、滑靴及防爆电气设备的连接与紧固情况。

（4）检查牵引链、连接环及张紧装置的连接固定是否可靠，有无扭结、断裂现象，液压张紧装置供应压力是否适宜，安全阀动作值整定是否合理。

（5）检查导向管、齿轨、销轨（销排）的连接固定是否可靠，发现有松动、断裂或其他异常现象和损坏时，应及时更换处理。

（6）补充、更换短缺、损坏的截齿。

（7）检查各部手柄、按钮是否齐全、灵活、可靠。

（8）检查电缆、电缆夹及拖缆装置连接是否可靠，是否有扭曲、挤压、损坏等现象，电缆不许在槽外拖移（电缆车的普采面除外）。

（9）检查液压与冷却喷雾装置有无泄漏；压力、流量是否符合规定；雾化情况是否良好。

（10）检查急停、闭锁、防滑装置与制动器性能是否良好，动作是否可靠。

（11）倾听各部转动声音是否正常，若发现异常要查清原因并处理好。

2. 日检

日检由维修班长负责，有关维修工和操作员参加，检查处理时间不少于 4h。日检进行班检各项内容，处理班检处理不了的问题。

（1）按照各部件润滑要求给采煤机各部件进行注油润滑，检查自动集中润滑系统是否渗漏，是否注油正常。检查所有外部液压软管和接头处是否有渗漏或损坏。

（2）检查喷雾灭尘系统的工作是否有效，供水接头是否漏水，喷嘴是否堵塞和损坏，水阀是否正常工作，堵塞的喷嘴要及时清洗更换。

（3）检查行走轮与导向滑靴的工作状况。

（4）检查供水系统零部件是否齐全，有无泄漏、堵塞，若发现问题要及时处理好。进行水量检查，特别是用作冷却后喷出的水量一定要符合要求。

（5）检查截割滚筒上的齿座是否有损坏，截齿是否有丢失和磨损并及时更换。

（6）检查电气保护整定情况，做好电气试验（与电工配合）。

（7）检查电动机与各传动部位温度情况，如发现温度过高，要及时清原因并处理好。

（8）检查所有护板、挡板、楔铁、螺栓、螺钉、螺堵和端盖是否松动，若发现有松动的，应及时紧固。

（9）检查电缆、水管、油管是否有挤压和破损。

（10）检查各压力表是否损坏。

（11）检查机器运转时各部位的油压、温升及声响，以及中间段间的连接是否松动。

（12）检查各操作手柄、按钮动作是否灵活。

3. 周检

除每天的维护和检查以外，还必须按以下要求进行每周的检查。周检由综采机电队长负责，机电技术员及日检人员参加，检查处理时间不少于 6h。

（1）检查和处理日检中不能处理的问题，并对整机的大致情况做好记录。

（2）从放油口取样化验工作油中的过滤油质是否符合要求。

（3）认真检查处理对口、滑靴、支承架、机身等部位相互间连接情况和滚筒连接螺栓的松动情况。若有松动，应及时紧固。

（4）检查牵引链链环节距伸长量，发现伸长量达到或超过原节距的3%时，立即更换。

（5）检查过滤器，必要时清洗更换。

（6）检查电控箱，确保腔室内干净、清洁、无杂物，压线不松动，符合防爆与完好要求。

（7）检查电缆有无破损，接线、出线是否符合规定。

（8）检查接地设施是否符合《煤矿安全规程》的规定。

（9）检查液压系统和润滑部位，检查电缆、电气系统。

（10）检查安装在阀组粗过滤器上的真空表的读数，如果真空表读数大于规定值，就应该拆下进行清洗或更换过滤器的滤芯。

（11）检查操作员对采煤机的日常维护情况和故障记录。

4. 月检

除每日和每周的维护和检查以外，还必须按以下要求进行每月的检查。月检由机电副矿长或机电总工程师组织机电科和周检人员参加，检查处理时间同周检或稍长一些时间。

（1）进行周检各项内容，处理周检难以解决的问题。

（2）处理漏油，取油样检查化验。

（3）检查电动机绝缘、密封、润滑情况，必要时补充锂基润滑脂。

（4）从所有的油箱中排掉全部的润滑油，按照规定注入新的润滑油。

（5）检查液压系统和润滑部位，检查电缆、电气系统。

（6）采煤机井下因故障必须拆开部件时，应采取如下预防措施：

① 采煤机周围应喷洒适量的水，适当减小工作面的通风，选择顶板较好、工作范围较大的地点。

② 在拆开部件的上方架上防止顶板落渣的帐篷。

③ 彻底清理上盖及螺钉窝内的煤尘和水。

④ 用于拆装的工具以及拆开更换的零件必须清点，以防止遗落在箱体内。

⑤ 排除故障后，箱内油液最好全部更换。

5. 检修维护采煤机时应遵守的规定

（1）坚持"四检"制，不准将检修时间挪作生产或他用。

（2）严格执行对采煤机的有关规定。

（3）充分利用检修时间，合理安排人员，认真完成检修计划。

（4）检修标准按《煤矿机电设备完好标准》执行。

（5）未经批准，严禁在井下打开牵引部机盖。若必须在井下打开牵引部机盖时，需向矿机电部门提出申请，经矿机电领导批准后实施。开盖前，要彻底清理采煤机上盖的煤矸等杂物，清理四周环境并洒水降尘，然后在施工部位上方吊挂四周封闭的工作帐篷，检修人员在帐篷内施工。

（6）检修时，检修班长或施工组长（或其他施工负责人）要先检查施工地点、工作条件和安全情况，再把采煤机各开关、手把置于停止或断开的位置，并打开隔离开关（含磁力启动器中的隔离开关），闭锁工作面输送机。

（7）注油清洗要按油质管理细则执行，注油口设在上盖上，注油前要先清理干净所有碎杂物，注油后要清除油迹，并加密封胶，然后紧固好。

（8）检修结束后，按操作规程进行空运转，试验合格后再停机，断电，结束检修工作。

（9）检查螺纹连接件时，必须注意防松螺母的特性，不符合使用条件及失效的应予更换。

（10）在检查和施工过程中，应做好采煤机的防滑工作。注意观察周围环境变化情况，确保安全施工。

三、采煤机的完好标准

《煤矿机电设备完好标准》中对采煤机有严格规定，如下所述。

1. 机体的完好标准

（1）机壳、盖板裂纹要固定牢靠，接合面严密、不漏油。

（2）操作手把、按钮、旋钮完整，动作灵活可靠，位置正确。

（3）仪表齐全、灵敏准确。

（4）水管接头牢固，截止阀灵活，过滤器不堵塞，水路畅通、不漏水。

2. 牵引部的完好标准

（1）牵引部运转无异响，调速均匀准确。

（2）牵引链伸长量不大于设计长度的 3%。

（3）牵引链轮与牵引链传动灵活，无咬链现象。

（4）无链牵引轮与齿条、销轨或链轨的啮合可靠。

（5）牵引链张紧装置齐全可靠，弹簧完整。紧链液压缸完整，不漏油。

（6）转链、导链装置齐全，后者磨损不大于 10 mm。

3. 截割部的完好标准

（1）齿轮传动无异响，油位适当，在倾斜工作位置，齿轮能带油，轴头不漏油。

（2）离合器动作灵活可靠。

（3）摇臂升降灵活，不自动下降。

（4）摇臂千斤顶无损伤，不漏油。

4. 截割滚筒的完好标准

（1）滚筒无裂纹或开焊。

（2）喷雾装置齐全，水路畅通，喷嘴不堵塞，水成雾状喷出。

（3）螺旋叶片磨损量不超过内喷雾的螺纹。无内喷雾的螺旋叶片，磨损量不超过厚度的 1/3。

（4）截齿缺少或截齿无合金的数量不超过 10%，齿座损坏或短缺的数量不超过两个。

（5）挡煤板无严重变形，翻转装置动作灵活。

5. 电器部分的完好标准

（1）电动机冷却水路畅通，不漏水。电动机外壳温度不超过 80 ℃。

（2）电缆夹齐全牢固，不出槽，电缆不受拉力。

6. 安全保护装置的完好标准

（1）采煤机原有安全保护装置（如与刮板输送机的闭锁装置、制动装置、机械摩擦过载保护装置、电动机恒功率装置及各电气保护装置）齐全可靠，整定合格。

（2）有链牵引采煤机在倾斜 15° 以上的工作面使用时，应配用液压安全绞车。

7. 底托架、破碎机的完好标准

（1）底托架无严重变形，螺栓齐全紧固，与牵引部及截割部接触平稳。

（2）滑靴磨损均匀，磨损量小于 10mm。

（3）支承架固定牢靠，滚轮转动灵活。

（4）破碎机动作灵活可靠，无严重变形、磨损，破碎齿齐全。

四、采煤机冷却喷雾系统日常检查内容

（1）检查供水压力、流量、水质，发现不符合用水要求时，要及时查清原因并处理好。

（2）检查供水系统有无漏水情况，若发现漏水，要及时处理好。

（3）每班检查喷雾情况，如有堵塞或脱落，要及时疏通补充。

（4）每周检查 1 次水过滤器，必要时清洗并清除堵塞物。如经常严重堵塞，要缩短检查周期，必要时每天检查 1 次，确保供水质量。

五、采煤机的润滑

在井下采掘机械中，由于采煤机负荷大、工作条件恶劣，并且是在移动中工作，因此采煤机使用寿命的长短和其工作效能能否发挥，在很大程度上取决于对它维护的好坏。而维护工作归结于保证其良好的润滑、及时更换缺损零件和排除事故隐患等，以达到设备安全运行的目的，这就必须严格执行采煤机的一系列维护保养制度。

采煤机维护的好坏，在很大程度上取决于润滑情况的好坏。尤其是液压牵引采煤机，其三分之二的故障是润滑不好造成的，因此必须高度重视采煤机的润滑问题。

1. 采煤机上使用的油脂类型

采煤机上使用的油脂主要分为两类，即润滑油和润滑脂。

采煤机上经常使用的润滑油有液压油等；常用的润滑脂有锂基润滑脂、钙钠基润滑脂和钙基润滑脂。

1）润滑油

用于采煤机的润滑油包括液压油、齿轮油、极压油。其作用及用途如下所述。

（1）液压油。在液压传动系统中，液压油既是传递动力的介质，也是液压传动机构的润滑剂，此外还有冷却、防锈的作用，其不同于一般的润滑油。液压油对液压系统的工作性能会产生很大的影响，因此选择液压油时，要从传递动力和润滑两个方面来考虑，只有选择黏度合适的液压油，才能充分发挥设备的效能。

采煤机液压油主要用于牵引部液压系统和附属液压系统，以深度精制的润滑油作为基础油，加入抗磨、抗氧化、抗泡、增黏、降凝等多种添加剂调和制成。其中使用较多的是 N100、N150 号抗磨液压油。

采煤机液压系统对液压油的要求如下：

① 具有适宜的黏度和良好的黏温性，黏度指数应大于 90。

② 有良好的润滑性能和抗磨性能。

③ 化学性能稳定，抗氧化能力强，抗泡性好。在贮存及工作过程中不应氧化生成胶质，能长期使用且不变质。当系统温度、压力变化时，油液的性能不变。

④ 有良好的防锈性能和抗乳性能。

⑤ 有良好的抗腐蚀性能。

⑥ 抗剪切性能好。

⑦ 闪点高，凝固点低。

⑧ 对密封材料的适应性强，不影响密封件的使用寿命。

（2）齿轮油。齿轮油具有如下作用：

① 减少齿轮及其他运动件的磨损，使设备正常运转，保证有关零件的使用寿命。

② 减小摩擦力，减少功率损失，提高效率，降低能耗。

③ 分散热量，起冷却作用。

④ 减轻振动，减小噪声，缓解齿轮之间的冲击。

⑤ 冲洗齿面污物及固体颗粒，从而减少齿面的磨损。

⑥ 防止腐蚀，避免生锈。

（3）极压油。在润滑油中加入极压添加剂，用于高温、重载、高应力的条件下，能使金属表面形成一层牢固的化合物质，以防止金属表面直接接触，避免造成胶合、烧结、熔焊等摩擦面损伤的现象发生。这种含有极压添加剂的润滑油称为极压油。采煤机牵引部传动齿轮箱和截割部齿轮传动系统的润滑较多使用极压工业齿轮油。

极压工业齿轮油分为铅型极压工业齿轮油和硫磷型极压工业齿轮油两类。

① 铅型极压工业齿轮油。这种油适用于承受重荷载、冲击荷载，且一般不接触水的机械润滑。该油加有极压添加剂等多种添加剂，因此油膜强度大，摩擦系数小，可对高荷载及冲击荷载维持有效的油膜，润滑性能可靠，有较好的抗氧化安定性、抗腐蚀性、防锈性、抗泡性。

② 硫磷型极压工业齿轮油。这种油采用深度精制润滑油，按成品黏度需要调成基础油，加入硫磷型极压抗磨剂以及防锈、抗泡剂制成，因此与铅型极压工业齿轮油相比有较为突出的特点，即有极好的抗磨性和极压性；良好的分水性，可及时排出混入油中的水分，不易乳化；良好的抗氧化安定性，能在 800℃以上高温的齿轮箱中较好地工作。这种油适用于重荷载、反复冲击荷载的封闭式齿轮传动装置，特别适用于极易进水、使用条件恶劣、油温很高的采煤机截割部齿轮箱。目前，我国大功率采煤机都采用 N220、N320 号硫磷型极压工业齿轮油。

2）润滑脂

（1）润滑脂的组成。

润滑脂是由基础油、稠化剂、稳定剂和添加剂组成的，是半固体可塑性润滑材料，俗称"黄油"。

（2）润滑脂的适用条件与类型。

润滑脂与润滑油相比，油腊强度、缓冲性能、密封和防护性能、黏附性能均优。其主要用于下列工作条件下机械的润滑：

① 由于装置关系，不可能使用润滑油的部位；

② 低速、重负荷、高温高压、经常逆转或产生冲击负荷的机械；

③ 工作环境潮湿、水和灰尘较多且难以密封的机械，以及同酸性气体或腐蚀气体接触的工作部件；

④ 长期工作而不经常更换润滑剂的摩擦部件，如密封的滚珠轴承或长期停止工作在摩擦面上无法形成保护油膜的滚珠轴承；

⑤ 高速电动机和自动装置等。

煤矿采煤机械常用的润滑脂有钙基润滑脂、钠基润滑脂、钙钠基润滑脂、锂基润滑脂四种类型。

2. 鉴别液压油

液压油质量差，不仅影响着工程机械的正常工作，而且会造成液压系统零部件的严重损坏。通过油液检测，可以准确地了解油品的质量，因此对于重要应用场合，建议通过油液检测对油品的选用作出客观而精确的指导。现结合工作实践归纳出几种在无专用检测仪器的情况下，鉴别液压油质量的方法。

1）水分含量鉴定

（1）目测法：如油液呈乳白色混浊状，则说明油液中含有大量水分。

（2）燃烧法：用洁净、干燥的棉纱或棉纸蘸少许待检测的油液，然后用火将其点燃。若出现"噼啪"的炸裂声响或闪光现象，则说明油液中含有较多水分。

2）液压油杂质含量的鉴别

（1）感观鉴别。

油液中有明显的金属颗粒悬浮物，用手指捻捏时直接感觉到细小颗粒的存在；在光照下，若有反光闪点，则说明液压元件已严重磨损；若油箱底部沉淀有大量金属屑，则说明主油泵或电动机已严重磨损。

（2）加温鉴别。

对于黏度较小的液压油可直接将其放入洁净、干燥的试管中加热升温。若发现试管中油液出现沉淀或悬浮物，则说明油液中已含有机械杂质。

（3）滤纸鉴别。

对于黏度较大的液压油，可用纯净的汽油将其稀释后，再用干净的滤纸进行过滤。若发现滤纸上存留大量机械杂质（金属粉末），则说明液压元件已严重磨损。

（4）声音鉴别。

若整个液压系统有较大的、断续的噪声和振动，同时主油泵发出"嗡嗡"的声响，甚至出现活塞杆"爬行"的现象，这时观察油箱液面、油管出口或透明液位计，会发现大量的泡沫。这说明液压油中已浸入了大量的空气。

（5）应用铁谱技术鉴别。

铁谱技术是以机械摩擦副的磨损为基本出发点，借助铁谱仪把液压油中的磨损颗粒和其他颗粒分离出来，并制成铁谱片，然后置于显微镜或扫描电子显微镜下进行观察，或按尺寸大小依次沉积在玻璃管内，应用光学仪器进行定量检测。通过以上分析可以准确获得系统内有关磨损方面的主要信息。

六、采煤机故障现象及处理

采煤机的故障类型大致有三种：一是机械部分故障；二是电气设备部分故障；三是液压部分故障。

1. 采煤机机械故障的原因及处理措施

1）截割部齿轮、轴承损坏的主要原因及预防措施

（1）原因：由于设备使用时间过长，有的机械零件磨损超限，甚至接近或达到疲劳极限。预防措施：首先在地面检修采煤机时，尽可能将齿轮和轴承更换成新的，并确保检装质量，保障良好的润滑、减少磨损。

（2）原因：由于操作不慎，使滚筒截割输送机的铲煤板、液压支架顶梁（或前梁）或铰

接顶梁，使截割部齿轮轴承承受巨大的冲击荷载。预防措施：加强支架工、操作员的工作责任心，提高操作技术，严格执行操作规程。操作员要正确、规范地操作采煤机，及时掌握煤层及顶板情况，尽量避免冲击荷载。

（3）原因：缺油或润滑油不足，在有的齿轮副或轴承副之间出现边界摩擦，引起齿办轴承很快磨损失效。预防措施：各润滑部位要按规定加够润滑油脂，并按"四检"制的要求，及时检查、更换或补充润滑油脂。

2）引起截割部减速器过热的原因及处理方法

（1）原因：用油不当。处理方法：按规定量注液。

（2）原因：油量过多或过少。处理方法：按规定量注液。

（3）原因：油中水分超限，或油脂变质，使油膜强度降低。处理方法：换油，并经常检查油质，发现不合格应及时更换。

（4）原因：齿轮、轴承磨损超限，接触精度太低，引起发热。处理方法：更换齿轮及轴承。

（5）原因：截割负荷太大。处理方法：调节牵引速度与截深，降低负荷。

（6）原因：无冷却水，或冷却水流量及压力不足。处理方法：无冷却水及冷却喷雾系统不合格不得开机，且修复冷却喷雾系统。

（7）原因：冷却器损坏或冷却水短路。处理方法：更换冷却器，查清短路原因并修复。

3）造成有链牵引采煤机断链的原因

（1）牵引链使用时间过长，链环磨损超限，节距伸长量超过原节距的3%，导致强度满足不了要求或因卡链而断链。

（2）牵引链拧"麻花"，当通过链轮时咬链而引起断链。

（3）连接环安装使用不规范，缺弹簧张力销。

（4）采煤机滑靴腿变形、煤壁侧滑靴掉道，导致运行阻力过大而引起断链。

（5）溜槽、铲煤板、挡煤板相互间闪缝、错茬、外部阻力过大而引起断链。

（6）牵引链两端无张紧装置，呈刚性连接，采煤机运行方向后面的链子松弛，导致松边链轮间窝链（平链轮易发生此类故障），大大增加了运行阻力，造成断链。

（7）牵引链或链连接质量不合格，造成断链。

4）造成采煤机机身振动的主要原因及处理措施

（1）原因：采煤机滚筒上的截齿，尤其是端面截齿中的正截齿（指向煤壁）短缺，合金刀头脱落，截齿磨钝而未及时补充，更换时，会引起机身剧烈振动。截齿短缺及不合格的越多，振动就越厉害。

（2）处理措施：及时补充、更换脱落或不合格的截齿。

2. 采煤机电气部分常见故障分析及处理

1）采煤机不启动时的检查项目

（1）检查左面急停按钮是否解锁，控制线有无断线，整流二极管是否烧毁。

（2）检查磁力启动器是否有电，是否在远控位置。如果无问题，把远控开关打近控，如启动开关能启动，说明故障不在开关；如果不启动，说明开关有故障，应检查开关。

（3）检查控制回路是否畅通，包括电缆、按钮、连线等。

（4）检查隔离开关接触是否良好，有无损坏。

（5）检查启动按钮是否损坏。

（6）检查电动机电源是否缺相。

（7）检查是否在带重荷情况下启动。

（8）检查自保回路中带水压节点，若未供水启动电动机，则采煤机不能启动。

2）采煤机启动后不能自保的原因

（1）启动时，手柄扳在启动位置时间过短。

（2）自保继电器 KA 节点接触不良或烧毁。

（3）控制变压器一、二次熔断器熔断，线路接触不良或断路。

（4）控制变压器烧毁。

（5）电动机中的热继电器没有复位。

3）采煤机不能牵引的原因

（1）功控超载电磁铁接反或损坏，保护插件损坏或插件执行继电器损坏。

（2）松闸电磁铁在牵引手把过零后不松闸。

（3）其余属压力方面的原因。

4）运行中用急停按钮停机后，解锁时自启动的原因

（1）启动手把没有到零位。

（2）启动按钮节点粘连。

（3）自保继电器节点粘连。

5）输送机不启动的原因

（1）采煤机上运行按钮没有解锁。

（2）控制回路短路或开路。

（3）磁力启动器有故障。

3. 判断、检查故障的方法

尽管采煤机故障较多，但只要掌握分析故障的程序和方法，特别是对采煤机液压系统有较全面的了解，就能对液压系统的故障作出正确判断。

1）判断故障的程序

根据实践经验，判断故障的程序是看、听、摸、测和分析。

（1）看：看运行日志中主要液压元件、电气元件、轴承的使用和更换时间，液压系统图，电气系统图，机械传动系统图和油脂化验单；到现场看采煤机运转时液压系统高、低压变化情况，检查过滤系统是否正常。

（2）听：听取当班操作员介绍发生故障前、后的运行状态、故障征兆等，征询司机对故障的看法和处理意见，必要时可开动采煤机听其运转声响。

（3）摸：用手摸可能发生故障点的外壳，判断温度变化情况，也可用手摸液压系统以判断有无泄漏，特别是检查主油泵配流盘、接头密封处、辅助泵、低压安全阀、旁通阀等是否泄漏。

（4）测：通过仪表测量绝缘电阻、冷却水压力、流量和温度，检查液压系统中高、低压变化情况，油质污染情况，主液压泵、液压电动机的漏损和油温变化情况；检查伺服机构是否失灵，高、低压安全阀，背压阀的开启、关闭情况是否正常，各种保护系统是否正常等。

（5）分析：根据以上看、听、摸、测取得的材料进行分析，准确地找出故障原因，提出

可行的处理方案，尽快排除故障。

2）判断故障的方法

为了准确迅速地判断故障，查找到故障点，必须了解故障的现象和发生过程。其判断的方法是先部件、后元件，先外部、后内部，层层解剖。

（1）先判断部位。首先判断是电气故障、机械故障还是液压故障，相应于采煤机的部位便是电动机部、截割部、牵引部的故障。

（2）从部件到元件。确定部件后，再根据故障的现象和前面所述的判断故障的程序查找到具体元件，即故障点。

3）采煤机故障处理的一般步骤

（1）首先了解故障的现象和发生过程；

（2）分析引起故障的原因；

（3）做好排除故障前的准备工作。

4）采煤机故障处理的原则与依据

检查不周、维护不良或者违章操作等各种原因，均会导致采煤机在运行中发生某些意料不到的故障。如何正确判断这些故障并及时排除，对发挥采煤机的效能关系很大。要分析处理好采煤机故障，首先，要认真阅读采煤机有关技术资料，弄清采煤机机械、液压系统结构原理；然后，了解采煤机故障的表现形式，据此分析故障产生的原因；依据由表及里、由外到内的原则，制定出排除故障的顺序，并依次检查各机械零部件或液压元件，最后查出故障部位。排除故障既要遵循保证采煤机恢复主要性能、不影响采煤机正常工作的原则，同时又要考虑到经济的原则。

4. 井下检修采煤机的注意事项

（1）工具、备件、材料必须准备充分。在修理过程中，工具，特别是专用工具，更换的备件要规格型号相符，最好是用全新备件，若是修复的备件，必须通过鉴定并符合要求，否则会使应该排除的故障得不到排除，造成错觉而怀疑其他原因，以致事故范围扩大，拖延事故处理的时间。在处理事故时，材料也十分重要，它不仅影响处理事故的时间，而且也影响处理事故的质量，在清洗液压元件时，绝不可用棉纱类织物擦洗，以免埋下事故隐患。

（2）在拆卸过程中要记清相对位置和拆卸顺序，必要时将拆下的零部件做标记，以免在安装过程中接错，拖延处理事故时间。

（3）在排除故障时，必须将机器周围清理干净，并检查机器周围顶板支护情况，在机器上方挂好篷布，防止碎石掉入油池中或冒顶、片帮伤人。

（4）处理完毕后，一定要清理现场、清点工具、检查机器中有无杂物，然后盖上盖板，注入新油并进行动转，试运转合格后，检修人员方可离开现场。

七、采煤机的井上验收、试运转及井下运输

1. 井上验收

对新采煤机与大修后的采煤机应组织验收，要根据有关技术标准、规范来检验采煤机的配套情况、技术性能、质量、数量及技术文件是否齐全合格。参加验收的人员必须熟悉采煤机的性能，了解采煤机的结构和工作过程。采煤机操作员和维修人员一定要参加验收工作。

采煤机的井上验收包括以下内容：

（1）列出采煤机各部件名称及数量，检查各部件是否完整。

（2）根据采煤机的技术特征，检查是否符合要求。

（3）检查配套的刮板输送机、液压支架及桥式转载机等的配套性能和配套尺寸是否符合要求。

（4）进行采煤机的机械部分动作试验，检验各手把及部件的动作是否灵活、可靠，对底托架、滑靴及滚筒进行外观检查。

（5）进行采煤机电气部分的动作试验，检验各按钮的动作是否符合要求，各防爆部件及电缆进口是否符合要求。

（6）进行牵引部性能试验，包括空载跑合试验、分级加载试验、正转和反转压力过载试验以及牵引速度零位和正反向最大速度测定。进行空载跑合试验时，其高压管路压力不大于4MPa，油温升至40℃后，接通冷却水正、反向各运转1h，分级加载试验按额定牵引力的50%及75%加载，每级正、反向各运转30min，加载结束时油温不大于80℃。

（7）进行截割部性能试验时，包括空载跑合试验和分级加载试验。空载跑合试验需在滚筒转速下正、反向各转3h；分级加载试验按电动机额定功率的50%及75%加载，每级正、反向转30min，加载结束时，油温不大于100℃。

（8）将采煤机摇臂位于水平位置，16h后，其下沉量小于2mm。

（9）在不通冷却水的条件下，电动机带动机械部分空运转1h，电动机表面温度小于70℃，无异常振动声响及局部温升。

2. 地面运转前检查及试运转

1）地面运转前检查的主要内容

（1）采煤机零部件是否齐全、完好。

（2）运动部件的动作是否灵活、可靠。

（3）手把位置是否正确，操作是否灵活、可靠。

（4）外部管路连接是否正确，各接头处是否有漏水、漏油现象，各油池、油位润滑点是否按要求注入油脂。

（5）各箱体腔内有无杂物和积水。

（6）电气系统的绝缘、防爆性能是否符合要求。

2）试运转

（1）地面试运转一般不少于30min的整机运行。

（2）操作各部手把，检查按钮动作是否灵活、可靠。

（3）注意各部机体运行的声音和平稳性。

（4）测量各处温升是否符合要求。

（5）摇臂升降要灵活，同时测量升到最高、最低位置的时间。

（6）操作牵引换向手柄调速旋钮，使采煤机正、反向牵引，测量其空载转速是否符合要求，手把在中间零位时牵引速度是否为零。

（7）在试运转期间，要检查各部连接处是否漏油，各连接管路是否漏油，运转声音是否正常。

（8）检查各个压力表的读数是否正确。

（9）测量电动机三相电流是否正常、平衡。

3. 采煤机的井下运输

1）采煤机入井注意事项

采煤机的入井和运输应按《综采设备提升运输、安装、拆除技术安全注意事项》中的规定进行。

入井前应清点设备及其部件的数量、尺寸、质量，核实提升、运输设备的能力，以及巷道断面、巷道坡度、弯曲半径等，以决定设备是否需要解体。

为了便于采煤机井下安装，如提升、运输条件允许，可尽量采用整体运输，至少应使采煤机电动机和牵引部、截割部减速箱和摇臂一起运输。必要时，也可分部件运输。

在入井前，应根据工作面方向及机器的安装顺序，在井上安排好各部件的装车次序和方位，以免在井下作不必要的调头。

2）采煤机井下运输注意事项

零部件装车时要注意重心位置，保证加工面及手把、按钮不受撞碰和摩擦，捆绑要牢靠。装车顺序由现场安装地点和井下运输条件来确定。进入安装地点的零部件先后顺序：后滚筒→右摇臂→右截割部减速箱→底托架→牵引部→电动机→左截割部减速箱→左摇臂→前滚筒和护板等。装车的排列顺序十分重要，所以一般是未装底托架之前，先把后滚筒、右摇臂拉过一定距离之后，再装底托架，这给安装带来一定的方便。

3）井下安装采煤机

在工作面选择一段场地，沿场地全长安装液压支架；应保证有足够的液压支架以加强顶板的支护和承担采煤机各部分的重量，必要时可安装附加支柱。

（1）将左牵引传动箱、中间控制箱（内装泵站）和右牵引传动箱三段组合成一体，然后把这个机身的组合体安装位于工作面的输送机上。

（2）分别安装左、右摇臂位于左、右牵引传动箱上。

（3）根据各软管标签上的标记连接各有关零部件。

（4）根据各电缆的标签上的标记接通各有关电路。

（5）接通压力液，使调高油缸的活塞杆伸出，直到能够装上与摇臂的连接铰销为止。

（6）安装滚筒，拆去滚筒的螺堵，安装喷嘴、截齿。

4）井下试运转

（1）使用前检查程序。

① 铺设刮板输送机，将采煤机骑在输送机上。

② 装配合格后，在接通电动机电源以前应进行以下检查：

a. 把采煤机各部件内部的存油全部排放干净。

b. 所有的液压腔和齿轮腔注入规定的油液，注入的油量应符合规定要求。

c. 检查油路、水路系统管路是否有破损、憋劲、漏油、漏液现象，喷雾灭尘系统是否有效，其喷嘴是否堵塞。

d. 检查滚筒上的截齿是否锋利、齐全、方向正确、安装牢固。

（2）检查各操作手柄、锁紧手柄、按钮动作是否灵活可靠，位置是否正确。

（3）在正式割煤前还要对工作面进行一次全面检查，如工作面信号系统是否正常，工作面输送机铺设是否平直，运行是否正常，液压支架、顶板和煤层的情况是否正常等。

（4）按正常井下操作顺序接上符合要求的水、电后，进行整机空载运行，并检查各运转部分的声音是否正常，有无异常的发热和渗漏现象；再操作各电控按钮和手把，检查动作是否灵活、可靠，内、外喷雾是否正常，采煤机与输送机配套是否合适。

（5）做好记录。

八、预防和减少采煤机故障的措施

为了减少采煤机的故障，提高采煤机开机率和使用率，增加煤炭产量，必须做到以下几点。

1. 提高工人素质

提高工人素质是使用好综采设备的关键，因此采煤机操作员和维护人员一定要经过培训并取得合格证后方可上岗工作，对于新机型更是如此。在正常生产中，每年都要进行一定时间的脱产或半脱产培训，以提高工人素质，适应现代化煤矿发展的需要。

2. 支持"四检"制度，严格进行强制检修。

为了使采煤机始终处于良好状态，必须严格执行"四检"制度，即班检、日检、周检、月检，加强采煤机的维护检修，发现问题及时处理，消除各种隐患。

3. 严格执行操作规程，不违章作业

采煤机操作员要根据工作面煤质、顶板、底板等地质条件选择合理的牵引速度，不能超载运行，严格执行开、停机顺序，不许带负荷启动及频繁启动，更不能强行切割及"带病"工作。

4. 严格执行验收标准

采煤机大修后严格按检修质量标准验收，并附有出厂验收报告和防爆合格证、试验报告单等。

5. 加强油质管理，防止油液污染

采煤机的用油要有专人管理，要严格执行原煤炭工业部颁发的《综采设备油脂管理细则》。

6. 定期检查电动机的绝缘情况

电动机故障绝大多数是电动机进水、润滑不良造成的，所以要经常检查电动机的绝缘电阻，一般地，对于新换电动机，应每天检查一次，连续检查三天，正常后应每周检查 2～3 次。如果发现绝缘电阻损坏或绝缘阻值下降，应仔细检查电动机冷却系统是否有进水现象，并及时处理。

第八节　采煤机主要参数的确定

组成综合机械化采煤工作面的采煤机、输送机和液压支架有严格的配套要求，以实现高产、高效。这就是所说的"三机配套"。这里只介绍采煤机的选取，其他的在相应的章节中介绍。

一、采煤机选型

采煤机选型应考虑煤层的状况和对生产能力的要求，以及与输送机和液压支架的配套要求。

1. 根据煤的坚硬度选型

采煤机适用于开采坚固性系数 $f < 4$ 的缓倾斜及急倾斜煤层。对 $f = 1.8 \sim 2.5$ 的中硬煤层，

可采用中等功率的采煤机，对黏性煤及 $f=2.5\sim4$ 的中硬以上煤层，采用大功率采煤机。

坚固性系数 f 只反映煤体破碎的难易程度，不能完全反映采煤机滚筒上截齿的受力大小，有些国家采用截割阻抗表示煤体抗机械破碎的能力。截割阻抗标志着煤岩的力学特征，可根据煤层厚度和截割阻抗来选取装机功率。

2. 根据开采截割阻抗选型

中等功率的采煤机最适合开采截割阻抗（截割阻抗是指切割单位厚度煤体所对应的截割阻力）为 $180\sim240$ N/mm 的中硬煤层；大功率采煤机则可开采截割阻抗为 $240\sim360$ N/mm 的中硬以上的黏结性煤层。

3. 根据煤层厚度选型

煤层厚度是指煤层顶板或底板之间的垂直距离。由于成煤条件各不相同，煤层的厚度差异也很大，薄者仅几厘米（一般称为煤线），厚煤的为 200m 以上。根据煤层的产状、煤质、开采方法以及当地对煤的需求情况，综合当代煤炭开采技术和经济条件，确定出可开采的最小煤层厚度称为最低可采厚度。低于最低可采厚度的煤层一般不开采。

在实际工作中，根据开采技术条件的特点，煤层按厚度可分为极薄煤层（煤层厚度小于 0.8 m）、薄煤层（厚度为 $0.85\sim1.3$ m）、中厚煤层（厚度为 $1.3\sim3.5$ m）和厚煤层（厚度在 3.5 m 以上）四类：

（1）极薄煤层。最小截高为 $0.65\sim0.8$ m 时，只能采用爬底板采煤机。

（2）薄煤层。最小截高为 $0.75\sim0.90$ m 时，可选用骑槽式采煤机。

（3）中厚煤层。选择中等功率或大功率的采煤机。对于采高为 $1.1\sim1.9$ m 的普采工作面，一般选用单滚筒采煤机；对于采高为 $1.2\sim2.5$ m 的普采工作面，可选用单滚筒或双滚筒采煤机。综采工作面必须选用双滚筒采煤机。

（4）厚煤层。使用大截高的采煤机且应具有调斜功能，以适应大采高综采工作面地质及开采条件的变化；由于落煤块度较大，采煤机和输送机应有大块煤破碎装置，以保证采煤机和输送机的正常工作。

4. 采煤机的装机功率的确定

采煤机的装机功率应根据采高确定。表 1–4 所示是装机功率和采高之间的关系，可根据煤质硬度确定，下限适用于软煤，上限适用于硬煤。

表 1–4　装机功率和采高之间的关系

采高/m	装机功率/kW	
	单滚筒采煤机	双滚筒采煤机
0.6～0.9	−50	−100
0.9～1.3	>50～100	>100～150
1.3～2.0	>100～150	>150～200
2.0～4.0	>150～200	>200 以上

5. 根据煤层倾角选型

根据倾角，煤层可分为近水平煤层（<8°）、缓倾斜煤层（8°～25°）、中斜煤层（25°～45°）和急斜煤层（>45°）四种。

骑槽式或以溜槽支承导向的爬底板采煤机在倾角较大时应考虑防滑问题。当工作面倾角大于 15° 时，应使用制动器或安全绞车作为防滑装置。

6. 按牵引类型选型

按牵引类型应首选电牵引采煤机。电牵引采煤机克服了液压牵引采煤机的许多缺点，并且电牵引采煤机具有功率大、牵引快等优点，所以电牵引采煤机成为采煤机的换代产品，对于高产、高效综采工作面，电牵引采煤机是必选机种。

二、采煤机的基本参数

1. 采煤机的生产率

采煤机的生产率与矿山地质条件，采煤机的性能、组织管理等有关。其分为理论生产率和实际生产率。

1）理论生产率

理论生产率是指采煤机在给定条件下以最大可能的工作参数连续运行得到的生产率，也称为最大生产率。一般采煤机技术特征中给出的生产率（生产能力）就是理论生产率，它的计算公式如下：

$$Q_1 = 60HBv_q\rho \qquad\qquad (1-1)$$

式中： Q_1 ——理论生产率，t/h；

H ——采高，m；

B ——截深，m；

v_q ——给定条件下最大可能的牵引速度，m/min；

ρ ——实体煤密度， $\rho = 1.3 \sim 1.4\ \text{t}/\text{m}^3$ 。

2）实际生产率

实际生产率是考虑了采煤机必须完成的辅助作业时间（检查机器、换截齿、开缺口空行程等）、消除故障时间和采煤机以外的各种原因造成停机的时间后得到的生产率。

这些因素是工作面组织工作和其他配套设备所存在的问题，如输送机和液压支架工作能力不适应或故障、工作面事故、供电系统故障等引起的。

显然，由于采煤机自身以及外界各种因素造成停机的时间使采煤机的实际生产率低于理论生产率较多。为了提高实际生产率，从采煤机自身方面看，要合理地提高牵引速度，减少辅助作业时间，加强机器的检查保养，不出或少出故障，提高采煤机的开机率；从工作面组织和技术管理方面看，要使配套设备的工作能力满足采煤机的要求，采煤工艺的各工序间要协调好，杜绝工作面事故，尽量减少设备故障等。

采煤机的实际生产率必须满足工作面产量计划的要求。

实际生产率的计算公式为

$$Q_2 = k_1 k_2 Q_1$$

式中： Q_2 ——实际生产率，t/h；

Q_1 ——理论生产率，t/h；

k_1 ——采煤机技术上可能达到的连续工作系数，一般 $k_1 = 0.5 \sim 0.7$ ；

k_2 ——采煤机实际工作中能达到的连续工作系数，一般 $k_2 = 0.6 \sim 0.65$ 。

2. 截深

截深是指采煤机滚筒切入煤壁的深度，是由端盘外侧的齿尖到滚筒内侧的边缘之间的距离。

（1）截深与滚筒宽度相适应。截深决定着工作面每次推进的步距，是决定采煤机装机功率和生产率的主要因素，也是与支护设备配套的一个重要参数。

（2）截深与截割高度关系很大。若截割高度较小，则工人行走艰难，采煤机牵引速度受到限制；反之，若截割高度很大，则煤层容易片帮，顶板施加给支护设备的荷载大，运输能力相应下降。为了保证适当的生产率，宜用较大截深。

目前我国多数采煤机的截深为 0.6 m 左右。在薄煤层中，由于牵引速度不能太快，为了提高生产率，采煤机截深可加大到 0.75～1.0 m；现代的电牵引采煤机，为了使其生产率满足高产、高效的要求，截深普遍达到了 0.8～1.0 m，少数甚至可达 1.2 m，这和当前装机功率增加有很大的关系。

3. 滚筒直径

滚筒直径是指滚筒截齿齿尖处的直径。单滚筒采煤机一次采全高，采煤机的滚筒直径比最小采高稍小一些，即 $D = H_{min} - (0.1 \sim 0.3)\text{m}$（$H_{min}$ 为最小采高）；中厚煤层使用的单滚筒采煤机和双滚筒采煤机一次采全高，其滚筒直径 D 应稍大于最大采高的一半，即 $D = (0.55 \sim 0.6)H_{max}$（$H_{max}$ 为最大采高）。

4. 采高

采高就是采煤机的实际开采高度。

采高大小对确定采煤机整体结构有决定性影响，它既决定了采煤机使用的煤层厚度，也是与支护设备配套的重要参数。

考虑煤层厚度的变化、顶板下沉和上浮煤等会使工作面高度减小，煤层（或分层）厚度不宜超过采煤机最大采高的 90%～95%，不宜小于采煤机最小采高的 110%～120%。

5. 滚筒转速及截割速度

滚筒转速的选择，直接影响截煤比能耗、装载效果、粉尘大小等。转速过高，不仅煤尘产生量大，且循环煤增多，转载效率降低，截煤比能耗降低。根据实践经验，一般认为采煤机滚筒的转速控制在 30～50 r/min 较为适宜。

6. 机面高度与底托架高度

1）机面高度（A）

机面高度是指从工作面底板表面至采煤机上表面的高度。一种采煤机机型往往有几种不同的机面高度（靠使用不同高度的底托架及输送机槽获得），以适应在采高范围内不同高度工作时的要求，因此选型时要特别注意，并向厂家说明。

如图 1-45 所示，已知最大采高时，可计算出相应的机面高度和底托架高度，计算公式为

$$A = H_{max} + \frac{h}{2} - \left(L \sin \alpha_{max} + \frac{D}{2} \right) \tag{1-2}$$

式中　A——机面高度，m；

　　　H_{max}——最大采高，m；

h——采煤机机身高度，m；

L——摇臂长度，m；

α_{max}——摇臂向上最大摆角；

D——滚筒直径，m。

注意：采煤机的机面高度应保证在最小采高时的过机高度（采煤机机面到支架顶梁的间距）不小于 100～250 mm。

2）底托架高度（U）

底托架高度的计算公式为

$$U = A - S - h = H_{max} - \left(\frac{h}{2} + L\sin\alpha_{max} + \frac{D}{2} + S \right) \tag{1-3}$$

式中　U——底托架高度，m；

S——输送机机槽槽帮高度，m。

3）过煤高度（C）

确定底托架高度后，应核算是否能保证必要的过煤高度 C：

$$C = U - S - B \tag{1-4}$$

式中：B——底托架厚度。

一般地，在中厚煤层中应达到 $C \geqslant 250 \sim 300$ mm；在薄煤层中应达到 $C \geqslant 200 \sim 300$mm。用于高产、高效工作面的采煤机由于其生产能力很大，顺利过煤成为突出的问题，过煤空间断面成为反映采煤机能力的重要参数，一般可达 $0.5 \sim 0.6$m²。

4）最大卧底量 K_{max}

最大卧底量就是采煤机能切割到底板以下的最大深度，与摇臂向下的最大摆角有关。其计算公式为

$$K_{max} = -\left(A - \frac{h}{2} - L\sin\beta_{max} \right) + \frac{D}{2} \tag{1-5}$$

式中　K_{max}——最大卧底量，m；

β_{max}——摇臂向下的最大摆角。

在选用采煤机时，为了满足采高的要求，需要合理地选择滚筒直径和机身高度，还要考虑卧底量要求，卧底量一般为 100～300mm。

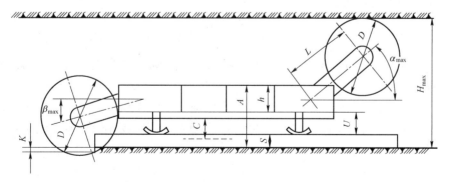

图 1-45　采煤机的机面高度和底托架高度

7. 牵引速度

牵引速度是决定采煤机生产率和装机功率的重要参数。目前，一般采煤机的最大牵引速度为 10 m/min 左右。牵引速度决定采煤机的生产率，受限于采煤机自身的功率、配套的输送机的运输能力和支架的支护速度等。在实际工作中，如使用采煤机的自动调速系统，则可以预先给定较高的牵引速度，运行中由自动调速系统调节牵引速度，但应注意输送机的运煤能力和移架速度是否跟得上。如不使用自动调速系统，操作员则根据工作面条件（煤质硬度、是否含夹石及所含的程度、倾斜工作面的运行方向等）以及工序间的配合情况选择合适的牵引速度，这在很大程度上取决于司机的责任心和技术熟练程度。

用于高产、高效工作面的采煤机，为了满足高生产率的要求，其牵引速度已有大幅度的提高。

采煤机截割时的牵引速度的高低，直接决定采煤机的生产效率及所需电动机的功率，由于滚筒装煤能力、运输机生产效率、支护设备推移速度等因素的影响，采煤机在截割时的牵引速度比空调时低得多，在零到某个值范围内变化。选择采煤机的牵引速度时，要根据下述几个因素综合考虑：

当截割阻力变小时，应加快牵引，以获得较大的截割厚度，增加产量和增大煤的块度；当截割阻力变大时，则应放慢牵引，以减小截割厚度，防止电动机过载，保证机器正常工作。

液压牵引的最大牵引速度可达 10～12m/min；电牵引的最大牵引速度可达 18～25m/min。

1）根据采煤机最小设计生产率 Q_{min} 决定的牵引速度 v_1

$$v_1 = \frac{Q_1}{60HB\gamma} \quad \text{m/min} \tag{1-6}$$

式中　Q_1——采煤机最小设计生产率，t/h；

　　　H——采煤机平均采高，m；

　　　B——采煤机截深，m；

　　　γ——煤的容重，t/m³。

2）根据截齿最大切削厚度决定的牵引速度 v_2

在采煤机截割过程中，滚筒以一定的转速 n 和一定的牵引速度 v_2 沿工作面移动。切削厚度呈月牙规律变化，如果在滚筒一条截线上安装的截齿数为 m，则截齿最大的切削厚度 h_{max} 在月牙中部，可用下式求出：

$$h_{max} = \frac{1\,000v_2}{mn} \quad \text{mm} \tag{1-7}$$

牵引速度 v_2 与支架推移速度 v_3 协调，使采煤机既能满足工作面生产能力的要求，又可避免齿座或叶片参与截割，并能保证采煤机安全生产。式（1-7）中，m 为螺旋的头数。一般为 2～3 头。一般来说，h_{max} 应小于截齿伸出齿座长度的 70%，根据我国生产的采煤机的实际情况，截齿应伸出齿座长度 100～200mm。根据截齿最大切削厚度决定的牵引速度的计算公式为

$$v_2 = \frac{mnh'_{max}}{1\,000} \quad \text{m/min}$$

3）按液压支架的推移速度决定的牵引速度 v_3

一般来讲，支架的推移速度应大于采煤机的牵引速度，这样可保证采煤机的安全生产。截割时牵引速度 v 应根据上述三方面情况综合分析后确定，其最大值应大于或等于完成最小设计生产率的牵引速度 v_1，但应小于根据截齿最大切削厚度决定的牵引速度 v_2。

8. 装机功率

采煤机的牵引力与装机功率有着直接关系。装机功率是反映采煤机综合能力的重要参数。液压牵引采煤机一般有单电动机、双电动机及多电动机的组合，在采煤机适用范围内，可根据工作面条件选用。例如，采高较小、煤质较软以及倾角不大时使用单电动机。电牵引采煤机除牵引电动机外，还有截割部电动机，其装机功率多在 1 000 kW 以上，最大可达 3 000 kW 左右，以适应高产、高效工作面的要求。

三、采煤机参数

采煤机参数见表 1−5。

第九节　其他采煤机

一、刨煤机

1. 刨煤机的工作原理及工作过程

1）工作原理

结构组成：刨煤部、输送部、液压推进系统、喷雾降尘系统、电气系统和辅助装置等。

工作原理：以刨头为工作机构，采用刨削方式破煤。

2）工作过程

刨煤机的刨头通过刨链沿输送机往复牵引时，利用刨头上刨刀的切削力把煤刨落，同时利用刨头的梨形斜面把煤装入输送机。输送机和刨煤机组成一个整体，利用液压千斤顶推移，从而实现了落煤、装煤、运煤等工序的机械化。

2. 刨煤机的特点

1）优点

（1）截深较浅（30～120mm），可以充分利用煤层的压张效应，且刨削力及单位能耗小。

（2）牵引速度大，一般为 20～40 m/min，快速刨煤机可达 150 m/min。

（3）刨落下的煤块度大，煤尘少（平均切削断面面积为 70～80 cm²）。

（4）结构简单、工作可靠，刨头可以设计得很低（约 300mm），可实现薄煤层、极薄煤层的机械化采煤。

（5）工人不必跟机操作，可在顺槽进行控制，对薄煤层、急斜煤层采煤的机械化和遥控化具有重要意义。

2）缺点

（1）对地质条件的适应性不如滚筒采煤机。

（2）不易实现调高。

（3）开采硬煤层比较困难。

（4）刨头与输送机、底板的摩擦阻力大，电动机功率的利用率低。

表1-5 采煤机参数

型号	生产能力/(t·h⁻¹)	采高/m	装机总功率/kW	供电电压/V	滚筒直径/mm	截深/mm	牵引力/kN	牵引速度/(m·min⁻¹)	灭尘方式	拖电缆方式	主机外形尺寸/mm	主机重量/t	最大不可拆卸尺寸/mm	最大不可拆卸重量/t	配套运输机槽宽/mm
MG1000/2550-GWD	6000	3.5~7.2	2500	3300	φ3500	800~1000	1330~665	0~11.5~23	内、外喷雾	自动拖缆	18150×3165×3150	160	3140×2255×1640	≥20	≥1250
MG1000/2500-GWD			2550												
MG900/2320-GWD	5500	3.2~6.5	2320	3300	φ2750, φ3000, φ3200	800~1000	1330~665, 1000~500	0~11.5~23	内、外喷雾	自动拖缆	18150×2950×2710	150	3140×2255×1640	≤20	≥1000
MG900/2290-GWD			2290												
MG900/2240-GWD			2240												
MG900/2210-GWD			2210												
MG750/2020-GWD			2020												
MG750/1990-GWD			1990												
MG750/1940-GWD			1940												
MG750/1910-GWD			1910												
MG900/2320-WD	4500	2.7~5.5 (2.3~4.5)	2320	3300	φ2500, φ2750, φ3000	800~1000	1330~665, 1000~500	0~11.5~23	内、外喷雾	自动拖缆	17450×2950×2340 (17200×2950×1695)	131	3140×2255×1800 (3140×2255×1285)	≤18	≥1000
MG900/2290-WD			2290												
MG900/2240-WD			2240												
MG900/2210-WD			2210												
MG750/2020-WD			2020												
MG750/1990-WD			1990												
MG750/1940-WD			1940												
MG750/1910-WD			1910												
MG650/1710-WD			1710												
MG750/1860-GWD	4200	2.7~5.4	1860	3300	φ2500, φ2750	800~1000	890~547 (牵引电动机2×90kW) 740~456 (牵引电动机2×75kW)	0~10.29~16.80	内、外喷雾	自动拖缆	16270×2795×2300	90	2790×2085×1850	≤10	≥900
MG650/1710-GWD			1710												
MG650/1660-GWD			1660												
MG650/1630-GWD			1630												
MG650/1480-GWD			1480												
MG500/1330-GWD			1330												
MG750/1860-WD	3500	2.3~4.5	1860	3300	φ2000, φ2240, φ2500	800~1000	890~547 (牵引电动机2×90kW) 740~456 (牵引电动机2×75kW)	0~10.29~16.80	内、外喷雾	自动拖缆	16270×2795×1660	85	2790×2020×1410	≤9.3	≥900
MG650/1660-WD			1660												
MG630/1660-WD			1630												
MG650/1510-WD			1510												
MG650/1480-WD			1480												
MG500/1330-WD			1330												
MG550/1280-WD	2200	2.4~5.0 (2.0~4.2)	1280	WD 3300, WD1 1140	φ2000, φ2240	800~900	850~512 (牵引电动机75kW) 680~410 (牵引电动机55kW)	0~8.3~13.8	内、外喷雾	自动拖缆	15240×2350×1571	65	2650×1860×1210	≤8	≥800
MG550/1230-WD			1230												
MG550/1170-WD			1170												
MG550/1130-WD			1130												
MG400/970-WD			970												
MG400/930-WD			930												
MG400/930-WD1			930												

续表

型号	生产能力/(t·h⁻¹)	采高/m	装机总功率/kW	供电电压/V	滚筒直径/mm	截深/mm	牵引力/kN	牵引速度/(m·min⁻¹)	灭尘方式	拖电缆方式	主机外形尺寸/mm	主机重量/t	最大不可拆卸尺寸/mm	最大不可拆卸重量/t	配套运输机槽宽/mm
MG500/1170-AWD MG500/1130-AWD MG400/970-AWD MG400/930-AWD MG400/930-AWD1	1600	1.6~3.3	1170 1130 970 930	AWD 3300, AWD1 1140	φ1600 φ1800	800~900	575~352（牵引电动机 55kW） 784~480（牵引电动机 75kW）	0~9.75~15.92	内、外喷雾	自动拖缆	14900×2550×1250	60	2500×1760×1140	≤7.5	≥800
MG300/730-WD1 MG300/730-WD2 MG300/700-WD1 MG300/700-WD2 MG250/630-WD1 MG250/600-WD1 MG200/530-WD1 MG200/500-WD1	1600	1.8~3.9	730 700 630 600 530 500	WD1 1140, WD2 3300	φ1600 φ1800 φ2000	630~800	680~410（牵引电动机 55kW） 500~300（牵引电动机 40kW）	0~8.3~13.8	内、外喷雾	自动拖缆	14000×2205×1452	51	2510×1685×1090	≤6.5	730, 764,800
MG300/730-AWD1 MG300/730-AWD2 MG300/700-AWD1 MG300/700-AWD2 MG250/630-AWD1 MG250/600-AWD1 MG200/530-AWD1 MG200/500-AWD1	1300	1.4~3.2	730 700 630 600 530 500	AWD1 1140, AWD2 3300	φ1400 φ1600	630~800	550~325	0~7.73~12.62 0~10.3~16.9	内、外喷雾	自动拖缆	12600×2050×1200（1080）	41	2550×1500×815	≤4.5	730, 764,800
MG200/468-WD MG150/368-WD	1000	1.4~2.95	468 368	1140	φ1400 φ1600	630~800	420~253	0~7.7~12.7	内、外喷雾	自动拖缆	10310×1500×815	33	2500×1310×875	≤3.2	630, 730,764
MG2×200/926-AWD	1200	1.25~2.7	925	3300	φ1250 φ1400 φ1600	800	525~315	0~11.3~18.7	内、外喷雾	自动拖缆	12700×2315×930	35	2800×1910×770	≤5.7	≥800
MG2×200/890-AWD3 MG2×160/730-AWD1 MG2×160/730-AWD2 MG2×160/710-AWD1	800	1.25~2.6	890 730 710	1140 3300	φ1250 φ1400	630	400~240（408~250）	0~7.6~12.6 （0~10~16.6）	内、外喷雾	自动拖缆	12250×1966×853	29	2720×1510×750	≤4.0	730,764
MG200/456-AWD	800	1.1~2.3	456	1140	φ1100 φ1250	630	320~200	0~7.6~12.6	内、外喷雾	自动拖缆	11410×1990×853	23.5	2250×470×675	≤2.6	630,730
MG2×100/460-BWD	153	0.8~1.44	461	1140	φ800 φ900	630 800	367~221	0~6.5~10.8	内、外喷雾	自动拖缆	9500×2217×595	21	5260×1415×520	≤4	630,730
MG300/350-NWD MG300/350-NAWD	700	1.8~2.9	350	1140	φ1600 φ1800	630 800	317~187.5	0~8.65~14.4	内、外喷雾	自动拖缆	3200×1760×1430	20	3200×1050×825	≤8	730,764

3. 刨煤机的分类

1）按刨刀对煤的作用力性质分

按刨刀对煤的作用力性质，刨煤机可分为动力刨煤机和静力刨煤机两种类型。

（1）动力刨煤机：动力刨煤机的刨头本身需带动力，其刨刀本身带有产生冲击的振动器，刨刀以冲击力来破碎煤。由于结构复杂，动力传递困难，所以发展缓慢。它是专为解决硬煤开采而设计的。

（2）静力刨煤机：静力刨煤机的刨头本身不带动力，单纯凭借刨链牵引力工作，其结构比较简单，目前煤矿井下基本上使用的都是静力刨煤机。

2）按刨头的导向方式分

按刨头的导向方式，刨煤机可分为拖钩式和滑行式两种类型。

（1）拖钩式刨煤机：刨链位于输送机采空区一侧，刨头设有插在中部槽底部的撑板，刨刀可看成一钩子，刨链拖动刨刀时，带动刨头对煤壁产生楔入作用（故称拖钩式）。

（2）滑行式刨煤机：其是在拖钩式刨煤机的基础上发展起来的，刨头无撑板，刨头在导轨上滑行。滑行刨由于克服了拖钩刨摩擦阻力大的缺点，所以牵引速度快，刨煤动力加大，能刨硬煤。图 1-46 所示是刨煤机的外形。

图 1-46 刨煤机的外形

4. 刨煤机的主要结构

1）拖钩式刨煤机的结构

刨煤机与工作面输送机组成一体，成为具有能落煤、装煤和运煤的机组。刨煤机组沿工作面全长布置，其结构如图 1-47 所示。

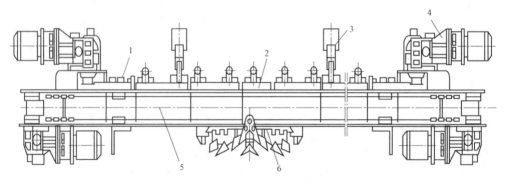

图 1-47 拖钩式刨煤机结构示意

1—刨链；2—导链架；3—推进油缸；4—刨头驱动装置；5—输送机；6—刨头

由图 1-47 可知，刨煤机主要由刨链、导链架、推进油缸、刨头驱动装置、输送机和刨头组成。其中，刨头是刨煤机的重要工作机构之一，由刨体、回转刀座、刨刀和撑板等组成，如图 1-48 所示。在刨体的回转刀座上还装有底刀、预割刀、腰刀和顶刀。

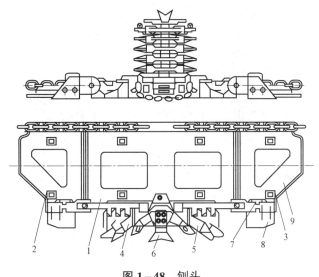

图 1-48 刨头

1—刨体；2，3—左、右撑板；4，5—回转刀座；6—预割刀；
7—导向块；8—限位块；9—卡链块

2）滑行式刨煤机的结构

滑行式刨煤机的刨煤方式与拖钩式刨煤机相同，但滑行式刨煤机的刨头的滑行装置比较特殊，这种滑行装置大大减小了摩擦阻力，增加了刨煤机的有效功率。

在输送机靠煤壁侧的中部槽帮上，装有滑行架，其长度与中部槽相等。在滑行架上设有两根导向管，刨头就沿着这两根管滑动。

刨头以滑行架为导轨，刨链在滑行架内拖动刨头工作。

滑行架兼有刨头导向、装煤、刨链导向、护链和限制刨深等作用。刨头上装有平衡架，平衡架沿着输送机采空侧的导向管滑动，以保证刨头工作稳定。

滑行式刨煤机多用于薄、中厚煤层。其结构如图 1-49 所示。

二、连续采煤机

连续采煤机是集破煤、落煤、装运、行走、电液系统和锚掘于一体的联合机组。其主要用于房柱式采煤方法开采，可作为工作面运输、回风巷道的快速掘进设备。在开采小块段、不规则块段、工作面准备巷道、回采残留煤、边角煤和"三下"（水下、公路铁路下和建筑物下）煤时，连续采煤机有绝对优势。

1. 连续采煤机的组成、工作机构和工作原理

1）组成

连续采煤机由截割机构、装运机构、行走机构（履带）、液压系统、电气系统、冷却喷雾除尘装置以及安全保护装置等组成。

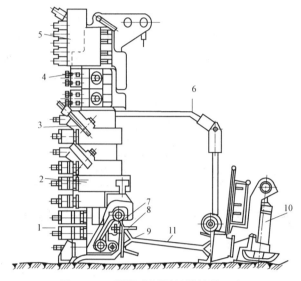

图 1-49　滑行式刨煤机的结构示意

1—滑行架；2，3—加高块；4—中间加高块；5—顶刀座；6—平衡架；7—空回链；
8—导链块；9—刨链；10—抬高千斤顶；11—输送机

2）工作机构

连续采煤机的工作机构是横置在机体前方的旋转截割滚筒。截割滚筒（有的还装有同步运动的截割链）上装有以一定规律排列的镐形截齿。

3）工作原理

截割机构的升降液压缸先将截割滚筒举至要截割的高度位置，行走履带再向前推进，同时旋转的截煤滚筒切入煤层一定深度，即截槽深度；然后行走履带停止推进，升降液压缸使截割滚筒向下运动至底板，即可割出宽度等于截割滚筒长度、厚度等于截槽深度的弧形条带煤体，即一个循环作业截割下来的煤体。图 1-50 所示为连续采煤机工作原理示意。

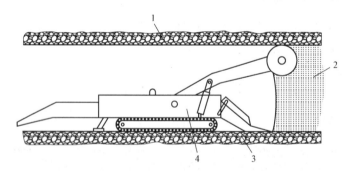

图 1-50　连续采煤机工作原理示意

1—顶板；2—煤层；3—底板；4—连续采煤机

2. 连续采煤机的特点

1）优点

（1）由于液压系统简单，大多采用电动机驱动，不受或少受液压元件故障多的制约，故传动系统可靠。

（2）连续采煤机既可用于掘进又可用于采煤。用于掘进时，掘、锚、装、运可平行作业，掘进速度快、工作效率高；用于采煤时，能充分发挥"采掘合一"功能，便于采煤工艺改革，减少顶板管理工作量，尤其对于边角煤、残煤的开采具有普通掘进机无可比拟的优点。

（3）多顺槽开拓长壁工作面时，可保证工作面所需足够风量，对控制瓦斯积聚非常有利，适用于高瓦斯矿井。从安全方面看，在主通道冒顶时，还可提供备用的脱险通道。

2）缺点

连续采煤机和掘进机相比，具有以下缺点：

（1）连续采煤机及配套梭车往复运行，对底板的破坏比掘进机严重。在松软底板条件下，后配套设备最好选用桥式胶带转载机。

（2）连续采煤机受地质条件影响较大，一般煤层倾角不宜太大，煤层厚度为 1.3～4 m。底板坚硬或矿井水对底板影响较小，顶板应为中等稳定，有较好的自控性和可锚性。

（3）截割头在液压缸控制下上、下摆动，巷道断面一般为矩形，对其他巷道断面适用性较差。由于截割头一般为 3 m 左右，通常大于机身宽度，故仅适用于巷道宽度大的矿井。

（4）在用于煤巷快速掘进时，由于掘、锚分离作业，不得不多开联络巷并进行快速密闭，给今后生产通风管理带来不利因素。另外，对于有自然发火危险的矿井，煤体暴露多，可造成安全隐患，应辅之以防灭火技术措施。

3. 连续采煤机掘进巷道时需要配套的设备

连续采煤机掘进巷道时需要配套的设备包括锚杆钻机、运煤车、铲车、给料破碎机、可伸缩带式输送机、通风和降尘设备、供配电设备、排水沟挖沟机等。

4. EML340 型连续采煤机

EML340 型连续采煤机是我国研制的第一台用于短壁开采和高产、高效长壁综采工作面的巷道准备，以及满足"三下"采煤、煤柱回收和残采区等煤炭资源回收的机型。其外形如图 1-51 所示。

图 1-51　EML340 型连续采煤机外形

该型连续采煤机是煤炭科学研究总院山西煤机装备有限公司根据市场需求和我国煤机国产化研制的迫切要求，在调研和分析了国外同类机型的基础上，结合煤炭科学研究总院山西煤机装备有限公司多年来在煤机领域优势专业积累的经验，从我国煤层赋存条件、开采特点出发而研制的。

EML340型连续采煤机的主要组成包括截割机构、装运机构、行走机构、主机架、稳定靴、集尘系统、液压系统、电气系统、冷却喷雾系统、润滑系统、驾驶操纵及附件等。图1-52所示为EML340连续采煤机的结构示意。

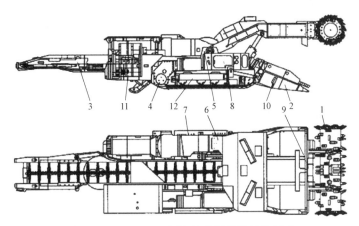

图1-52　EML340型连续采煤机的结构示意

1—截割机构；2—装置机械；3—输送机；4—行走机构；5—主机架；6—集尘系统；7—电气系统；
8—液压系统；9—冷却喷雾系统；10—润滑系统；11—驾驶操纵；12—附件

1）截割机构

截割机构由截割臂、截割齿轮箱、截割电动机、截割滚筒、截割端盘、截割臂升降油缸、两套机械保护装置等组成，如图1-53所示。

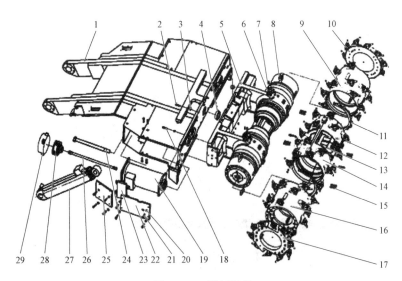

图1-53　截割机构

1—截割部；2，15，18，21，24—螺栓；3，13—止动垫圈；4—销；5—截割齿轮箱；6—卡块；7—螺钉；
8—键；9，16—左、右滚筒；10，17—左、右端盘；11—截割环；12—螺母；14—中间滚筒；19—电动机；
20—垫圈；22，25—侧盖板；23—盖板；26—扭矩轴；27—截割臂升降油缸；28—限矩器；29—电动机护罩

2）装运机构

装运机构包括装载机构和运输机构。

（1）装载机构。

装载机构由铲板、装运电动机、装运减速器、星轮、链轮组件组成。

装载机构的装运减速器左、右对称地布置在铲板的两侧，分别由两台 45kW 的交流电动机驱动，如图 1-54 所示。

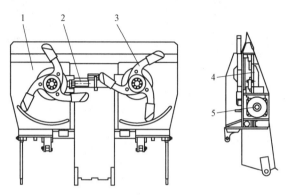

图 1-54 装载机构结构示意

1—铲板；2—链轮组件；3—星轮；4—装运减速器（左、右各一个）；5—装运电动机

（2）运输机构。

运输机构即单链刮板输送机，其结构如图 1-55 所示。主要由中部运输槽、运输机机尾、刮板链、滚筒与滑板组件、张紧油缸、机尾摆动油缸等组成。

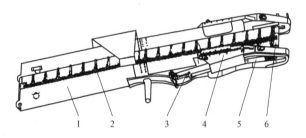

图 1-55 运输机构结构示意

1—中部运输槽；2—刮板链；3—机尾摆动油缸；4—运输机机尾；5—张紧油缸；6—滚筒与滑板组件

3）行走机构

行走机构即无支重轮履带行走机构。左、右行走机构对称布置，分别由电动机直接驱动。右行走机构如图 1-56 所示，行走机构减速器如图 1-57 所示。

4）机架

机架主要由主机架、后机架、稳定靴等组成，如图 1-58 所示。

5）集尘系统

（1）外喷雾降尘系统。

（2）湿式除尘系统对工作面含尘气流实行强制性吸出,配合工作面压入式通风组成集尘系统。其由吸尘风箱、喷雾杆、过滤器、水滴分离器、泥浆泵和风机等组成，如图 1-59 所示。

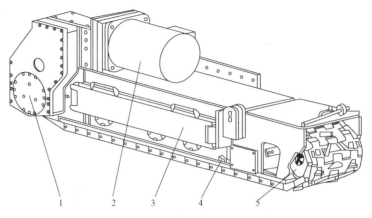

图 1-56　右行走机构结构示意

1—行走减速器；2—行走电动机；3—履带架；4—履带链；5—导向张紧装置

图 1-57　行走机构减速器结构示意

1—一级齿轮；2—二级齿轮；3—三级齿轮；4—四级齿轮；5—惰轮；6—五级行星减速

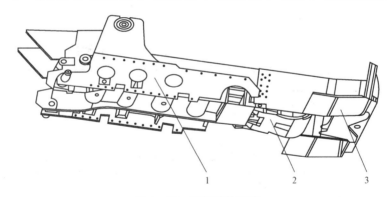

图 1-58　机架结构示意

1—主机架；2—稳定靴；3—后机架

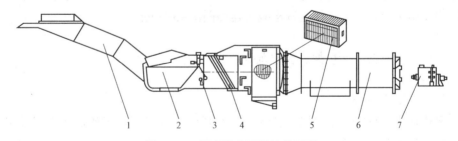

图 1-59　湿式除尘系统结构示意

1—吸尘风箱；2—风筒；3—喷嘴；4—除雾垫层；5—水滴分离器；6—风机；7—泥浆泵

5. 12CM18-10D型连续采煤机

12CM18-10D型连续采煤机配置设备如图1-60所示。

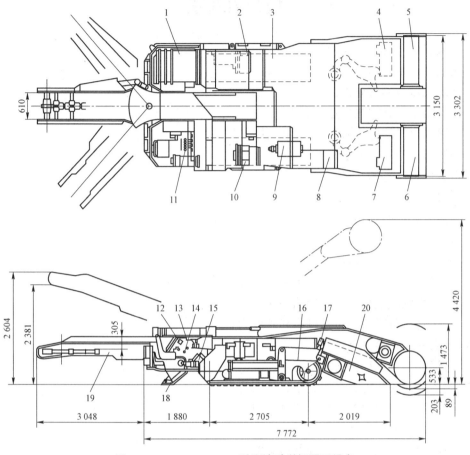

图1-60 12CM18-10型连续采煤机配置设备

1—电控箱；2—左行走履带电动机；3—左行走履带；4—左截割滚筒电动机；
5—左截割滚筒；6—右截割滚筒；7—右截割滚筒电动机；8—装运机构电动机；
9—液压泵和电动机；10—右行走履带电动机；11—操作把手；12—行走部控制器；
13—主控站；14—输送机升降液压缸；15—主断路器；16—截割臂升降液压缸；
17—装载机构升降液压缸；18—稳定液压缸；19—运输机构；20—装载机构

1）电动机情况

12CM18-10D型连续采煤机共有7台电动机，总装机功率为448kW，其中截割机构为2×140kW，装载运输机构为45kW，行走机构为2×26kW，液压泵站为52kW，湿式除尘装置为19kW。除行走机构为直流电动机外，其他均为交流电动机，且为外水冷型。交流电动机的额定电压为1 050V，直流电动机的额定电压为250V。

2）主要特点

机架整体布局紧凑；主要驱动力均为电动机，传动效率较高，故障率较低，且电动机均布置在易于拆装的外侧，维修和更换方便；操作方便和安全，既可手动也可离机遥控；有操作显示屏进行操作步骤显示和故障显示，不会误动作；易发生过载的传动系统中装设有安全离合器和扭矩轴；辅助装置设有瓦斯监测、湿式除尘和干式灭火装置；两台截割电动机横向布置在截割壁的两侧，通过减速器将动力传至截割链及左、右侧截割滚筒。

复习思考题

1. 采煤机的发展方向是什么？
2. 采煤机主要有哪两种？
3. 采煤机械是如何分类的？
4. 刨煤机采煤有哪些规定？
5. 试述刨煤机的优、缺点及适用条件。
6. 采煤机由哪几部分组成？
7. 机械化采煤有哪几种方法？
8. 采煤机有哪几种进刀方式？
9. 滚筒采煤机的割煤方式有哪两种？
10. 采煤机的截割部有什么作用？
11. 采煤机的工作机构是什么？
12. 截齿主要有哪两种形式？各适用于什么样的煤层？
13. 对采煤机的截齿有什么样的要求？
14. 什么是正角度齿、负角度齿和零度齿？
15. 滚筒的主要参数有哪些？
16. 滚筒的三个直径指的是什么？
17. 螺旋叶片的长角过大与过小有什么特点？
18. 螺旋滚筒上的螺旋线有哪两种旋向？
19. 左、右旋滚筒其转向如何确定？
20. 螺旋滚筒的转速过大有什么后果？
21. 截割部传动装置的作用是什么？
22. 采煤机的截割部传动装置有什么特点？
23. 采煤机的截割部的润滑方式有哪些？
24. 采煤机的牵引部的作用是什么？
25. 牵引部由哪两部分组成？
26. 牵引部有哪几种分类方法？
27. 牵引部有哪些特点？
28. 对链接头的要求有哪些？
29. 无链牵引有哪几种形式？
30. 电牵引有什么特点？
31. 采煤机的辅助装置包括哪些？
32. 什么是调高和调斜？它们是如何实现的？
33. 拖移电缆装置的作用是什么？
34. 喷雾降尘装置的作用是什么？
35. 喷雾降尘的种类有哪些？

36. 常用防滑装置有哪些？

37. 采煤机在什么情况下必须有防滑装置？

38. MG700/1660－WD 采煤机型号的意义是什么？

39. 对内喷雾、外喷雾的工作压力有什么要求？

40. 刨煤机在倾角 12°以上工作时，配套的刮板必须装设什么装置？

41. 采煤机的维修有"四检"和"三修"，其内容分别有哪些？

42. 中厚煤层的工作面宜使用什么滚筒采煤机？

43. 刨煤机的分类有哪些？

44. 连续采煤机有什么用途？

45. 普采工作面包括哪些设备？

46. 综采工作面包括哪些设备？

第二章 支护设备

在井下煤矿生产过程中，为了防止顶板冒落造成的人员伤害和设备损坏，以及给人员和机器设备维持一定的工作空间，必须对顶板进行支承与管理。这就是支护设备的作用。

支护设备经历过木支柱、金属摩擦支柱、单体液压支柱、组合支架、液压支架等几个阶段。现阶段，在高产、高效的矿井机械化采煤中使用最多的是液压支架，其次是单体液压支柱或组合支架。

在第一章中介绍的普采、高档普采和综采，就是使用不同的支护设备与刮板输送机、采煤机配套生产的，在这里就不再叙述了。

对于金属摩擦支柱或单体液压支柱，由于其移动全是人工支护，劳动强度大，生产效率低，安全性不高，所以只在小型矿井中工作面或者不重要的支护中使用。

液压支架是煤矿综采工作面中的配套支护设备，它的主要作用是支护工作面的顶板，维护安全作业空间，推移工作面采运设备。其控制系统作为液压支架的"心脏"，由乳化液泵站集中供液，提供动力，满足支架的各种动作要求，保证支架安全可靠工作。由于其支护性能好，移动速度快，强度高，较为安全，所以使工作面的产量和效率都得到了提高，并降低了工人的劳动强度，因此是实现综合机械化采煤高产、高效的工作面关键设备之一。

第一节 液压支架的组成、工作原理及分类

液压支架能为采煤工作面的人员和设备创造安全空间，完成支承和管理顶板的工作，还可以完成支架本身的移动、刮板运输机的推移，因此也称为自移式支架。图 2−1 所示为液压支架外形。

图 2−1 液压支架外形

一、液压支架的组成

液压支架种类很多，每种支架的结构也不太一样，但总体来说是大致相同的。

液压支架由液压元件和金属构件组成。其中，液压元件主要包括立柱、千斤顶、操纵阀、安全阀、液压锁等。金属构件主要由顶梁、底座、掩护梁、护帮板和四连杆机构等组成，如图2-2所示。

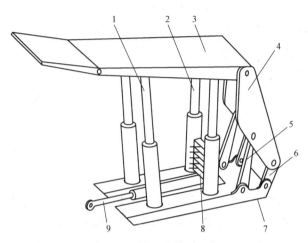

图2-2 液压支架的组成

1—前立柱；2—后立柱；3—顶梁；4—掩护梁；5—前连杆；

6—后连杆；7—底座；8—操纵阀；9—推移装置

二、液压支架的工作原理

液压支架除了构成一个安全空间外，还要随工作面的移动而移动，因此液压支架必须完成四个基本动作，即升、降、推和移。这四个基本动作主要是由乳化液泵站送过来的高压液体，通过不同的液压缸来完成的，如图2-3所示。

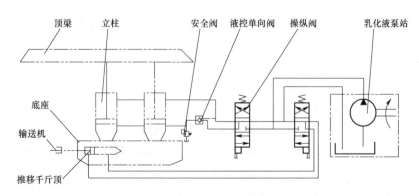

图2-3 液压支架的工作原理示意

1. 液压支架的升降

液压支架的升降是依靠立柱的伸缩来完成的。立柱是位于顶梁与底座之间的液压缸，由操纵阀和控制阀（液控单向阀和安全阀）来控制。支架在升降过程中传动受到来自顶板的力，根据力的变化特点分为初撑、增阻、恒阻和卸载降柱四个阶段。

（1）初撑阶段。将操纵阀升柱（上位），高压液体进入立柱下腔，立柱上腔回液。这时立柱升柱。在升降过程中，当支架的顶梁刚刚接触顶板时，立柱下腔压力开始升高，直到立柱下腔压力达到泵站压力时，停止供液，液控单向阀立即关闭，这一过程为支架的初撑阶段。此时支架对顶板的支承力为初撑力（P_c）。初撑力的大小为

$$P_c = \frac{\pi}{4} D^2 P_b n \times 10^3 \text{（kN）} \qquad (2-1)$$

式中　D——支架立柱的缸径，m；

　　　P_b——泵站的工作压力，MPa；

　　　n——支架立柱的个数。

由式（2-1）可知，初撑力的大小取决于泵站的工作压力、支架立柱的缸径和支架立柱数量。合理的初撑力可以防止顶板离层，减缓顶板的下降速度，增强安全性。

（2）增阻阶段。初撑结束后，液控单向阀关闭，此时立柱下腔液体被封闭。随着顶板的缓慢下沉，立柱下腔压力也在缓慢升高，支架对顶板的支承力也在提高。这就是支架的增阻阶段。

（3）恒阻阶段。当顶板压力进一步增加时，立柱下腔压力也随之升高，直到达到支架上安全阀设定压力时，安全阀溢流，立柱下降，下腔压力也降低。当降低到安全阀设定压力后，停止溢流，安全阀关闭。随着顶板压力的继续下沉，安全阀重复这一过程。因为安全阀的原因，液压支架对顶板的支承力始终保持在某一数值上下。这就是支架的恒阻阶段。支架对顶板的支承力称为工作阻力（P），它是由支架上的安全阀调定压力来控制的。支架的工作阻力计算公式为

$$P = \frac{\pi}{4} D^2 P_a \times 10^3 \text{（kN）} \qquad (2-2)$$

式中　P_a——安全阀调定的工作压力，MPa。

其他符号的意义同前。

由式（2-2）可知，工作阻力的大小取决于安全阀调定的工作压力、立柱的缸径和立柱数量。

支架的工作阻力是支架的一个重要参数，它表示支架对顶板的支承力的大小，但并不能完全表示出该支架的能力，常用支护强度来表示，即单位面积上所承受的工作阻力。

（4）卸载降柱阶段。当采煤机截煤过后，欲将支架移到新的位置，需要将支架降柱进行。这时操纵阀手把放到下降（下）阀位，高压液体将通过液控单向阀进入立柱上腔，下腔回液，从而使立柱降柱，这时立柱对顶板的支承力下降至 0 为止。

由上可知，支架工作时，支承力是随时间的变化而变化的，支承力与时间的关系曲线，称为支架工作特性曲线，如图 2-4 所示。t_0、t_1、t_2、t_3 分别表示初撑、增阻、恒阻和卸载降柱阶段的时间。

2. 推溜移架

推溜移架主要依靠推移千斤顶来完成。当右侧操纵阀动作时，可以使推移千斤顶伸出、缩回和停止工作。

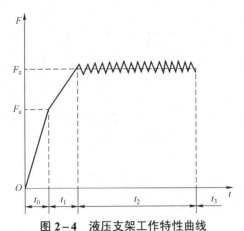

图 2-4 液压支架工作特性曲线

t_0—初撑阶段；t_1—增阻阶段；t_2—恒阻阶段；t_3—卸载降柱阶段

三、液压支架的分类和特点

液压支架分为普通的中部支架和用于特殊部位、特殊煤层的特种支架。

中部支架分为支承式液压支架、掩护式液压支架和支承掩护式液压支架三种。

特种支架分为端头液压支架、薄煤层液压支架、厚煤层液压支架和大倾角液压支架。其中，厚煤层液压支架又可分为放顶煤液压支架、铺网液压支架和一次采全高液压支架。

1. 支承式液压支架

（1）结构特点：顶梁较长，一般为 4 m 左右；立柱多，一般为 4~6 根，并且是垂直布置的；后侧有简单的挡矸板，用来防止矸石进入架中，但挡矸效果不好，同时设有复位装置，如图 2-5 所示。

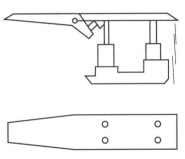

（2）支护特点：支承力大，且作用在支架的中后部，因 **图 2-5 支承式液压支架的结构形式**
此切顶性能好；工作空间大，通风效果好；对顶板重复支承，容易把顶板压破碎；抗水平荷载能力差，稳定性差；挡矸性能不好。

由上可知，支承式液压支架适用于直接机稳定、基本顶有明显或强烈来压，水平力不大的顶板。

2. 掩护式液压支架

（1）结构特点：顶梁短，一般为 3m 左右；立柱少，一般有两根立柱，呈倾斜布置，用来增加调高的范围；架间有活动的侧护板，能互相分开或靠近，靠近时，实现架间的密封；用前、后连杆连接掩护梁和底座，构成四连杆机构，使梁端距保持不变，可以防止架前漏矸，如图 2-6 所示。

（2）支护特点：切顶能力弱、控顶距小、梁端距变化小、掩护性好、调高范围大。

由上可知，掩护式液压支架适用于松散破碎的不稳定或中稳定的顶板。

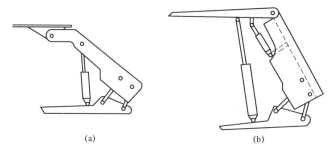

图 2-6 掩护式液压支架的结构形式

（a）间接支承；（b）直接支承

3. 支承掩护式液压支架

其既有支承式液压支架的特点，又有掩护式液压支架的掩护梁，其切顶性和防护性适中，适用于压力较大、易冒落的中等稳定或稳定的顶板。其适应条件比较好，应用较多。

支承掩护式液压支架根据布置方式的不同，可分为 H 型、V 型、P 型和 X 型。其适用于薄煤层，如图 2-7 所示。

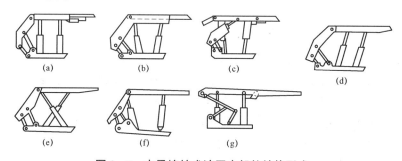

图 2-7 支承掩护式液压支架的结构形式

（a）H 型；（b）V 型；（c）P 型；（d），（e）X 型；（f），（g）其他型

第二节 液压支架的结构

一、顶梁

顶梁是液压支架支承顶板的部件，要求具有一定的强度和刚度，以适应其保护空间的安全性的需要，一般是由厚钢板焊接而成的箱形结构。它分为整体式和分段组合式两种，其中分段组合式又可分为铰接式和伸缩式两种，如图 2-8 所示。

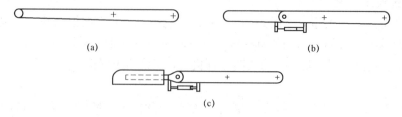

图 2-8 顶梁的结构形式

（a）整体式顶梁；（b）铰接式顶梁；（c）伸缩式顶梁

1. 整体式顶梁

其结构简单，质量轻，但对顶板不平的适应性差，多用于顶板平整、稳定，不易片帮的工作面。

2. 铰接式顶梁

铰接式顶梁分成两个部分，即前梁和后梁，前梁与后梁之间相对转角为 20° 左右。其适应顶板性能好，但两梁之间要加上千斤顶，以保证稳定。

3. 伸缩式顶梁

伸缩式顶梁是在铰接式顶梁前增加了一个可伸缩的梁，目的是在采煤机割煤之后，移架之前，能及时伸出前梁，完成超前支护，以防止片帮。

二、底座

底座是支架与底板接触的部件，承受立柱传来的顶板压力并把它均匀分布在底板。其有整体刚性底座、分式刚性底座、左右分体底座和前后分体底座四种形式。支架同时是四连杆之一，还要通过底座使支架与推移机构相连，用来完成支架的移动和刮板运输机的推移，底座的结构形式如图 2-9 所示。

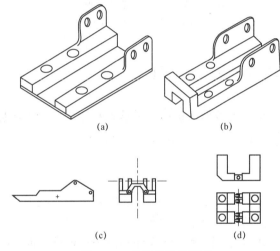

图 2-9　底座的结构形式
（a）整体刚性底座；（b）分式刚性底座；（c）左右分体底座；（d）前后分体底座

1. 整体刚性底座

特点：底部封闭，接触面积大，适应于底板松软、采高大、倾角大和顶板稳定的采煤工作面。缺点：排矸性差。

2. 分式刚性底座

分式刚性底座分成左、右两部分，上部用过桥或箱体将左、右两部分连接；底部不封闭，与底板接触面面积小；排矸能力增加，不适合松软的底板。

3. 左右分体底座

左右分体底座分成左、右两部分，用铰接或连杆将左、右两部分连接。这样可以使左、右两部分有相对的摆动，以适应地板不平情况，稳定性差；底部不封闭，与底板接触面面积小；但排矸能力增加，不适合松软的底板。

4. 前后分体底座

前后分体底座分成前、后独立的两个箱体，用铰接方式或连杆将前、后两部分连接，以适应地板不平情况，多用于多排立柱、支承式支架、支承掩护式支架和端头支架。

三、掩护梁

掩护梁是掩护式和支承掩护式支架上的部件，它的作用是阻挡采空区冒落的矸石进入工作面，并承受冒落矸石的荷载和顶板传过来的水平推力。掩护梁也是四连杆之一，一般做成箱形结构，也有时做成左、右对称结构。其结构形式如图2-10所示。

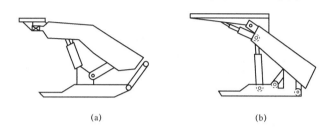

（a）　　　　　　　　　　　（b）

图2-10　掩护梁的结构形式

（a）折线形掩护梁；（b）直线形掩护梁

1. 直线形掩护梁

这类掩护梁整体性好，强度大，目前应用较多。

2. 折线形掩护梁

相对直线形掩护梁来讲，折线形掩护梁有效地增加了空间，也增加了通风量，但在支架歪斜时，架间的密封性较差，加工工艺差，目前应用少。

四、连杆

连杆是掩护式和支承掩护式支架上的部件。它既可承担支架的水平力，也可以使梁端距基本保持不变，减少了架前落矸，增加了控顶性。

前、后连杆一般采用分体式，即两个前连杆和两个后连杆。也有的将两个后连杆用钢板焊接在一起，以增强挡矸能力。

图2-11所示为使用与未使用连杆示意。

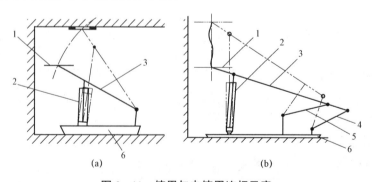

（a）　　　　　　　　　　　（b）

图2-11　使用与未使用连杆示意

（a）未使用连杆；（b）使用四连杆

1—前梁；2—立柱；3—掩护梁；4—后连杆；5—前连杆；6—底座

五、立柱

立柱是液压支架上承受顶板压力的部件，同时也是支架升降动作的液压部件。立柱的结构形式如图 2－12 所示。

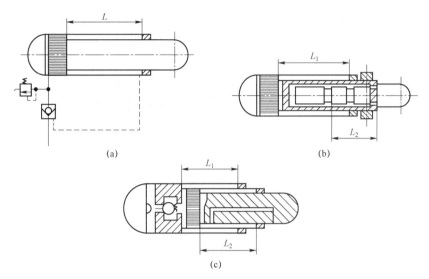

图 2－12 立柱的结构形式

（a）单伸缩双作用立柱；（b）单伸缩机械加长杆立柱；（c）双伸缩双作用立柱

1. 单伸缩双作用立柱

其优点是结构简单，调高方便，伸缩比一般为 1.6 左右；其缺点是调高范围小。

2. 单伸缩机械加长杆立柱

其总行程为液压行程 L_1 与机械杆行程 L_2 之和，这种立柱调高范围大，但比双伸缩双作用立柱小，在中厚煤层应用较多。

3. 双伸缩双作用立柱

其有两级液压行程，可以在井下随时调节，伸缩比可达 3，但结构复杂，价格高。

六、千斤顶

千斤顶是完成液压支架其他动作的部件。根据作用不同，有推移千斤顶、前梁千斤顶、伸缩梁千斤顶、侧推千斤顶、调架千斤顶、防倒千斤顶、防滑千斤顶、护帮千斤顶等。

其工作原理和立柱相似。从外形来看，千斤顶的直径稍小些，长度稍小。从受力情况来看，千斤顶有的受拉，有的受压，而立柱主要是受压。

七、推移装置

推移装置是实现支架自身前移和输送机前推的装置，一般由推移千斤顶、框架等导向传力杆件以及连接头等部件组成。有无框架式和框架式两种推移装置。

1. 无框架式（直接式）推移装置

无框架式（直接式）推移装置采用普遍式或差动式千斤顶，千斤顶的两端直接通过连接头、销轴分别与输送机和支架底座相连。支架移动时必须有专门的导向装置，而不能直接用千斤顶导向。这种推移装置可用于底座上有专门导向装置的插腿式支架等，目前应用较少。

常用的推移千斤顶形式有普通式、差动式和浮动活塞式三种，如图2-13所示。

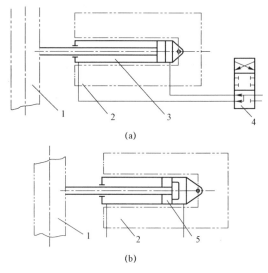

图2-13　无框架式推移装置

（a）差动式；（b）浮动活塞式

1—输送机；2—支架；3—差动油缸；4—操纵阀；5—浮动活塞

（1）普通式。普通式推移千斤顶通常是外供液普通活塞式双作用油缸，应用较少。

（2）差动式。差动式推移千斤顶则利用交替单向阀或换向阀的油路系统，使其减小推输送机的力，应用较多。

（3）浮动活塞式。浮动活塞式推移千斤顶的活塞可在活塞杆上滑动（保持密封），使活塞杆腔（上腔）供液时拉力与普通千斤顶相同，但在活塞腔（下腔）供液时，使压力的作用面积仅为活塞杆断面，从而减小了推输送机的力。

2. 框架式推移装置

（1）长框架式推移装置（图2-14）。其框架一端与输送机相连，另一端与推移千斤顶的活塞杆或缸体相连，推移千斤顶的另一端与支架相连，即用框架改变千斤顶推拉力的作用方向，用千斤顶推移支架，用拉力推输送机，使移架力大于推输送机的力，移架力最大。框架一般用高强度圆钢制成，作为支架底座的导向装置。由于框架长，框架的抗弯性能差，易变形，装卸不方便，不宜在短底座上采用，且重量较大，成本较高，所以这种推移装置只需用普通千斤顶，推拉力合理，应用较广。

（2）短框架式推移装置。短框架式也称为平面短推杆式，其结构如图2-15所示。通过推杆，千斤顶分别与输送机、支架相连，千斤顶多采用浮动活塞式，以减小推输送机的力。由于平面短拉杆与千斤顶位于同一轴线，故受力较好，同时，用推杆作导向装置，抗弯强度高，导向性能好。这种推移装置推拉力合理，导向简单、可靠，应用广泛。

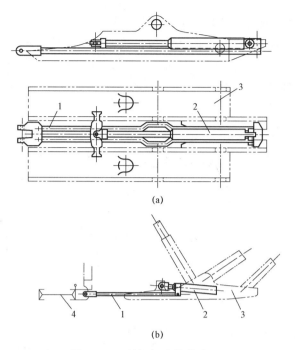

(a)

(b)

图 2-14 长框架式推移装置

1—传力框架；2—推移装置；3—支架底座；4—短拉杆

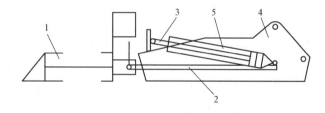

图 2-15 短框架式推移装置

1—输送机；2—框架；2—千斤顶活塞杆；4—支架底座；5—千斤顶缸体

八、活动侧护板

活动侧护板安装在掩护梁和顶梁侧面，其作用如下：

（1）加强掩护梁的顶梁之间的架间密封，防止矸石进入架内；

（2）移架时起导向作用；

（3）利用千斤顶可以调整架间距。

其类型如图 2-16 所示。

九、护帮装置

《煤矿安全规程》规定，当采高超过 3 m 或者煤壁片帮严重时，液压支架必须设护帮板，当采

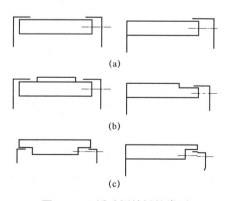

图 2-16 活动侧护板的类型

（a）上伏式；（b）嵌入式；（c）下嵌式

高超过 4.5 m 时，必须采取防片帮伤人措施。

护帮装置设在顶梁前端，使用时将护帮板推出，支承在煤壁上，起到护帮作用，防止片帮现象发生。

护帮装置的形式如图 2-17 所示。

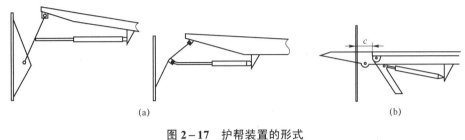

（a） （b）

图 2-17 护帮装置的形式

（a）下垂式；（b）普通翻转式

十、防倒、防滑装置

《煤矿安全规程》规定，工作面煤壁、刮板输送机和支架都必须保持直线，支架间的煤、矸必须清理干净。倾角大于 15°时，液压支架必须采取防倒、防滑措施；倾角大于 25°时，必须有防止煤（矸）窜出刮板输送机伤人的措施。

其办法是采用装设在支架间的防滑千斤顶、防倒千斤顶的推力，防止支架下滑或倾倒，并且可以进行架间调整。

几种防倒、防滑装置如图 2-18 所示。图 2-18（a）所示是在支架的底座旁设置一个与防滑撬板 3 相连的防滑调架千斤顶移架时，防滑调架千斤顶 4 伸出，推动撬板顶在邻架的导向板上，起导向防滑作用，而顶梁之间装有防倒千斤顶 2，以防止支架倾倒。图 2-18（b）所示是两个防倒千斤顶 2 装在底座箱的上部，通过其动作，达到防倒、防滑和调架的作用。图 2-18（c）所示是在相邻两支架的顶梁（或掩护梁）与底座之间装一个防倒千斤顶 2，通过链条或拉杆分别固定在各支架的顶梁和底座上，防倒千斤顶 2 用于防倒，防滑调架千斤顶 4 用于调架。

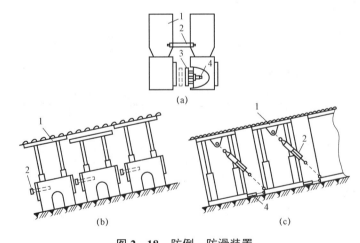

（a）

（b） （c）

图 2-18 防倒、防滑装置

1—顶梁；2—防倒千斤顶；3—防滑撬板；4—防滑调架千斤顶

十一、三阀

液控单向阀、安全阀和操纵阀统称"三阀"。其中液控单向阀和安全阀合在一起构成控制阀。

液控单向阀的主要作用是封锁立柱下腔液体，使立柱能够承受压力。

安全阀用来保护立柱的安全，并且具有控制立柱稳定的工作阻力。

操纵阀的实质是手动换向阀。其作用是用立柱或千斤顶换向，以实现液压支架的各个动作。操纵阀目前有遥控的，也可以手动操作。

第三节　中厚煤层液压支架

一、液压支架产品型号说明

液压支架产品型号分为三部分，如图 2-19 所示。

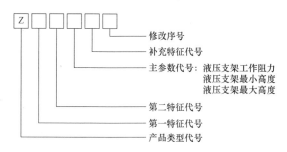

图 2-19　液压支架产品型号

第一部分为产品类型及特征代号，用大写汉语拼音字母表示。

第二部分为液压支架主要参数代号，用阿拉伯数字表示。

第三部分为补充特征代号及修改序号，用阿拉伯数字与汉语拼音字母表示。

（1）产品类型代号——Z；

（2）第一特征代号，表示产品的支护功能、主要用途；

（3）第二特征代号，表示产品的结构特征、使用场所等。

第一特征代号、第二特征代号及其说明见表 2-1。

表 2-1　第一特征代号、第二特征代号及其说明

第一特征代号	第二特征代号	说　明
Y	Y	支承掩护式
	省略	支顶掩护支架。平衡千斤顶设在顶梁和掩护梁之间
	Q	支顶掩护支架。平衡千斤顶设在底座和掩护梁之间
Z	省略	四柱支顶的支承掩护支架
	Y	二柱支顶，二柱支掩支承掩护支架
	X	立柱"X"布置支承掩护支架

续表

第一特征代号	第二特征代号	说　明
D	省略	垛式支架
	B	稳定机械为摆杆的支承式支架
	J	节式支架

其他特殊支架略，请参考《液压支架产品型号编制和管理方法》（MT/T 154.5—1996）。

（4）主参数代号依次表示液压支架的工作阻力、最小高度和最大高度，均用阿拉伯数字表示，参数之间用"/"符号隔开，工作阻力单位为 kN，高度单位为 dm，一般舍去小数。

（5）补充特征代号是第二特征代号的补充，如 L 表示机械联网，C 表示插腿式或插板式。

（6）修改序号用带括号的大写英文字母依次表示，如第一次改型用（A）表示，第二次改型用（B）表示。

（7）所有汉语拼音字母一律采用大写字母，其中不得用"I"和"O"两个字母，以免与"1"和"0"相混淆。

（8）型号中字体大小相仿时，不得采用角标。

（9）型号中不得用地区或单位名称作为特征代号。

例 2–1　支承掩护式支架：

例 2–2　整体顶梁、电液控制的掩护式支架：

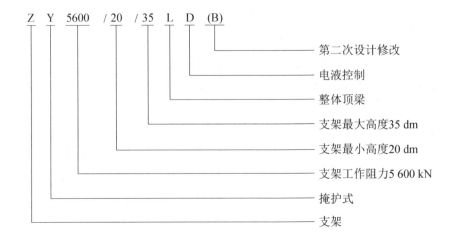

以常见的 ZZ5200/17/35 型液压支架为例来说明支架的主要结构。该型是一种支承掩护式支架。

ZZ5200/17/35 型号的含义：第一个"Z"表示液压支架；第二个"Z"表示支承掩护式；"5200"表示工作阻力为 5 200 kN；"17"表示支架最小高度为 17 dm；"35"表示支架最大高度为 35 dm。

二、液压支架的适用条件

（1）用于单一煤层开采工作面；

（2）适用于工作面采高范围为 1.9～3.3 m 的条件；

（3）作用于每个支架上的顶板压力不能超过 5 200 kN。

三、液压支架的主要技术特征

1. 支架

形式：支承掩护式液压支架；

高度（最低/最高）：1 700/3 500 mm；

宽度（最小/最大）：1 430/1 600 mm；

中心距：1 500 mm；

初撑力（$P=31.5$ MPa）：4 364 kN；

工作阻力（$P=37.55$ MPa）：5 200 kN；

对底板比压（平均）：1.46～1.68 MPa；

支护强度：约 0.75 MPa；

泵站压力：31.5 MPa；

操纵方式：手动本架操作；

支架重量：15 t；

运输尺寸（长×宽×高）：6 127 mm×1 430 mm×1 700 mm。

2. 立柱

形式：双伸缩；

缸径：210/160 mm；

柱径：200/130 mm；

工作阻力（$P=37.55$ MPa）：1 300 kN；

初撑力（$P=31.5$ MPa）：1 091 kN；

行程：1 802 mm。

3. 推移千斤顶

形式：普通；

缸径：160 mm；

杆径：105 mm；

推溜力/拉架力：360/633 kN；

行程：900 mm。

4. 前梁千斤顶

缸径：140 mm；

杆径：85 mm；

推力/拉力（$P=31.5$ MPa）：485/306 kN；

工作阻力（$P=37.55$ MPa）：578 kN；

行程：180 mm。

5. 护帮千斤顶

缸径：100 mm；

杆径：70 mm；

推力/拉力（$P=31.5$ MPa）：247/126 kN；

工作阻力（$P=37.55$ MPa）：295 kN；

行程：440 mm。

6. 侧推千斤顶

缸径：63 mm；

杆径：45 mm；

推力：98 kN；

收力：48 kN；

行程：170 mm。

四、液压支架的组成

ZZ5200/17/35 型液压支架主要由金属结构件和液压元件两大部分组成。其外形如图 2－20 所示。

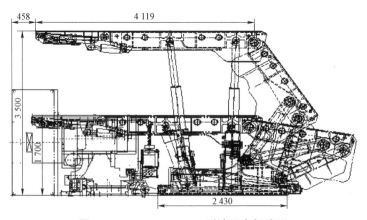

图 2－20　ZZ5200/17/35 型液压支架外形

金属结构件包括护帮板，前梁，顶梁，掩护梁，前、后连杆，底座，推移杆以及侧护板等。

液压元件主要包括立柱、各种千斤顶、液压控制元件（主控阀、单向阀、安全阀等）、液压辅助元件（胶管、弯头、三通等）以及随动喷雾降尘装置等。

五、液压支架的主要机构及其作用

1. 顶梁机构（图 2-21）

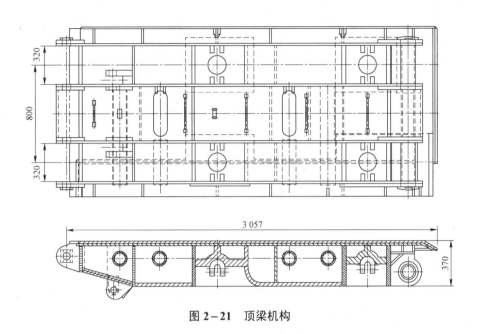

图 2-21　顶梁机构

顶梁机构直接与顶板接触，支承顶板，是支架的主要承载部件之一，其主要作用如下：

（1）承接顶板岩石的荷载；

（2）反复支承顶板，可对比较坚硬的顶板起破碎作用；

（3）为回采工作面提供足够的安全空间。

顶梁的结构一般分为整体式和分体式（即顶梁前加前梁）两种。中厚煤层液压支架顶梁为整体式结构。

ZZ5200/17/35 型液压支架的顶梁为箱形变断面结构，由钢板拼焊而成。四条主筋形成整个顶梁外形，顶梁相对较长，可提供足够的行人空间；顶梁上平面一侧低一个板厚，用于安装活动侧护板；控制顶梁活动侧护板的千斤顶和弹簧套筒均设在顶梁体内，并在顶梁上留有足够的安装空间。

2. 护帮板（图 2-22）和前梁（图 2-23）

护帮板起到及时支护顶板的作用，可翻转，对比较破碎的顶煤或岩石进行及时支护，对煤壁起到防止片帮的作用。

前梁是由钢板拼焊而成的整体结构，在前梁千斤顶的推拉下，前梁可以上、下摆动，对不平顶板的适应性较强。

3. 掩护梁（图 2-24）

掩护梁上部与顶梁铰接，下部与前、后连杆相连，经前、

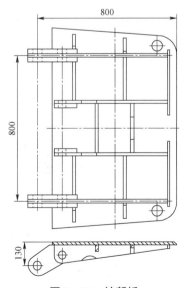

图 2-22　护帮板

后连杆与底座连为一个整体，是支架的主要连接和掩护部件。其主要作用如下：

（1）承受顶板给予的水平分力和侧向力，增强支架的抗扭性能；

（2）掩护梁与前、后连杆、底座形成四连杆机构，保证梁端距变化尽可能小；

（3）阻挡后部落煤前串，维护工作空间。

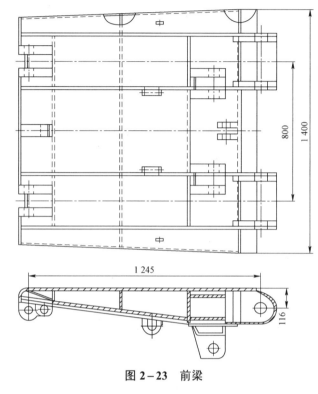

图 2-23　前梁

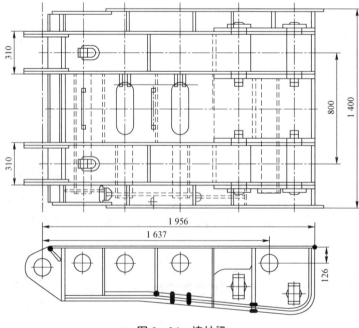

图 2-24　掩护梁

　　另外，由于掩护梁承受的弯矩和扭矩较大，工作状况恶劣，所以掩护梁必须具有足够的强度和刚度。为保证掩护梁有足够的强度，在它与顶梁，前、后连杆的连接部位都焊有加强板，在相应的危险断面和危险焊缝处也都有加强板。

4. 底座（图 2-25）

　　底座是将顶板压力传递到底板并稳定支架的部件，除了满足一定的刚度和强度外，还要求对底板起伏不平的适应性要强，对底板接触比压要小。其主要作用如下：

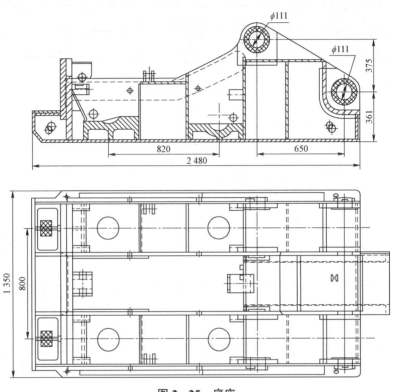

图 2-25　底座

　　（1）为立柱、控制系统、推移装置及其他辅助装置形成安装空间；

　　（2）为工作人员创造良好的工作环境；

　　（3）具有一定的排矸、挡矸作用；

　　（4）保证支架的稳定性。

　　底座的结构形式可分为整体式和分体式。其中，分体式底座由左、右两部分组成，排矸性能好，对底板起伏不平的适应性强，但与底板接触面积小。比压较小的整体式底座是用钢板焊接成的箱式结构，整体性强，稳定性好，强度高，不易变形，与底板接触面积大，比压小，但底座中部排矸性能较分体式底座差。

　　本支架底座为整体式底座，四条主筋形成左、右两个立柱安装空间，中间通过前端大过桥、后部箱形结构连为一体，具有很高的强度和刚度。

5. 前连杆（图 2-26）和后连杆（图 2-27）

　　前、后连杆上、下分别与掩护梁和底座铰接，共同形成四连杆机构。其主要作用如下：

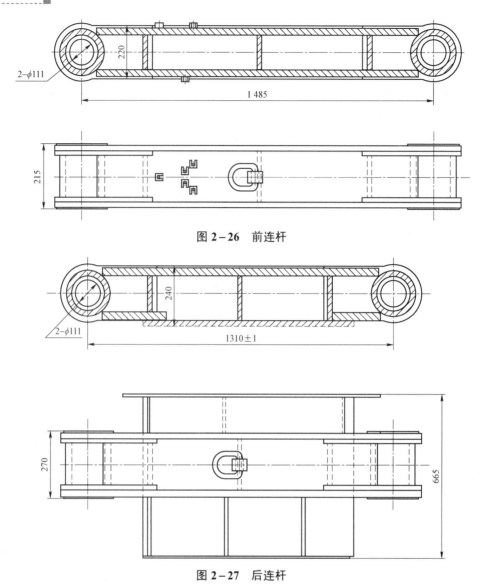

图 2-26 前连杆

图 2-27 后连杆

（1）使支架在调高范围内，顶梁前端与煤壁的距离（梁端距）变化尽可能小，以更好地支护顶板。

（2）承受顶板的水平分力和侧向力，使立柱不受侧向力。

前、后连杆的结构形式可以是整体式，也可以是分体式。本支架前、后连杆均为分体式单连杆，为钢板焊接的箱形结构。这种结构不但有很强的抗拉、抗压性能，而且有很强的抗扭性能。

6. 推移机构

支架的推移机构由推移杆、连接头、推移千斤顶和销轴等组成。其主要作用是推移运输机和拉架。

推移杆的一端通过连接头与运输机相连，另一端通过千斤顶与底座相连，推移杆除承受推拉力外，还承受侧向力，且在底座下滑时有一定的防滑作用。其结构如图 2-28 所示。

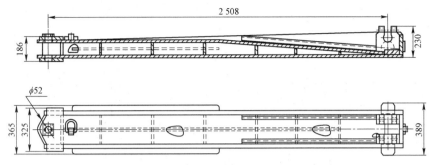

图 2-28　推移杆的结构

7. 液压系统

本支架的液压系统如图 2-29 所示，由乳化液泵站、主进液管、主回液管、各种液压元件、立柱及各种用途的千斤顶组成。采用快速接头、U 形卡及 O 形密封圈连接，拆装方便，性能可靠。

支架性能的好坏和对工作面地质条件的适应性，在很大程度上取决于防护装置的设置。

在主进、回液三通到操纵阀之间，装有截止阀、过滤器、回油断路阀等，可根据需要接通或关闭某一支架液路，可以维修某一支架胶管及液压元件，过滤器能过滤从主进液管来的高压液，防止脏物杂质进入架内管路系统。

本支架液压系统所使用的乳化液，是由乳化油与水配制而成的，乳化油的配比浓度为5%。使用乳化液应注意以下几点：

（1）定期检查浓度，浓度过高会增加成本，浓度太低可能造成液压元件腐蚀，影响液压元件的密封。

（2）防止污染，定期（两个月左右）清理乳化液箱。

（3）防冻。乳化液的凝固点为 -3 ℃左右，与水一样也具有冻结膨胀性，乳化液受冻后，不但体积膨胀，稳定性也受影响，因此，乳化液在地面配制和运输时要注意防冻。

本支架由于采用整体箱形短推杆结构，所以结构强度高且对底板的适应性强。

8. 侧护板

设置侧护板可提高支架掩护和防矸性能。一般情况下，支架顶梁和掩护梁设有侧护板。

侧护板通常分为固定侧护板和活动侧护板两种，左、右对称布置，一侧为固定侧护板，另一侧为活动侧护板，固定侧护板可以是永久性的，也可以是暂时的（也称为双向可调活动侧护板）。暂时性固定侧护板可以在调换工作面方向时，改作活动侧护板，而此时另一侧的活动侧护板改为固定侧护板。

活动侧护板一般由弹簧套筒和千斤顶控制。侧护板的主要作用如下：

（1）阻挡矸石，即在降架过程中，由于弹簧套筒的作用，使活动侧护板与邻架固定侧护板始终接触，能有效防矸。

（2）操作侧推千斤顶，用侧护板调架，对支架防倒有一定作用。

本支架顶梁和掩护梁设有单侧活动侧护板，顶梁和掩护梁活动侧护板分别由两个弹簧套筒和两个千斤顶控制。弹簧套筒由导杆、弹簧组成，侧护板是由钢板直角对焊的结构。

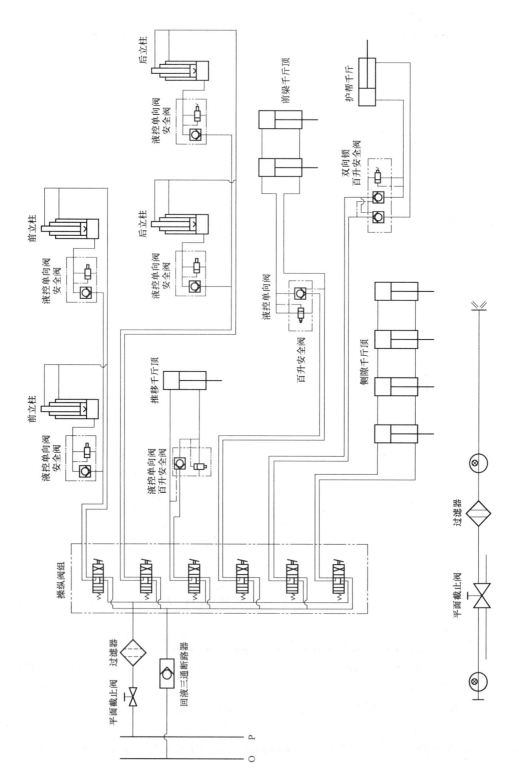

图 2－29 液压系统

9. 立柱和千斤顶立柱

1）立柱（图2－30）

立柱把顶梁和底座连接起来，承受顶板的荷载，是支架的主要承载部件，要求立柱有足够的强度，工作可靠，使用寿命长。

立柱有两种结构形式，即双伸缩和单伸缩。双伸缩立柱调高范围大，使用方便，但其结构复杂，加工精度高，成本高，可靠性较差；单伸缩立柱成本低，可靠性高，但调高范围小。单伸缩机械加长段的立柱能起到双伸缩立柱的作用，不仅具有较大的调高范围，而且具有成本低、可靠性高等优点，但使用时不如双伸缩立柱方便。

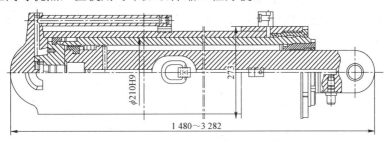

图2－30 立柱

本支架立柱为双伸缩立柱，是由缸体、活柱、导向套及各种密封件组成的。

立柱初撑力通常是指立柱大腔在泵站压力下的支承能力。初撑力的大小直接影响支架的支护性能，合理地选择支架的初撑力，可以减缓顶板的下沉，对顶板的管理有利。本支架的立柱缸径为210/160 mm，初撑力为1 091 kN。

立柱的工作阻力，是指在外荷载作用下，立柱大缸下腔压力增压，当压力超过控制立柱的安全阀调定压力时，安全阀泄液，立柱开始卸载，此时立柱所能承受的力即工作阻力。立柱的工作阻力为1 300 kN。

2）各种用途的千斤顶

（1）推移千斤顶（图2－31）。推移千斤顶由缸体、活塞、活塞杆、导向套及密封件等组成。其位于底座中间。其作用是推移输送机和拉移支架，根据所需的拉架力大于推溜力的特点，推移千斤顶采用倒装。

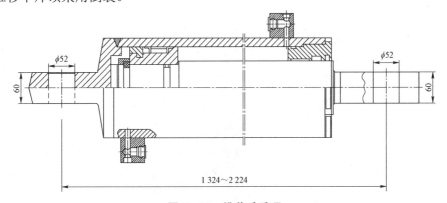

图2－31 推移千斤顶

（2）前梁千斤顶（图2－32）。前梁千斤顶与顶梁铰接，使前梁可以上、下摆动，以适应不平的顶板。

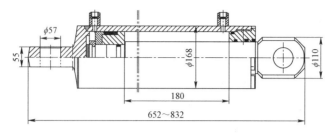

图 2-32 前梁千斤顶

伸缩梁千斤顶主要由缸体、活塞、活塞杆、导向套及各种密封件组成。

（3）侧推千斤顶（图 2-33）。侧推千斤顶位于顶梁及掩护梁的内部，前端通过导向轴与侧护板相连，后端与顶梁或掩护梁相接。其主要作用是控制侧护板的伸出与收回。

侧推千斤顶主要由缸体、活塞、活塞杆、导向套及各种密封件组成。

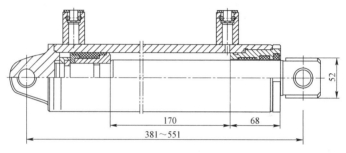

图 2-33 侧推千斤顶

第四节 厚煤层一次采全高液压支架

ZY12000/28/64D 型两柱掩护式大采高液压支架，是山西平阳重工机械有限责任公司设计、制造的大采高电液控液压支架。该型支架具有结构简单、性能全面、可靠性高、安全适应性强等特点。图 2-34 所示为 ZY12000/28/64D 型液压支架外形。

图 2-34 ZY12000/28/64D 型液压支架外形

执行的标准如下：

（1）GB25974.1-2010《煤矿用液压支架第1部分：通用技术条件》；

（2）GB25974.2-2010《煤矿用液压支架第2部分：立柱和千斤顶技术条件》；

（3）GB25974.3-2010《煤矿用液压支架第3部分：液压控制系统及阀》。

一、支架型号组成及含义

厚煤层一次采全高液压支架型号组成及含义如下：

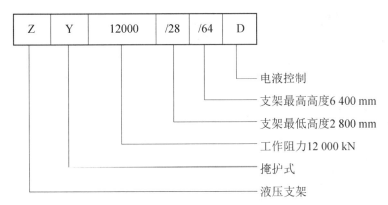

二、适用条件

该支架适用于采高为3.0～6.1 m、倾角小于25°、顶板中等稳定、底板较为平整的中厚煤层或厚煤层。其结构示意如图2-35所示。

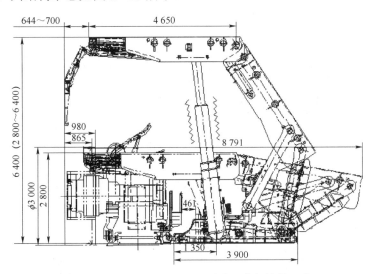

图2-35　ZY12000/28/64D型液压支架结构示意

三、技术特征

形式：两柱掩护式；

高度（最低/最高）：2 800/6 400 mm；

中心距：1 750 mm；

宽度（最小/最大）：1 680/1 880 mm；

初撑力（$P=31.5$ MPa）：10 390 kN；

工作阻力（$P=38.86$ MPa）：12 000 kN；

支护强度：1.27～1.31 MPa；

底板比压：2.13～4.45 MPa；

采高：3.0～6.2 m；

立柱缸径：420 mm；

泵站压力：37.5 MPa；

操纵方式：电液控制；

重量：45 650 kg。

四、支架的主要结构及作用

1. 顶梁

顶梁直接与顶板接触，是支架的主要承载部件之一，其主要作用如下：

（1）承接顶板岩石的荷载；

（2）反复支承顶板，可对比较坚硬的顶板起破碎作用；

（3）为回采工作面提供足够的安全空间。

厚煤层一次采全高液压支架顶梁是整体式带双侧活动侧护板结构，如图 2-36 所示。

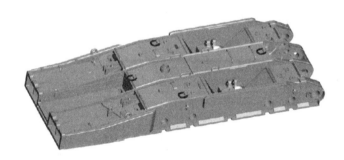

图 2-36 顶梁外形

顶梁直接与顶板接触，是支承维护顶板的主要箱形结构件，其将来自顶板的压力直接传递给该支架的立柱。

顶梁采用钢板拼焊箱形变断面结构，四条主筋形成了整个顶梁的主体，可提供足够的行人空间。顶梁两侧均安装有活动侧护板，使用时一侧用销轴固定，另一侧活动，可根据工作面方向调整活动侧，适用于左、右工作面。控制顶梁活动侧护板的千斤顶和弹簧套筒均设在顶梁体内，并在顶梁上留有足够的安装空间。

顶梁下面与两根立柱铰接，把立柱支承力传输到顶板。顶梁通过固定销轴与掩护梁铰接，并通过平衡千斤顶保持铰接点的平衡。

2. 掩护梁

掩护梁上部与顶梁铰接，下部与前、后连杆相连，经前、后连杆与底座连为一个整体，是支架的主要连接和掩护部件，如图 2-37 所示。其主要作用如下：

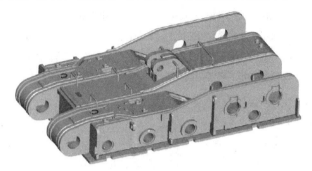

图 2-37 掩护梁外形

（1）承受顶板给予的水平分力和侧向力，保证支架的抗扭性能；

（2）掩护梁与前、后连杆，底座形成四连杆机构，实现支架的运动趋势；

（3）阻挡后部落煤前串，维护工作空间。

另外，由于掩护梁承受的弯矩和扭矩较大，工作状况恶劣，所以掩护梁必须具有足够的强度和刚度。

厚煤层一次采全高液压支架掩护梁为整体箱形变断面结构，用钢板拼焊而成，为保证掩护梁有足够的强度，在它与顶梁，前、后连杆连接部位都焊有加强板，在相应的危险断面和危险焊缝处也都有加强板。掩护梁两侧同样均安装有活动侧护板，其控制方式及结构与顶梁相同。

3. 前、后连杆

前、后连杆上、下分别与掩护梁和底座铰接，共同形成四连杆机构，如图 3-38 所示。其主要作用如下：

（1）使支架在调高范围内，顶梁前端与煤壁的距离（梁端距）变化尽可能小，以更好地支护顶板。

（2）承受顶板的水平分力和侧向力，使立柱不受侧向力。

前、后连杆的结构形式可以是整体式，也可以是分体式。厚煤层一次采全高液压支架前、后连杆均为分体式双连杆，为钢板焊接的箱形结构。这种结构不但有很强的抗拉、抗压性能，而且有很强的适应性能。

(a)   (b)

图 2-38 前、后连杆

（a）左、右前连杆；（b）左、右后连杆

4. 底座

底座是将顶板压力传递到底板并稳定支架的部件，除了满足一定的刚度和强度外，还要求对底板起伏不平的适应性要强，对底板接触比压要小，其外形如图 2-39 所示。其主要作用如下：

（1）为立柱、控制系统、推移装置及其他辅助装置形成安装空间；

（2）为工作人员创造良好的工作环境；

（3）具有一定的排矸、挡矸作用；

（4）保证支架的稳定性。

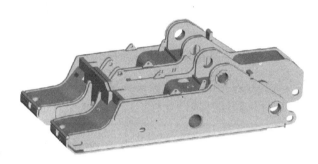

图 2-39　底座外形

底座的结构形式可分为整体式和分体式，分体式底座由左、右两部分组成，排矸性能好，对底板起伏不平的适应性强，但与底板接触面积小。整体式底座整体性强、稳定性好、强度高、不易变形、与底板接触面积大、比压小，但底座中部排矸性能较差。

厚煤层一次采全高液压支架底座为分体式底座，四条主筋形成左、右两个立柱安装空间，中间通过前端过桥、后部箱形结构把左、右两部分连为一体，具有较强的强度和刚度。

5. 支架辅助装置及其作用

支架性能的好坏和对工作面地质条件的适应性，在很大程度上取决于支架的推移装置、侧护装置、护帮装置以及伸缩装置的设置和完善程度。

1）推移装置

推移装置一般包括推杆、连接头、推移千斤顶和销轴等。其主要作用是推移输送机和拉移支架，如图 2-40 所示。

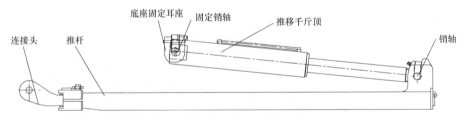

图 2-40　推移装置结构示意

推杆的一端通过连接头与输送机相连，另一端通过千斤顶与底座相连，推杆除承受推拉力外，还承受侧向力，且在底座下滑时有一定的防滑作用。推杆采用等断面的箱形钢板焊接结构。

厚煤层一次采全高液压支架推移装置布置在底座框架中央，采用倒装推移千斤顶长推杆结构，可保证有足够的拉架力。

2）侧护装置

如图 2-41 所示，侧护装置主要由侧护板、侧推千斤顶、导杆、弹簧及连接销轴等组成。

设置侧护装置，可以提高支架的掩护和防矸性能。一般情况下，支架顶梁和掩护梁均设有侧护装置。

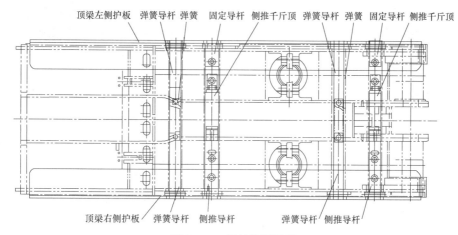

图 2-41　侧护装置示意

侧护装置通常分为单侧活动和双侧活动两种侧护板。单侧活动侧护板通常用于近水平工作面（或倾角在 10° 以下）支架，结构简单，支架质量轻。双侧活动侧护板结构复杂，支架质量大，对工作面倾角的适应性较好，通常用于倾角在 10° 以上的工作面。可根据工作面倾角方向，调整一侧活动，另一侧固定。

厚煤层一次采全高液压支架顶梁和掩护梁均设双侧活动侧护板，使用时一侧固定，另一侧活动。

本支架首采面为右工作面，支架出厂时，侧护板左侧采用销轴固定，右侧活动。

注意：

（1）试运转前，应拆除活动侧护板的运输固定元件。

（2）在降架、移架时，相邻两支架间侧护板高度方向搭接量应不小于 200～300 mm，支架前移时顶梁不能在邻架侧护板下，以防止损坏邻架侧护板。

（3）移架后升架时，应及时调直支架（顶梁和底座与相邻支架的顶梁和底座平行），防止支架进入邻架顶梁下而损坏邻架侧护板。

3）护帮装置

护帮装置是提高液压支架适应性的一种常用装置，其主要作用如下：

（1）护帮，即通过挑梁（护帮板）贴紧煤壁，向煤壁施加一个作用力，防止片帮。

（2）作临时支护，在支架能及时支护的情况下，采煤机过后挑起护帮可实现超前支护。当煤壁出现片帮时，护帮可伸入煤壁线以内，临时维护顶板，避免引发冒顶。在支架滞后支护的情况下，利用护帮可实现及时支护。

护帮装置的主要有两类，一类为简单铰接式结构，由护帮板、护帮千斤顶及铰接销轴组成，结构简单，但挑起力矩小，且当顶梁或前梁带伸缩梁时，厚度较大，难以实现挑起。另一类为四连杆式结构，一般由护帮板、护帮千斤顶、长杆、短杆及连接销轴组成。这种护帮装置结构复杂，挑起力矩大，应用较多。

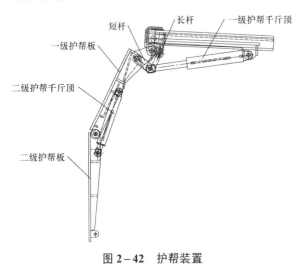

图 2-42　护帮装置

大采高支架多采用四连杆式二级或三级护帮装置，如图 2-42 所示，厚煤层一次采全高液压支架护帮装置采用四连杆式二级护帮结构，护壁长度达到 3 000 mm。一级护帮板铰接在伸缩梁的前部，采用两个缸径为ϕ125 的护帮千斤顶控制，可向上翻转 3°。二级护帮铰接在一级护帮前部，采用两个缸径为ϕ100 的千斤顶控制，可向上翻转，与一级护帮挑平，收回与一级护帮成 90°。一级护帮与二级护帮之间采用联动控制，支护煤壁或收回护帮时，通过控制一级护帮千斤顶即可完成。

注意：

（1）在采煤机到来之前一定要收回护帮板，使采煤机顺利通过，防止滚筒割顶梁护帮。

（2）采高低于 4.5 m 且护帮板收回时，应同时控制一、二级护帮往回收，防止二级护帮板磕碰输送机电缆槽。

（3）支架前移时，应收回护帮。

4）伸缩装置

伸缩装置是提高支架防护性能的常用装置，主要用于破碎顶板的及时维护。

如图 2-43 所示，伸缩装置主要由伸缩梁、伸缩千斤顶及连接销轴组成。

厚煤层一次采全高液压支架伸缩梁采用五插箱式焊接结构，伸缩行程达 900 mm，当采煤机滚筒过去后，伸缩梁伸出及时支护顶板，提高支架对顶板的维护性能。

煤壁片帮严重时，在采煤机通过未进行推溜的情况下，将伸缩梁伸出，使护帮板提前护帮，防止片帮。

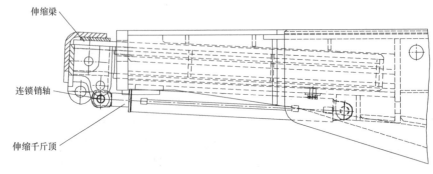

图 2-43　伸缩装置

注意：

（1）在采煤机滚筒过来前，应超前 3 架收回伸缩梁，以防止采煤机割伸缩梁。

（2）支架移架前必须收回伸缩梁，严禁在伸缩梁处于伸出状态时移架。

五、液压系统的组成及特点

液压支架的各项动力、动作的来源与实现均由液压系统来完成。

液压支架的液压系统主要由泵站、主进回液管路、进回液三通、截止阀、过滤器、操纵阀组（或电液阀组）以及阀组到各执行元件管路、执行元件等组成。其中，操纵阀组（或电液阀组）是支架的主要控制元件，是由相同型号、流量，或者不同型号、不同流量的阀片通过配液板连接而成的。操纵阀位于中位时，各执行机构管路与回液系统相通。

1. 液压执行元件主要参数、结构及功能

1）立柱（图 2-44）

（1）主要参数。

形式：双伸缩；

缸径：420 mm/310 mm；

柱径：400 mm/280 mm；

初撑力（$P=31.5$ MPa）：4 364 kN；

工作阻力（$P=43.3$ MPa）：6 000 kN。

（2）结构及功能。

图 2-44　立柱外形

立柱把顶梁和底座连接起来，承受顶板的荷载，是支架的主要承载部件，要求立柱有足够的强度，工作可靠，使用寿命长。

立柱有两种结构形式，即双伸缩和单伸缩。双伸缩立柱调高范围大，使用方便，但其结构复杂，加工精度高，成本高，可靠性较差；单伸缩立柱成本低，可靠性高，但调高范围小。单伸缩机械加长段的立柱能起到双伸缩立柱的作用，不仅具有较大的调高范围，而且具有成本低、可靠性高等优点，但使用时不如双伸缩立柱方便。

立柱的结构和性能依据架型、支承力大小和支承高度而定。厚煤层一次采全高液压支架立柱为双伸缩立柱，是由大缸体、中缸体、活柱、导向套及各种密封件组成的。

注意：危险的超压会引起压力流体突然溢流以致液压管路爆裂，缸体将面临严重损坏的风险。禁止关闭立柱的上腔，否则会导致上腔有成倍额定压力增加，引起缸体爆裂的危险。

支架在升架支承顶板时，在顶梁接顶后应延长一段时间，再将立柱操纵阀手柄放回中间位置，确保支架立柱达到预定的初撑力。

工作面最小采高应确保支架立柱有足够的剩余行程（$\geqslant 300 \sim 500$ mm），以便于降架，防止顶板突然来压，支架出现压死损坏现象。

采用擦顶移架时，降架高度为 $100 \sim 200$ mm 即可。

2）推移千斤顶（图 2-45）

（1）主要参数。

形式：普通双作用带位移传感器（1 根）；

缸径：200 mm；

杆径：140 mm；

推力/拉力：504/989 kN；

行程：960 mm。

（2）结构及功能。

推移千斤顶安装于底座中部。作用是推移输送机和拉移支架。

厚煤层一次采全高液压支架采用倒装推移千斤顶，长推杆结构，拉架力大于推溜力。推移千斤顶由缸体、活塞、活塞杆、导向套及密封件等组成。移架时，支架应尽快前移，以防止顶板冒顶。

3）平衡千斤顶（图 2-46）

图 2-45　推移千斤顶外形　　　　　图 2-46　平衡千斤顶外形

（1）主要参数。

形式：普通双作用（1 根）；

缸径：250 mm；

杆径：160 mm；

额定推力（$P=43.3$ MPa）：2 125 kN；

额定拉力（$P=43.3$ MPa）：1 255 kN。

（2）结构及功能。

两柱掩护式支架平衡千斤顶在支架承载时通过承受拉压力的变化起到调节支架合力作用位置、改善顶板控制效果的作用。当顶板比较完整，顶梁后部压力较大，需较大承载及切顶能力时，平衡千斤顶承受拉力，并将支架合力作用位置后移，增大支架后部承载及切顶能力。当顶板较破碎，顶梁前部压力较大，需较大承载能力时，平衡千斤顶承受压力，并将支架合力作用位置前移，增大支架前部承载能力。平衡千斤顶承载能力越大，合力作用位置调节能力越大。

厚煤层一次采全高液压支架采用 250 mm 缸径的平衡千斤顶，上、下腔工作阻力（拉力/推力）达到 1 255 kN、2 125 kN。平衡千斤顶由缸体、活塞、活塞杆、导向套及密封件等组成。

注意：

（1）严禁支架在平衡伸出及收回极限位置状态下（必须留有不小于 20 mm 的行程）使用，防止支架在非正常状态下受载过大，以免损坏。

（2）支架在升柱接顶的同时，应及时操作平衡千斤顶，调整支架接顶状态，严禁支架在顶梁仰头状态下不动而只升立柱。

4）护帮千斤顶（图 2-47）

（1）主要参数。

① 一级护帮千斤顶的主要参数：

形式：普通双作用（2 根）；

缸径：125 mm；

杆径：85 mm；

图 2-47　护帮千斤顶外形

工作推力（$P=40$ MPa）：490 kN；

拉力：208 kN；

行程：560 mm。

③ 二级护帮千斤顶的主要参数：

形式：普通双作用（2 根）；

缸径：100 mm；

杆径：70 mm；

工作推力（$P=40$ MPa）：314 kN；

拉力：126 kN；

行程：370 mm。

（2）结构及功能。

一级护帮千斤顶前端通过长短杆与一级护帮连接，后端与伸缩梁连接，通过护帮千斤顶的伸缩可控制护帮板翻转，起到护壁的作用。

二级护帮千斤顶前端通过长短杆与二级护帮连接，后端与一级护帮连接，通过千斤顶伸缩控制二级护板挑平与收回。

厚煤层一次采全高液压支架一、二级护帮板设计为一体式结构，一级护帮千斤顶与二级护帮千斤顶采用交替双向控制阀联动控制，在控制支架支护煤壁或收回时，只需操纵一级护帮即可完成，简化支架控制方式。

护帮千斤顶主要由缸体、活塞、活塞杆、导向套及密封件等组成。

注意：

（1）在采煤机到来之前一定要收回护帮板，使采煤机顺利通过，防止滚筒割顶梁护帮。

（2）采高低于 4.5 m 且在护帮板收回时，应同时控制一、二级护帮往回收，防止二级护帮板磕碰输送机电缆槽。

（3）支架前移时，应收回护帮。

5）伸缩千斤顶（图 2－48）

（1）主要参数。

形式：普通双作用（2 根）；

缸径：100 mm；

杆径：70 mm；

图 2－48　伸缩千斤顶外形

工作推力（$P=40$ MPa）：314 kN；

拉力：126 kN；

行程：900 mm。

（2）结构及功能。

伸缩千斤顶前端与伸缩梁连接，后端与顶梁连接，通过伸缩千斤顶的伸缩来控制伸缩梁的伸出与收回，及时支护因片帮暴露的顶板或采煤机割过后新暴露出的顶板。

伸缩千斤顶主要由缸体、活塞、活塞杆、导向套及密封件等组成。

注意：

（1）在采煤机滚筒过来前应超前 3 架收回伸缩梁，以防止采煤机割伸缩梁。

（2）支架移架前必须收回伸缩梁，严禁在伸缩梁处伸出状态时移架。

6）侧推千斤顶（图2-49）

（1）主要参数。

形式：普通双作用（4根）；

缸径：100 mm；

杆径：70 mm；

推力：247 kN；

拉力：126 kN；

行程：200 mm。

图2-49　侧推千斤顶外形

（2）结构及功能。

侧推千斤顶安装于顶梁及掩护梁的内部，前、后端通过导杆与侧护板相连。其主要作用是控制侧护板的伸出与收回。

厚煤层一次采全高液压支架侧推千斤顶采用内进液结构，工作时，活塞杆头部固定，缸筒在液压力的作用下伸缩，从而带动活动侧护板的伸出与收回。

侧推千斤顶主要由缸体、活塞、活塞杆、导向套及各种密封件组成。

7）抬底千斤顶（图2-50）

（1）主要参数。

形式：普通双作用（1根）；

缸径：160 mm；

杆径：120 mm；

推力：633 kN；

拉力：277 kN；

行程：290 mm。

图2-50　抬底千斤顶外形

（2）结构及功能。

抬底千斤顶的主要功能是在移架时抬起底座前端，便于支架前移。

抬底千斤顶安装在底座过桥的后面，采用内进液结构，上端活塞杆头部通过小过桥与底座过桥相接，下端缸筒在液压力的作用下，压在推杆上，从而实现底座头部的抬起。

抬底千斤顶主要由缸体、活塞、活塞杆、导向套及密封件等组成。

抬底千斤顶在非工作状态时（即支架处于正常工作状态或立柱处于上升状态时），千斤顶缸筒应处于收回位置。

8）底调千斤顶

（1）主要参数。

形式：普通双作用（1根）；

缸径：160 mm；

杆径：120 mm；

推力：633 kN；

拉力：277 kN；

行程：245 mm。

（2）结构及功能。

底调千斤顶一般均采用内进液结构，安装于底座边（柱窝）箱体的后部，活塞杆固定，缸筒在液压力的作用下伸出作用于邻架底座侧面，用于调整支架间的相互位置。

底调千斤顶主要由缸体、活塞、活塞杆、导向套及密封件等组成。

底调千斤顶在非工作状态时，千斤顶缸筒应处于收回位置。

2. 液压系统的特点

（1）支架液压系统额定供液压力为 31.5 MPa，允许公差为 ±10%。

确保工作面支架液压系统任何部位供液压力不小于 20 MPa，否则会给电液控制系统造成发生故障的危险。

（2）所有胶管及管路辅件接头均采用 DN 系列。

（3）架间供液管公称直径为 DN50S，回液管公称直径为 DN50，喷雾架间管公称直径为 DN25。

（4）供液管路在进入支架时，每架均设有手动反冲洗过滤器，过滤精度不低于 25 μm，流量不小于 900 L/min。同时过滤器反排液加以回收，以减少乳化液浪费。反冲过滤器应当每天最少反冲一次，防止系统堵塞。

（5）每台支架主进液回路设置 DN25 球形截止阀；主回液回路设置 DN32 回液断路阀。

3. 乳化液要求

乳化液具有防腐性和润滑性的作用。

ZY12000/28/64D 型电液控支架属高端支架，电液控系统的阀类、立柱千斤顶的密封对乳化液的质量要求高，各阀类动作灵敏性在很大程度上取决于乳化液的质量，尤其是先导阀的液孔小，对乳化液的质量要求更高。整个电液控系统的通液内壁要求乳化液的无腐蚀特性要高，支架要求乳化液对阀类和油缸的密封件的无腐蚀、软化性能好。

（1）工作液为 5% 的乳化油和 95% 的中性水。

（2）支架采用的乳化液，是由乳化油和水配制而成的，乳化油的配比浓度为 5%，使用乳化油应注意以下几点：

① 定期检查浓度，浓度过高会增加成本；浓度太低可能造成液压元件腐蚀，影响液压元件的密封。

② 防止污染，定期（一个月左右）清理泵站乳化液箱。

③ 乳化液的 pH 需在 7～9 范围内。

④ 防冻：乳化液的凝固点为 -3℃ 左右，与水一样，乳化液也具有冻结膨胀性，乳化液受冻后，体积稳定性受影响，因此，乳化液在地面配制和运输过程中应注意防冻。

⑤ 乳化油必须满足《液压支架用乳化油》（MT76-83）标准的规定，即按乳化油对水质硬度的适应性，选取相应的牌号（见表 2-2）

表 2-2 乳化油对水质硬度的适应性

牌 号	M-5	M-10	M-15	M-T
适应水质硬度/（mg 当量·L^{-1}）	≤5	>5，≤10	>10，≤15	≤15

⑥ 配制液压支架用乳化液的水质应符合下列条件：

无色、无臭、无悬浮物和机械杂质；pH 在 7～9 范围内；氯离子含量不大于 5.7 mg 当量/L；硫酸根离子含量不大于 8.3mg 当量/L。

第五节　其他类型液压支架

一、过渡支架

1. 过渡支架的主要技术参数

以 ZYG12000/26/55D 型过渡支架为例，其结构和主要技术参数如图 2-51 和表 2-3 所示。

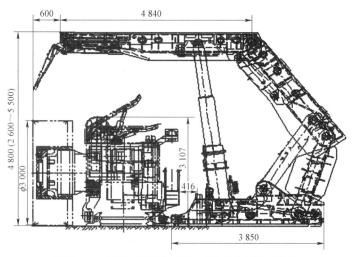

图 2-51　ZYG12000/26/55D 型过渡支架的结构

表 2-3　ZYG12000/26/55D 型过渡支架的主要技术参数

序号	项目	ZYG12000/26/55D 型两柱掩护式智能耦合型过渡支架			单位
1	支架	形式		两柱掩护式	—
		高度	最低/最高	2 600～5 500	mm
		宽度	最小/最大	1 680～1 880	mm
		中心距		1 750	mm
		初撑力	$P=31.5$MPa	8 728	kN
		工作阻力	$P=43.3$ MPa	12 000	kN
		底板比压	前端	1.80～4.26	MPa
		支护强度		1.17～1.25	MPa
		泵站压力		31.5	MPa
		质量		46.361	t
		运输尺寸	长×宽×高	8 432×1 680×2 600	mm×mm×mm
		操纵方式		智能电液控制	—
2	立柱	形式	2 个	双伸缩	—
		缸径		420/310	mm
		柱径		400/280	mm
		初撑力	$P=31.5$ MPa	4 364	kN
		工作阻力	$P=43.3$ MPa	6 000	kN
		行程		2 810	mm

2. 过渡支架的主要结构特征

（1）过渡支架采用整体顶梁、一级护帮板机构、双侧活动侧护板，侧护板使用时一侧可伸缩，另一侧用锁销固定。其他结构与中部支架相同。

（2）ZYG12000/26/55D 型过渡支架相邻中部支架布置，除支架高度及护帮结构外，其余结构与中部支架相同。

（3）ZYGT12000/26/55D 型过渡支架相邻端头支架布置，根据配套情况，相比 ZYG12000/26/55D 型过渡支架，顶梁适当加长，其余结构均相同。

二、ZYT12000/26/55D 型端头支架

1. ZYT12000/26/55D 型端头支架的主要技术参数

ZYT12000/26/55D 型端头支架的主要技术参数见表 2-4。

表 2-4　ZYT12000/26/55D 型端头支架的主要技术参数

序号	项目		ZYT12000/26/55D 型两柱掩护式智能耦合型端头支架		单位
1	支架	形式	两柱掩护式		—
		高度	最低/最高	2 600～5 500	mm
		宽度	最小/最大	1 680～1 880	mm
		中心距	1 750		mm
		初撑力	$P=31.5$ MPa	8 728	kN
		工作阻力	$P=43.3$ MPa	12 000	kN
		底板比压	前端	1.80～4.26	MPa
		支护强度	1.06～1.14		MPa
		泵站压力	31.5		MPa
		质量	46.256		t
		运输尺寸	长×宽×高	9 400×1 680×2 600	mm×mm×mm
		操纵方式	智能电液控制		—
2	推移千斤顶	形式	1 个	普通双作用	
		缸径	230		mm
		柱径	140		mm
		推溜力	$P=31.5$ MPa	823	kN
		拉架力	$P=31.5$ MPa	1 308	kN
		行程	960		mm
3	立柱同 ZYG12000/26/55D 过渡支架				
4	其他千斤顶同中部支架				

2. 端头支架的主要结构特征

（1）端头支架顶梁为刚性整体顶梁带伸缩梁结构。其他结构及参数与过渡支架相同。

（2）根据配套情况，端头支架顶梁相比相邻过渡支架适当加长。

（3）机头、机尾两端的端头支架底座外侧加装挡矸板，顶梁外侧加装侧翻板装置。

（4）端头支架顶梁上预留抬底支承油缸安装座，需要时可安装抬底油缸，以调整端头支架的姿态。

图 2-52 所示为 ZYT12000/26/55D 型端头支架的结构示意。

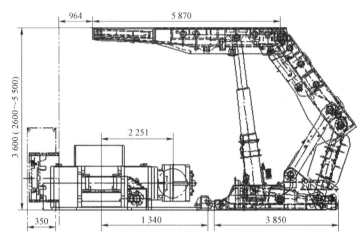

图 2-52　ZYT12000/26/55D 型端头支架的结构示意

三、运输巷超前支架

1. ZYDC15600/28/42D 型超前支架的主要技术参数（表 2-5）

表 2-5　ZYDC15600/28/42D 型超前支架的主要技术参数

序号	项目		ZYDC15600/28/42D 型运输巷超前支护液压支架		单位
1	支架	形式	两架一组整体式		—
		高度	最低/最高	2 800～4 200	mm
		宽度	3 640		mm
		初撑力	$P=31.5$ MPa	12 360	kN
		工作阻力	$P=39.7$ MPa	15 600	kN
		底板比压	1.79		MPa
		支护强度	0.13		MPa
		泵站压力	31.5		MPa
		质量	99.75		t
		操纵方式	电液控制		—
2	立柱	形式	8 个	单伸缩	—
		缸径	250		mm
		柱径	230		mm
		初撑力	$P=31.5$ MPa	1 545	kN
		工作阻力	$P=43.3$ MPa	1 950	kN
		行程	1 395		mm

序号	项目	ZYDC15600/28/42D 型运输巷超前支护液压支架			单位
3	推移千斤顶	形式	4 个	普通双作用	
		缸径	230		mm
		柱径	140		mm
		推溜力	$P=31.5$ MPa	1 308	kN
		拉架力	$P=31.5$ MPa	823	kN
		行程	1 800		mm
4	侧翻千斤顶	形式	16 个	普通双作用	
		缸径	80		mm
		柱径	60		mm
		推力	$P=31.5$ MPa	158	kN
		工作阻力	$P=38$ MPa	192	kN
		行程	100		mm
5	前梁千斤顶	形式	6 个	内进液	
		缸径	140		mm
		柱径	105		mm
		推力	$P=31.5$ MPa	485	kN
		工作阻力	$P=38$ MPa	584	kN
		行程	146		mm
6	伸缩千斤顶	形式	4 个	普通双作用	
		缸径	100		mm
		柱径	70		mm
		推力	$P=31.5$ MPa	247	kN
		拉力	$P=31.5$ MPa	126	kN
		行程	900		mm

2. 运输巷超前支架的工作原理

支架采用两架一组结构，其结构如图 2−53 所示。采用"两步一移"方式（即采煤机割两刀，超前支架前移一次）。两架超前支架分别布置于破碎机前、后，通过推移油缸及连接头与转载机相连，实现超前支护 20 m。两架支架均采用分体底座、分体连杆、整体斜梁、整体顶梁结构，顶梁可左、右旋转 15°，提高了对顶板的适应能力。两架超前支架除顶梁外，底座、连杆、斜梁、侧翻及前梁、护帮板均可互换使用。超前支架原理如图 2−54 所示。

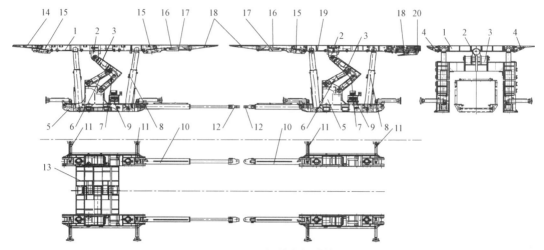

图 2-53　超前支架结构

1—前顶梁主体；2—万向连接头；3—斜梁；4—侧向挡矸装置；5—底座；6—前连杆；7—后连杆
8—立柱；9—电液控制系统；10—推移千斤顶；11—侧向调架装置；12—连接头；13—连接座
14—前梁；15—前梁千斤顶；16—后梁；17—护帮千斤顶；18—护帮；19—后顶梁主体；20—伸缩梁

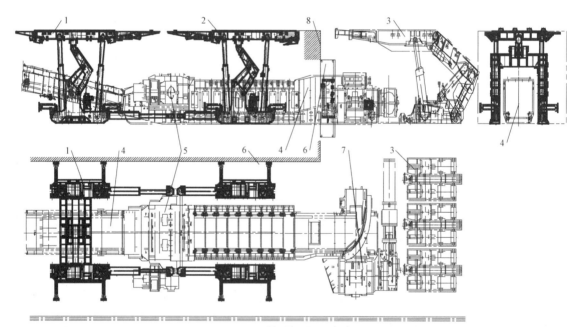

图 2-54　超前支架原理

1—前超前支架；2—后超前支架；3—端头支架；4—转载机；5—破碎机
6—刮板机机头；7—煤壁；8—岩壁

　　后超前支架顶梁一端（煤帮侧）采用整体顶梁带伸缩梁及一级护帮板结构，伸缩行程为
900 mm，护帮长度为 900 mm，以实现采煤机割两刀超前支架移一次前对顶板的及时支护，
保证与采煤机及转载机、端头支架一刀一移时的安全空间。顶梁另一端采用铰接前梁带护帮
板结构，以减小顶梁主体长度，增大支护面积；前梁顶梁两端分别采用铰接前梁带护帮板或

铰接前梁结构，减小顶梁主体长度，增大支护面积，提高对顶板的适应性。

超前支架通过推移千斤顶与转载机（破碎机部位）连接，转载机前移通过三架端头支架推移油缸推动实现；超前支架前移通过支架上推移油缸拉移实现。端头支架、转载机、超前支架三者的相互协调关系为：采煤机割煤后，三架端头支架推移油缸推动转载机前移两个步距后，第一架超前支架通过与转载机相连的推移油缸推动而前移两个步距。后架超前支架则通过超前支架上的推移油缸拉移而前移两个步距。与端头支架间空顶部分由超前支架及端头支架上的伸缩梁、护帮板实现及时支护。

3. 运输巷超前支架的主要结构特征

（1）支架采用两架一组前、后置结构，"两步一移"方式，前、后架结构均相同。支架前移以转载机为支点，通过与转载机相连的推移油缸来实现。

（2）支架采用紧凑型小四连杆四柱支承掩护式结构。满足支架与转载机、破碎机之间的配套关系，同时保证超前支架的稳定性。

（3）支架顶梁与斜梁采用万向连接头连接，顶梁可左、右旋转15°，提高对顺槽顶板的适应能力。

（4）支架顶梁采用前、后端铰接前梁及护帮板结构，减小顶梁主体长度，增大支护面积，提高对顶板的适应性。两侧设计侧翻板结构，有效扩大支护面积，保证设备、人员安全。

（5）支架底座两侧均设计有侧向调架装置，侧调千斤顶可旋转安放，不用时可旋转至与底座平行，不影响行人通过。

（6）前架支架左、右底座前部通过连接座连接成一体，防止支架前移时偏斜。

（7）支架采用电液控制系统，可实现本邻架自动和手动控制，亦可实现远程控制（在端头支架上），以满足智能化工作面要求。

（8）支架初撑力可通过集控中心或本邻架控制器进行调整，以满足顺槽顶板的支护要求。

（9）前、后架管路系统均为各自独立系统，每架管路均由底座经连杆、斜梁到顶梁上，管路走向整齐、顺畅。

（10）超前支架顶梁上设置纵向垫条，垫条宽度为 300 mm，高度为 150 mm，长度为 800 mm 左右，纵向间距为 700 mm 左右，横向中心间距为 950 mm。

（11）超前支架推移千斤顶安装位移传感器，满足行程 1 800 mm 的要求。

（12）超前支架立柱上安装压力传感器，每架前、后柱各 1 个，支架初撑力可调。

（13）运输巷超前支架实现超前支护长度 20 m。

四、放顶煤支架（1）

放顶煤支架用于特厚煤层采用冒落开采时支护顶板和放顶煤。利用与放顶煤支架配套的采煤机和工作面输送机开采底部煤，上部煤在矿山压力的作用下将其压碎而冒落，冒落的煤通过放顶煤支架的溜煤口流到工作面输进机。

图 2-55 所示是 ZF6400/17/32 型放顶煤支架外形示意。ZF6400/17/32 型放顶煤支架是在认真总结国内外放顶煤技术成果，分析研究各种放顶煤支架特点和使用经验的基础上，由天地科技股份有限公司开采所事业部设计，由中煤北京煤矿机械有限责任公司制造的新型低位放顶煤支架。

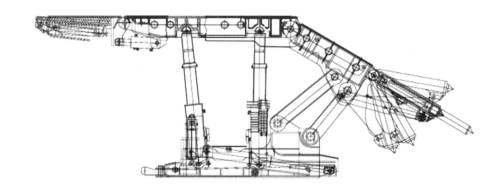

图 2-55　ZF6400/17/32 型放顶煤支架外形示意

1. 放顶煤支架的适用条件及主要配套设备

1) 适用条件

（1）煤层自然厚度为 4.49～7.17 m，平均厚度为 5.65 m；

（2）煤层倾角小于 7°；

（3）坚固性系数 f=0.38～14；

（4）顶底板：顶底板均为砂质泥岩、泥岩，局部为粉砂岩，顶底板结构松软，吸水易软化，强度较低。

2) 主要配套设备

（1）采煤机：MG300/700-WP，数量 1 台；

（2）工作面刮板输送机。前部输送机：SGZ800/750 型刮板输送机，数量 1 部；后部输送机：SGZ800/750 型刮板输送机，数量 1 部

2. 放顶煤支架的特点

（1）工作面三机采用大配套，截深为 800 mm。为了保证截深和有效的移架步距，支架的推移千斤顶的行程定为 900 mm，为高产、高效创造有利条件。

（2）支架的前连杆采用双连杆，大大提高了支架的抗扭能力。

（3）放煤机构高效可靠，后部输送机过煤高度高，增加了大块煤的运输能力，尾梁向上、向下回转角度大，增加了对煤的破碎能力和放煤效果。

（4）尾梁—插板机构采用小尾梁—插板机构，尾梁—插板运动结构选用 V 形槽结构，运动灵活自如。

（5）底座中部为推移机构，推移千斤顶采用倒装形式，结构可靠，移架力大，可实现快速移架。推移装置为长推杆机构，采用两节铰接形式。

（6）底座中部设计抬底机构，抬底千斤顶伸出顶上推杆以抬起底座前端。

（7）液压系统采用 400/200 L 大流量换向阀，双回路环形分段供液。

（8）支架前、后均配置喷雾降尘系统。

放顶煤综采法的优点是：巷道掘进量小、工作面搬迁次数少、成本低和效率高。

3. 放顶煤支架的组成

放顶煤支架主要由金属结构件、液压元件两大部分组成。

金属结构件有：护帮板，前梁，顶梁，掩护梁，尾梁，插板，前、后连杆，底座，推移杆以及侧护板等。

液压元件主要有：立柱、各种千斤顶、液压控制元件（换向阀、单向阀、安全阀等）、液压辅助元件（胶管、弯头、三通等）以及随动喷雾降尘装置等。

4. 放顶煤支架的主要技术参数

高度（最低/最高）：1 700/3 200 mm；

宽度（最小/最大）：1 410/1 580 mm；

中心距：1 500 mm；

初撑力（$P=31.4$ MPa）：5 232 kN；

工作阻力（$P=36.86$ MPa）：6 400 kN；

底板平均比压：1.2～2.2 MPa；

支护强度：0.82～0.88 MPa；

煤层倾角：小于 7°；

泵站压力：31.5 MPa；

操纵方式：本架手动操作；

质量：21.2t。

5. 放顶煤支架的主要结构件及其作用

1）前梁机构

前梁机构由前梁、伸缩梁和护帮板组成，在顶梁前部铰接，和顶梁一起支护顶板，伸缩梁起到及时支护顶板的作用，护帮板可翻转，对比较破碎的顶煤或岩石进行及时支护，对煤壁起到防止片帮作用。

2）顶梁机构

顶梁机构直接与顶板接触，支承顶板，是支架的主要承载部件之一，其主要作用如下：

（1）承接顶板岩石及煤的荷载；

（2）反复支承顶煤，对比较坚硬的顶煤起破碎作用；

（3）为回采工作面提供足够的安全空间。

放顶煤支架的顶梁为分体式结构，顶梁前端设有前梁机构，液压支架顶梁采用钢板拼焊箱形变断面结构。顶梁采用单侧活动侧护板，顶梁顶板一侧上平面低一个板厚，用于安装活动侧护板，控制顶梁活动侧护板的千斤顶和弹簧套筒均设在顶梁体内，并在顶梁上留有足够的安装空间。

3）掩护梁

掩护梁上部与顶梁铰接，下部与前、后连杆相连，经前、后连杆与底座连为一个整体，是支架的主要连接和掩护部件。其主要作用如下：

（1）承受顶板给予的水平分力和侧向力，增强支架的抗扭性能。

（2）掩护梁与前、后连杆，底座形成四连杆机构，保证梁端距变化尽可能小。

（3）阻挡后部落煤前串，维护工作空间。

4）底座

底座是将顶板压力传递到底板和稳定支架的部件。除了满足一定的刚度和强度外，还要求对底板起伏不平的适应性要强，对底板接触比压要小。其主要作用如下：

（1）为立柱、液压控制装置、推移装置及其他辅助装置形成安装空间；

（2）为工作人员创造良好的工作环境；

（3）具有一定的排矸、挡矸作用；

（4）保证支架的稳定性。

支架底座为整体式刚性底座，底座前部用厚钢板过桥连接，后部用箱形结构连接，底座中后部底板畅开，便于浮煤及碎石排出。底座前端为大圆弧结构，防止移架时啃底。

5）前、后连杆

前、后连杆上、下分别与斜梁与底座铰接，共同形成四连杆机构，支架的前、后连杆为整体单连杆，均为钢板焊接的箱形结构，这种结构不但有很强的抗拉、抗压性能，而且有很强的抗扭性能。

6）尾梁

尾梁上部与掩护梁铰接，由两个尾梁千斤顶支承，支架前移后垮落的顶煤及顶板直接作用到尾梁上，尾梁是支架掩护和实现放顶煤的关键部件。

尾梁采用整体箱形结构，用钢板拼焊而成。前部留有插板千斤顶耳座，两侧后部留有尾梁千斤顶耳座，尾梁内留有装插板的空间。

7）插板

插板由插板千斤顶与尾梁相连，处于尾梁内部，是实现放顶煤的直接部件。插板是由钢板拼焊的等断面结构，插板千斤顶耳座放在插板内部。这样不但便于插板的安装，也增大了插板强度。

8）推移机构

支架的推移机构包括推移杆、连接头、推移千斤顶和销轴等部件。其主要作用是推移输送机和拉架。

支架推移机构采用铰接式长推杆结构，由前、后推杆铰接而成，适应性强，易于拆装。放顶煤支架的推移杆采用等断面的箱型钢板焊接结构，前、后推杆均有导向条，其作用是推移千斤顶导向并阻挡输送机下滑。

9）防护装置

支架性能的好坏和对工作面地质条件的适应性，在很大程度上取决于防护装置的设置和完善程度。放顶煤支架设有比较完善的防护装置，性能可靠。其主要包括侧护板、护帮板等机构。

（1）侧护板。设置侧护板，提高了支架掩护和防矸性能。一般情况下，支架顶梁和掩护梁设有侧护板。侧护板通常分为固定侧护板和活动侧护板两种，左、右对称布置，一侧为固定侧护板，另一侧为活动侧护板。固定侧护板可以是永久性的，也可以是暂时性的（也称为双向可调活动侧护板）。暂时性固定侧护板可以在调换工作面方向时，改作活动侧护板，而此时另一侧的活动侧护板改为固定侧护板。

活动侧护板一般都由弹簧套筒和千斤顶控制。侧护板的主要作用如下：

① 阻挡矸石。在降架过程中，由于弹簧套筒的作用，使活动侧护板与邻架固定侧护板始终接触，以有效防矸。

② 操作侧推千斤顶。用侧护板调架，对支架防倒有一定作用。

防顶煤支架顶梁和掩护梁设有单侧活动侧护板，另一侧为固定侧护板，顶梁活动侧护板由两个弹簧套筒和两个千斤顶控制。弹簧套筒由导杆、弹簧、弹簧筒等组成，侧护板由钢板直角对焊而成，侧板上的耳子是在运输时固定活动侧护板用的。

（2）护帮板。护帮装置铰接在前梁下部的伸缩梁上。护帮板在前端，护帮千斤顶与托板连接。需护帮时可操作护帮千斤顶，使护帮板下部贴紧煤壁。在采煤机到来之前一定要收回护帮装置，使采煤机顺利通过，并防止滚筒割前梁。当前方片帮，梁端距过大时，可先推出护帮板，但在采煤机通过之前必须收回护帮板。当顶板发生冒落或梁端距过大时，护帮板可翻转，对煤壁上方顶板进行临时支护。

10）放顶煤机构

本支架为低位放顶煤支架，放顶煤机构位于掩护梁的后端，主要包括尾梁、插板、插板千斤顶及尾梁千斤顶等。放煤时，只要将插板收回并摆动尾梁，垮落的顶煤即可从尾梁后部流进输送机。

11）液压系统、喷雾降尘系统及其控制元件

本支架的液压系统，由乳化液泵站、主进液管、主回液管、各种液压元件、立柱及各种用途的千斤顶组成。操纵方式采用本架手动操作。采用快速接头、U 形卡及 O 形密封圈连接，拆装方便，性能可靠。

在主进、回液三通到换向阀之间，装有平面截止阀、过滤器、回油断路阀和截止阀，可根据需要接通或关闭某架液路，可以不停泵维修某架胶管及液压元件，过滤器能过滤主进液管来的高压液，防止脏物杂质进入架内管路系统。

本支架液压系统所使用的乳化液，是由乳化油与水配制而成的，乳化油的配比浓度为5%。使用乳化液应注意以下几点：

（1）定期检查浓度，浓度过高会增加成本，浓度太低可能造成液压元件腐蚀，影响液压元件的密封；

（2）防止污染，定期（两个月左右）清理乳化液箱；

（3）防冻：乳化液的凝固点为 −3 ℃左右，与水一样，也具有冻结膨胀性，乳化液受冻后，不但体积膨胀，稳定性也受影响，因此，乳化液在地面配制和运输时要注意防冻。

12）降尘系统

放顶煤工作面的煤尘要比普通工作面大得多，除了采煤机割煤过程中产生的煤尘以外，在移架和放顶煤过程中都会产生大量的煤尘。目前综放工作面的含尘量均超过相关规程的指标，这已成为制约放顶煤开采方法发展的重要障碍，故防尘工作特别重要。放顶煤工作面防尘的重点是减少煤尘量，一般采取以下措施：

（1）煤层预注水，即超前工作面在顺槽里对煤体进行预注水。

（2）喷水灭尘，即支架上带有喷雾洒水装置，当采煤机切割煤或放顶煤时即进行洒水灭尘。

该支架带有完善的前、后喷雾降尘系统，支架前部采用手动控制方式，用来控制采煤机割煤产生的粉尘；后部采用自动控制方式，用来控制放顶煤所产生的粉尘，它由插板千斤顶来控制喷水阀的关闭，当插板千斤顶收回放煤时，千斤顶小腔的高压液打开喷水阀开始喷水。

该支架喷水系统有如下特点：

（1）管路简单，操作方便；

（2）两条管路都可单独控制，由截止阀任意关闭；

（3）对双喷头采用随动控制系统，可节约水源，并可有效控制粉尘。

五、放顶煤支架（二）

放顶煤支架是随着放顶煤开采方法的发展应运而生的，它是解决厚及特厚煤层开采的一种经济有效的方法。我国放顶煤支架的发展从低位放顶煤支架的研制开始，经历了高位、中位放顶煤，现在又回到低位放顶煤。

1. 放顶煤支架的结构及特点

（1）高位放顶煤支架的放煤口处于支架的上部，即顶梁上，一般使用单输送机运送采煤机采下的煤和放落的顶煤，这使工作面运输系统简单。但由于放煤口较高，煤尘较大，支架顶梁较短，容易出现架前顶煤放空而造成支架失稳或移架困难现象。

（2）中位放顶煤支架的放煤口位于支架的中部，即掩护梁上。工作面采用双输送机，一前一后分别运输采煤机采下的煤和放落的顶煤。由于工作面有两套独立的出煤系统，采煤和放煤间干扰较少，可以实现采、放平行作业，提高工作面生产率。

（3）低位放顶煤支架的放煤口位于支架后部掩护梁的下方，其后输送机直接放在底板上或底座后方的拖板上。以反向四连杆低位大插板放顶煤支架为代表的新型高效放顶煤支架，成为放顶煤支架架型发展的方向。

反向四连杆低位放顶煤支架的结构如图2-56所示，该支架为双输送机配备。其结构和性能特点如下：

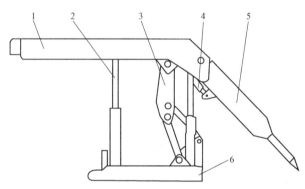

图2-56　反向四连杆低位放顶煤支架

1—顶梁；2—立柱；3—掩护梁；4—尾梁千斤顶；5—尾梁；6—底座

采用双前连杆和单后连杆结构的宽形反向四连杆机构，布置在前、后立柱之间，提高了支架的抗偏载能力和整体稳定性。

大插板式尾梁放煤机构，其尾梁千斤顶可双位安装，既可支设在顶梁上，也可支设在底座上，一般状态是支设在顶梁上。后部放煤空间大，为顺利放煤创造了良好的作业环境，可充分发挥后部输送机的输运能力，且操作、维修方便。尾梁摆动有利于落煤，插板伸缩量大，放煤口调节灵活，对大块煤的破碎能力强，可显著提高顶煤的采出率。

支架为四柱支承掩护式支架，后排立柱支承在顶梁与四连杆机构铰接点的后端，可适应外载集中作用点的变化，切顶能力强。

顶梁相对较长，掩护空间较大，通风断面大，而且对顶板的反复支承可使较稳定的顶煤在矿压作用下预先断裂破碎，有利于放煤。

2. 放煤机构

放煤机构是设计放顶煤支架的关键，它不但能自由地控制放煤，而且具有对放下的大块煤破碎的功能。放煤机构主要有3种形式，即摆动式放煤机构、插板式放煤机构和折页式放煤机构。

1）摆动式放煤机构

摆动式放煤机构如图2－57所示，由放煤千斤顶、插板千斤顶、放煤摆动板和插板组成。其中，放煤摆动板是主体。放煤摆动板内部设有轨道，用以安装插板，上端铰接在掩护梁放煤口上沿，在中下部由两个一端固定在底座上的放煤千斤顶推拉，使放煤摆动板上、下摆动，与掩护梁形成一定的角度，用于破碎顶煤和打开整个放煤窗口。

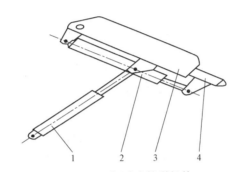

图 2－57　摆动式放煤机构
1—放煤千斤顶；2—插板千斤顶；3—放煤摆动板；4—插板

在放煤摆动板内装有可伸缩的插板，插板前端设有用于插煤的齿条，齿条下部有耳座，与插板千斤顶连接。在插板千斤顶的作用下，插板伸出或收回，用于启闭局部窗口。

摆动式放煤机构在关闭状态时，插板伸出，搭在放煤口前沿；放煤时，由液压控制系统先收缩插板，以免损坏插板，然后摆动放煤机构。

2）插板式放煤机构

插板式放煤机构如图2－58所示，主要由尾梁、尾梁千斤顶、插板和插板千斤顶等组成。

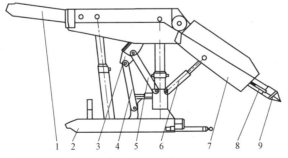

图 2－58　插板式放煤机构
1—顶梁；2—底座；3—斜梁；4—前连杆；5—后连杆；
6—尾梁千斤顶；7—尾梁；8—插板千斤顶；9—插板

尾梁和插板都是由钢板焊接而成的箱形结构，尾梁体内设有滑道，插板安装在滑道内，操纵插板千斤顶使插板在滑道上滑动，以实现伸缩。关闭或打开放煤口，操纵尾梁千斤顶，可使尾梁上、下摆动，以松动顶煤或放煤，插板的前端设有用于插煤的齿条。

插板放煤机构在关闭状态时，插板伸出，挡住矸石流入后部输送机；放煤时，收回插板，利用尾梁千斤顶和插板千斤顶的伸缩调整放煤口进行放煤。

3）折页式放煤机构

折页式放煤机构如图 2-59 所示，由折页千斤顶和折页板组成。它通过开启、关闭两扇可转动的折页门来控制放煤。由于受结构限制，折页门在放煤位置时很难达到垂直掩护梁位置，影响放煤的面积。而且折页板铰接处有较大缝隙，密封性能差，故这种放煤机构已基本不用。

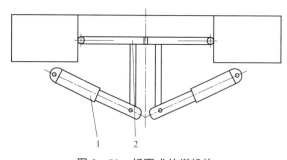

图 2-59　折页式放煤机构

1—折页千斤顶；2—折页板

六、铺网支架

液压支架中带有铺网机构的支架称为铺网液压支架，简称铺网支架。铺网支架在厚煤层分层开采时使用。由于其是在普通支承掩护式或掩护式液压支架的基础上发展起来的，因此在支架的结构上与普通支架有很多相同之处，其区别主要在支架后部。铺网支架后部带有尾梁、摆杆、铺网机构等，在支架的后部要提供铺网作业的空间。铺网装置在支架的尾部（也有在前部的）。

1. 铺网支架的特点

铺网支架与普通支架相比，具有以下特点。

1）支架高度的确定

普通支架的高度是根据煤层的厚度来确定的，而铺网支架高度的确定主要考虑如下因素：

（1）煤层厚度。在支架选型和设计时，要使支架的采高与煤层的厚度匹配，支架的采高应与煤层的总厚度成整数倍关系，再考虑 200 mm 的富余量即支架的最大高度。

（2）使工作面易于管理。

（3）应使支架在井下能够整体运输，搬运方便。

2）支架的后部要有足够的安全空间

由于工人铺网作业是在支架后部进行的，因此要求支架的后部提供足够的安全空间。后部空间是由掩护梁和尾梁形成和维护的，一般要求后部提供的空间满足高度不小于 1.1 m、宽度不小于 1.0 m 的要求，以便工人进行铺网作业。

铺网支架尾梁的控制方式有千斤顶控制尾梁和四连杆控制尾梁两种。

3）架间要有足够的行人和运输金属网的空间

由于运输金属网和行人都要从相邻两架间通过，因此要求两架之间要有足够的行人空间，一般相邻两架间的距离要大于 400 mm。为了增加架间的空间，可以采取减小底座的宽度、后连杆采用单连杆、前连杆采用 Y 形连杆等措施。

4）保证架间距不变

保证架间距不变的作用有两个：一是保证网槽和网卷与相邻支架底座互不干涉，以免碰坏网槽和网卷；二是保证金属网有足够的搭接量，以保证铺网的质量。

2. 铺网机构的特点

铺网机构如图 2－60 所示。国内铺网支架的铺网机构主要有以下 3 种。

（1）图 2－60（a）所示的铺网机构是在安装网卷之前，把一轴穿入网卷中心，然后把轴安装在固定座上。随着支架的前移，网卷绕轴转动并展开，实现自动铺网。这种铺网机构的优点是网卷绕轴转动，转动灵活，网卷不易脱落；缺点是安装网卷前需要穿轴，操作麻烦。

（2）图 2－60（b）所示的铺网机构主要由网槽组成，网槽固定在底座或后连杆上，网卷放入网槽内，一端从槽内引出，随着支架的前移，实现自动铺网。这种铺网机构的优点是网卷不需穿轴，放网方便；缺点是网卷转动不太灵活，有时网会从网槽中脱出。

（3）第三种为柔性铺网机构，网卷用一根钢丝绳穿过，钢丝绳的两端固定在相邻两架的支架上。此种铺网机构主要用于架间网的铺设，由于钢丝绳是柔性的，故能随支架的前移作正常的扭斜。

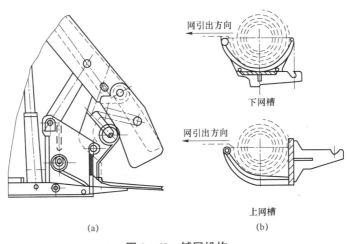

（a） （b）

图 2－60 铺网机构

七、三软支架

三软支架是指适用于三软煤层的支架。三软煤层是指煤质软（易片帮）、顶板软（破碎不稳定）、底板软（易陷底）的煤层。

三软支架的主要特点和性能要求如下：

（1）一般选用掩护式架型，尽量减小梁端距、控顶距和重复支承次数；

（2）有可靠的护帮和护顶装置，一般采用伸缩梁、挑梁和护帮板，实现对顶板的超前及时支护；

（3）采用带压移架或擦顶移架；

（4）合理提高初撑力，防止顶板过早离层，以及增加顶板的稳定性；

（5）采取措施，防止底座前端陷底；

（6）增大底座接触面积，减小对底板的接触比压。

第六节　单体液压支柱

单体支护设备包括木支柱、金属摩擦支柱、单体液压支柱、金属铰链顶梁、切顶支柱和滑移顶梁支架。

（1）木支柱强度受材质影响很大，各支柱承载不均衡，回柱困难，效率低，回柱后复用率低，木材浪费量大，工作面顶板下沉量大，冒顶事故多，不安全，不适用于机械化采煤，但其质量轻，适应性强。

（2）金属摩擦支柱结构简单，质量轻，造价低，回柱后复用率高，但支承力小且不均匀，支承力受温度和湿度的影响大，容易造成工作面顶板不均衡下沉和破碎，影响安全生产。

（3）单体液压支柱是介于金属摩擦支柱和液压支架间的一种支护设备。单体液压支柱具有体积小、支护可靠、使用和维护方便等优点。它既可与金属铰接顶梁配套用于普通机械化采煤工作面支护顶板和综合机械化采煤工作面支护端头，也可作单独点柱或其他临时性支护。其适用于倾角小于 25°、比压大于 20 MPa 的缓倾斜煤层。单体液压支柱工作阻力恒定，各支柱承受荷载均匀，初撑力大，支设效率高，操作方便，工人劳动强度低，可实现远距离卸载，回柱安全，工作面顶板下沉量小，冒顶事故少；但构造比较复杂，如果局部密封失效，会导致整个支架失去支承能力，维护检修量大，维护费用高。

从安全状况的改善、工作面生产率的提高、辅助材料消耗量的降低以及最终实际支护费用的降低等方面来分析，单体液压支柱具有较明显的综合优势。

一、单体液压支柱工作面布置情况

单体液压支柱工作面布置情况如图 2-61 所示，由泵站经主油管输送的高压乳化液用注液枪注入单体，每个注液枪可担负几个支柱的供液工作。在输送管路上装有总截止阀和支管截止阀，以作控制用。活塞式单体液压支柱按提供注液方式不同，分为外注式和内注式两种。前者结构复杂，质量大，支承升柱速度慢，故使用不如后者普遍。

二、支柱型号组成和排列方式

单体液压支柱产品型号如图 2-62 所示。类型及特征代号用汉语拼音大写字母表示：D 表示单体液压支柱，第一特征代号中 N 表示内注式支柱；W 表示外注式支柱。第二特征代号中 S 代表双伸缩，无字母代表单伸缩，Q 代表轻合金。主参数用阿拉伯数字表示；补充特征代号一般不用。修改序号用加括号的大写拼音字母（A）（B）（C）……表示，用来区分类型、主参数、特征代号均相同的不同产品。

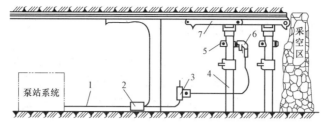

图 2－61　单体液压支柱工作面布置情况

1—主油管；2—总截止阀；3—支管截止阀；4—单体；5—三用阀；6—注液枪；7—顶梁

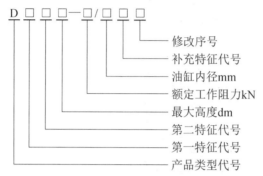

图 2－62　单体液压支柱产品型号

外注式系列单体液压支柱规格及主要技术参数见表 2－6。

表 2－6　外注式系列单体液压支柱规格及主要技术参数

		DW06-300/100	DW08-300/100	DW10-300/100	DW12-300/100	DW14-300/100	DW16-300/100	DW18-300/100	DW20-300/100	DW22-300/100	DW25-300/100	DW28-300/100	DW315-300/100	DW35-300/100
最大高度/mm		600	800	1 000	1 200	1 400	1 600	1 800	2 000	2 240	2 500	2 800	3 150	3 500
最小高度/mm		485	578	685	792	900	1 005	1 110	1 240	1 440	1 700	2 000	2 350	2 700
工作行程/mm		145	2 222	315	408	500	595	690	760	800	800	800	800	800
重量/kg		25.1	26.2	32	36.3	40	43.5	47	48	55	58	70	76.4	82.8
装液量/kg		0.9	1.1	0.9	1.2	1.5	1.8	2.1	4	5	5	5	5	5
额定工作阻力/kN		300									250		200	
额定工作液压/MPa		38.2									31.8		25.5	
初撑力 (kN)	泵压（20MPa）	118												
	泵压（15MPa）	157												
油缸内径/mm		100												
使用手把回柱的最大力/kN		<200												
降柱速度/（mm·s⁻¹）		>40												
工作液		含乳化油（或 MDT 乳化油）1%～2% 的乳化液												
顶盖形式		四爪顶盖或铰接顶盖												
是否用顶梁		用												
底梁面积/km²		113 或 176.7 大底座												

三、NDZ 型内注式单体液压支柱

国内外生产的各种类型的内注式单体液压支柱在结构上大同小异，差别不大。以 NDZ18-25/80 型为例说明内注式单体液压支柱的型号中符号意义：N 表示内注式；D 表示单体液压支柱；18 表示支柱最大高度为 1 800 mm；25 表示支柱额定工作阻力为 25 kN；80 表示油缸直径为 80 mm。

主要结构

内注式单体液压支柱的结构如图 2-63 所示，它由顶盖、通气阀、安全阀、卸载阀、活塞、活柱体、油缸、手摇泵和手把体等部分组成。

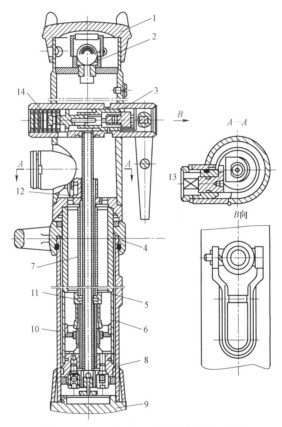

图 2-63　内注式单体液压支柱的结构

1—顶盖；2—通气阀；3—安全阀；4—活柱体；5—柱塞；6—防尘圈；7—手把体；8—油缸体；
9—活塞；10—螺钉；11—曲柄；12—卸载阀；13—卸载装置；14—套管

1. 通气阀

内注式单体液压支柱是靠大气压力进行工作的。活柱体升高时，活柱体内腔储存的液压油不断压入油缸，需要不断补充大气；活柱体下降时，油缸内液压油排出活柱体内腔，活柱体内腔的多余气体通过通气阀排出；支柱放倒时通气阀自行关闭，以防止内腔液压油漏出。NDZ 型内注式单体液压支柱采用重力式通气阀，其结构如图 2-64 所示，它由端盖、钢球、阀体、顶杆、阀芯和弹簧等部件组成。

端盖上装有两道过滤网，以防止吸气时煤尘等脏物进入活柱体内腔。支柱在直立时，钢

球的重量作用在顶杆和阀芯上，从而使通气阀打开。这时空气经过滤网、阀芯和阀体与活柱体上腔相通。

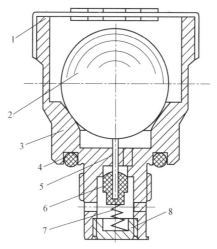

图 2-64 重力式通气阀

1—端盖；2—钢球；3—阀体；4—密封圈；5—顶杆；6—阀芯；7—弹簧；8—螺母

2. 安全阀和卸载阀

内注式单体液压支柱随着顶板的下沉，活柱体要下降一点，但要求支柱对顶板的作用力应基本上保持不变，即支柱的工作特性是恒阻力，这一特性是由安全阀来调定保证的。同时安全阀又起着保护作用，使支柱不致因超载过大而受到损坏。安全阀和卸载阀如图 2-65 所示。

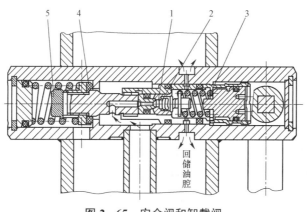

图 2-65 安全阀和卸载阀

1—安全阀垫；2—导向套；3—弹簧；4—卸载阀垫；5—卸载阀座

当支柱所承受的荷载超过额定工作阻力时，高压液体作用在安全阀垫和六角形的导向套上的推力大于安全阀的弹力，使弹簧被压缩，安全阀垫与导向套一起向右移位而离开阀座。这时，高压液体便经阀针节流后从阀座与阀垫及导向套之间的缝隙外溢，使支柱内腔的液体压力降低，于是活柱体下降。支柱所承受的荷载低于额定工作阻力时，高压液体作用在阀垫和导向套上的力减小，这时阀垫和导向套在弹簧力的作用下，向左移动复位，关闭安全阀，高压液体停止外溢，支柱荷载不再降低，保证支柱基本恒阻。安全阀弹簧的压缩力是由右边的调压螺钉来调定的，以适应不同的工作阻力。

内注式单体液压支柱在正常工作时要求关闭卸载阀。当回柱时，将卸载阀打开，使油缸的高压液体经该阀流回到活柱体内腔，从而达到降柱的目的。卸载阀由卸载阀垫、卸载阀座和弹簧等部件组成。为了减小卸载时高压液体的运动阻力，提高密封性能，将卸载阀垫密封面制成圆弧形。

3. 活塞

活塞是密封油缸和活柱体在运动时的导向装置，其上装有手摇泵及有关阀组。

四、外注式单体液压支柱

1. 外注式单体液压支柱的结构

外注式单体液支柱由顶盖、三用阀、活柱体、复位弹簧、手把体、油缸、活塞、底座体等主要零部件组成，图2-66所示是DW型外注式单体液压支柱的结构示意。

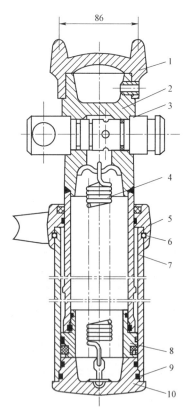

图2-66 DW型外注式单体液压支柱的结构示意

1—顶盖；2—活柱；3—三用阀；4—复位弹簧；5—缸口盖；

6、9—连接钢丝；7—缸体；8—活塞；10—缸底

（1）顶盖。顶盖是直接和顶梁接触的受载零件，它通过三只弹性圆柱销和活柱体连接。

（2）三用阀。三用阀由单向阀、安全阀、卸载阀组成。

三用阀是外注式单体液压支柱的心脏，其结构如图2-67所示。单向阀供单体液压支柱注液用；卸载阀供单体液压支柱卸载回柱用；安全阀保证单体液压支柱具有恒阻特性。三用阀组装在一起，便于井下更换和维修。使用时，利用左、右阀筒上的螺纹将三用阀连接组装在支柱柱头上，依靠阀筒的O形密封圈与柱头密封。单向阀供支柱注液时用。

（3）活柱体。活柱体是支柱上部承载的杆件，它由柱头、弹簧上挂钩、活柱筒等零件焊接而成。

（4）复位弹簧。复位弹簧的作用是回柱时使活柱体迅速复位，缩短回柱时间。

（5）手把体。手把体通过连接钢丝和油缸连接，能绕油缸自由转动，便于操作和搬运，手把体沟槽内装有防尘圈，以防脏物进入油缸。

（6）活塞部件。活塞部件由活塞、Y形密封圈、皮碗防挤圈、活塞导向环、O形密封圈、活塞防挤圈等组成，它通过连接钢丝和活柱体连接。活塞起活柱体导向和油缸密封的作用。

（7）底座体。底座体由底座、弹簧挂环、O形密封圈、防挤圈等组成，它通过连接钢丝和油缸连接，它是支柱底部密封和承载的零件。

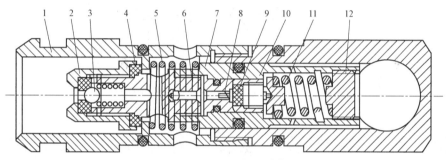

图2-67 三用阀的结构

1—左阀筒；2—注液阀体；3—钢球；4—卸载阀垫；5—卸载阀弹簧；6—连接螺杆；7—阀套
8—安全阀针；9—安全阀垫；10—导向套；11—安全阀弹簧；12—调压螺钉

2. 外注式单体液压支柱的工作原理

（1）升柱。支柱在使用时将液枪插入三用阀底注液枪中，挂好锁紧套，握紧注液枪手把，高压液体将单向阀打开［图2-68（a）］，高压液体流入支柱下腔使活柱体上升。

（2）初撑。当支柱使金属顶梁紧贴工作面顶板后，松开注液枪手把，这时支柱内腔工作液压力为泵站压力，即支柱达到了额定的初撑力。

（3）承载。随着采煤工作面的推进，工作面顶板作用在支柱上的荷载逐渐增大，当荷载超过支柱额定工作阻力时，高压液体将三用阀中的安全阀打开［图2-68（b）］，液体外溢，支柱下缩，当支柱所受荷载低于额定工作阻力时，在安全阀弹簧的作用下，安全阀关闭，液体停止外溢。上述现象反复出现，因此支柱工作荷载始终保持在额定的工作阻力，故称为恒阻式支柱。

（4）回柱。工作面回柱时，将卸载手把插入三用阀卸载孔中，转动卸载手把，迫使三用阀套作轴向移动，从而打开三用阀中的卸载阀，支柱内腔工作液经卸载阀排出，活柱体在自重和复位弹簧的作用下回缩，达到回柱目的［图2-68（c）］。

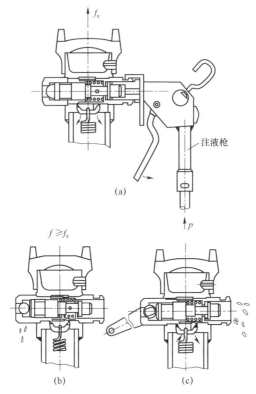

图 2-68　外注式单体液压支柱的工作原理示意

第七节　支架的运输、安装、操作、维护、故障排除

一、支架在地面和井下的运输

1. 地面运输

支架按既定运输方式运输。其运输状态是：支架降至最低高度；侧护板收回并锁紧；推移杆收回，用铁丝固紧在底座上；所有拆下的胶管应加塑料堵（或帽），并固定在适当位置。

2. 井下运输

支架下井前，应由矿井主管工程师按当地煤矿的安全要求及井下运输条件制订下井方案（包括调试好整个支架的外形尺寸）和计划进程，并提出安全措施。应注意如下事项：

（1）根据使用本支架矿井的采煤方向，注意支架活动侧护板方向，使之与工作面相适应。

（2）支架如需部分解体，应将拆下的胶管口堵好，并捆扎固定好软管头以防磕碰。

（3）井下运输时，需使用平车。平车尺寸要适合井下运输条件，平车承载能力应与支架或部件质量相适应；要求前后装匀、左右装正、使重心位置尽可能在平车的中心部位。

（4）巷道的断面尺寸及转弯尺寸应能保证装有支架或部件的平车顺利通过。

二、支架在工作面的安装

液压支架一般从工作面回风巷运入工作面。在工作面回风巷与工作面连接处根据支架结构及安装要求适当扩大其巷道断面，以利于支架转向。当采用分体运输而需在连接处安装前梁时，还需适当挑顶以便安装起重设备。将支架送入工作面的方法主要有以下 4 种。

（1）利用工作面的刮板输送机运送支架。

（2）利用绞车在底板上拖移支架。

（3）利用平板车和绞车运送支架。

（4）利用铲车和胶轮车运送支架。

支架进入工作面后，需注意如下事宜：

（1）安装时应使支架中心距为 1.5m，并排列在一条直线上且相互平行，以保证支架与运输机连接准确。

（2）拆除活动侧护板的锁紧件，升起支架撑住顶板。

（3）调定泵站压力，调好后接通液压管路，接通时，建议将乳化液放掉少许冲一下液压系统，以免将脏物带入液压系统。

工作面全部设备安装完毕后，进行调试和空运转，经检验合格后方可正式投入生产。

三、支架的操作步骤

支架各项功能的完成均是通过操作支架控制器或电液控制阀组，使主进回液管路的液体进入各自独立的分支系统的管路、液压元件及执行机构来实现的。

支架采用及时支护方式，操作步骤：割煤—降架（收侧护板）—移架—升架（侧护板弹出）—推溜—放顶煤。具体的操作步骤及方法如下：

（1）在采煤机割煤后，降架的同时控制侧推千斤顶收回，降架时尽量使顶梁与底座保持平行，降架高度不宜太大，一般保证为 100～200 mm 即可。降架后即可移架，尽快支护已暴露的顶板，避免冒顶发生。

（2）移架前应先收回护帮板，再收回伸缩梁。

（3）移架后控制电液阀使立柱处于升架位置，顶梁接顶后应延长一段时间后，再停止立柱下腔供液，以确保支架达到预定的初撑力。

在操作立柱进行升架或降架的同时，必须操作平衡千斤顶，使支架顶梁尽可能保持水平。

（4）移架后要求支架的顶梁和底座保持平行，并且与其他已移的支架前后对齐，成一直线。

若支架与煤壁不垂直，可用侧护板或调架千斤顶（适用有调架千斤顶的支架）将支架调整到正确位置。

如果支架底座前端出现扎底，移架时操作抬底千斤顶将支架抬起，从而减小移架阻力；升架前，必须将抬底千斤顶收回，以防止损坏推杆。

（5）移架完成后，控制护帮千斤顶，使护帮板紧贴煤壁（在护帮与煤壁接触后，应延长供液一段时间再停止供液，以确保护帮板对煤壁的有效支护），以免片帮。

（6）当采煤机后滚筒割过后，根据顶板情况，控制伸缩千斤顶动作，使伸缩梁伸出，实现对顶板的及时支护，防止顶板冒露。

（7）当采煤机后滚筒割过 15m 以上后，控制推移千斤顶收回，实现推溜。推溜时根据情况可多架同时推，推到位后务必使刮板机与煤壁保持平行。

（8）操作过程中若出现故障，要及时排除。操作工也应带一定数量的密封件和易损件，操作工应能排除一般故障；若个人不能排除要报告，会同维修人员及时查找原因，采取措施迅速排除，不能及时排除的要更换元配件。综采工作面支护有立即支护和治后支护两种方式，根据两种不同支护方式，操作顺序为先移架，后推溜或先推溜，后移架。目前大多数综采工作面采用先移架，后推溜的立即支护方式。

在移架过程中，如发现顶板卡住顶梁，不要强行移架，可将操纵手把扳倒降架位置，待顶梁下降之后再移架。

（9）推溜。当液压支架移过8～9架后，约距采煤机后滚筒10～15 m时，即可进行推溜。推溜可根据工作面的具体情况，采用逐架推溜、间隔推溜或机架同时推溜等方式。为了使工作面刮板输送机保持平直状态，推溜时，应注意随时调整推溜步距，使刮板输送机除推溜段有弯曲外，其他部分保证平直，以利于采煤机正常工作，减少刮板输送机运行阻力，避免卡链、掉链事故的发生。在推溜过程中，如出现卡溜现象，应及时停止推溜。待检查出原因并处理完毕后再进行推溜。不许强行推溜，以免损坏溜槽或推移装置，影响工作面正常生产。

（10）放顶煤。移过后部输送机后，达到规定的放煤步距，就开始放顶煤。操作插板千斤顶，收回插板，顶煤流入后部输送机被运走。适当摆动尾梁，以促使顶煤破碎下滑，如有大块煤，可用插板插碎。放煤工要反复多次操作，见矸后及时伸出插板，停止放顶。

四、支架操作的注意事项

为了操作方便和便于记忆，换向阀组中每片阀都带有动作标记，要严格按标记操作，不得误操作。操作员必须了解支架各元件的性能和作用，并熟练、准确地按操作规程进行各种操作。归纳起来，支架操作要做到：快、够、正、匀、平、紧、严、净。

"快"——移架速度快；"够"——推移步距够；"正"——操作正确无误；"匀"——平稳操作；"平"——推溜移架要确保"三直两平"；"紧"——及时支护，紧跟采煤机；"严"——接、顶、挡矸严实；"净"——架前、架内的浮煤、碎矸应及时清除。

及时清除支架和输送机之间的浮煤、碎矸，以免影响移架；定期清除架内推杆下和柱窝内的煤粉、碎矸；定期冲洗支架内堆积的粉尘。

爱护设备，不准用金属件、工具等物碰撞液压元件，尤其要注意防止砸伤立柱、千斤顶活塞杆的镀层以及挤坏胶管接头。

在操作过程中若出现故障，要及时排除，操作员应随身携带一定数量的密封件和易损件，若发生一般的故障，操作员可以及时排除；若操作员不能排除的，要及时报告，会同维修人员及时查找原因，采取措施迅速排除，不能及时排除的要更换元配件。

五、支架的维护和管理

1. 对维修人员的基本要求

维修人员应掌握液压支架的有关知识，了解各零部件结构、规格、材质、性能和作用，熟练地进行维护和检修，遵守维护规程，及时排除故障，保持设备完好，保证正常安全生产。

2. 维护内容

其包括日常维护保养和拆检维修，维护的重点部件是液压系统。

（1）日常维护保养应做到：一经常、二齐全、三无漏堵。

"一经常"——维护保养坚持经常；"二齐全"——连接件齐全、液压元部件齐全；"三无漏堵"——阀类无漏堵、立柱千斤顶无漏堵、管路无漏堵。

（2）液压件维修的原则是井下更换、井上拆检。

维修人员在对支架故障进行维修前应做到：一清楚、二准备。

"一清楚"——维护项目和重点要清楚；"二准备"——准备好工具，尤其是专用工具，以及备用配件。

维修时应做到：了解核实、分析准确、处理果断、不留后患。

"了解核实"——了解出故障的前因后果并加以核实无误；"分析准确"——分析故障部位及原因要准确；"处理果断"——判明故障后要果断处理，该更换的立即更换，需拆检的立即上井检修；"不留后患"——树立高度责任感和事业心，排除故障不马虎、不留后患，不使设备"带病运转"。

3. 坚持维修检修制度

坚持维修检修制度要做到"五检"：班随检、日小检、周（旬）中检、月大检、季（年）总检。

"班随检"——生产班维修人员跟班随检，着重对支架进行维护、保养，以及对一般故障进行处理。

"日小检"——检修班维护人员检修可能发生故障的部位和零部件，基本保证三个生产班不出大的故障。

"周（旬）中检"——在"班随检""日小检"的基础上进行周（旬）末的全面维修检修；对磨损、变形较大和漏堵零部件进行"强迫"更换，在 6 h 内完成，必要时可增加 1～2 h。

"月大检"——在"周（旬）中检"的基础上每月进行一次全面检修，统计出设备完好率，找出故障规律，采取预防措施，一般在 12 h 内完成，必要时可延长至一天，并列入矿检修计划执行。

"季（年）总检"——在"月大检"的基础上每季（年）进行总检，一般在一天内完成，也可与当日大检结合进行，统计出季（年）设备完好率，验证故障规律，总结出经验教训（也可进行半年总结和年终总结）。

4. 应做到"一不准、二安全、三配合、四坚持"

"一不准"——井下不准随意调整安全阀压力；

"二安全"——维护中要保证人和设备安全；

"三配合"——生产班配合操作工维护保养好支架、检修班配合生产班保证生产班无大故障、检修时与其他工种互相配合共同完成检修班任务；

"四坚持"——坚持正规循环和检修制度、坚持事故分析制度、坚持检修日志和填写有关表格、坚持技术学习以提高业务水平。

六、支架常见故障及排除

支架经过样机的各种受力状态下的性能试验、强度试验和耐久性试验，在整套工作面支架出厂前，又经过严格的验收。因此，支架经受了各种考验，主要结构件和液压元件的强度足够，性能可靠，在正常情况下，一般不会发生大的故障。但是，支架在井下使用过程中，由于煤层地质条件复杂，影响因素也较多，若在维护方面存在隐患，则支架出故障也是难免的。因此，必须加强对综采设备的维护管理，使支架不出现或少出现故障。然而，一旦出现故障，不管故障大小，都要及时查明原因并迅速排除，使支架保持完好，保证综采工作面的设备正常运转。

1. 结构件和连接销轴的故障及排除

1）结构件的常见故障及处理方法

支架的结构件通常不会出现大的问题，主要结构件的设计强度足够，但在使用过程中也可能出现局部焊缝裂纹。可能出现焊缝裂纹的部位有顶梁柱帽和底座柱窝附近、各种千斤顶支承耳座四周、底座前部中间低凹部分等。其原因可能是：使用中出现特殊集中受力状态、焊缝的质量差、焊缝应力集中或操作不当等。处理办法：采取措施防止焊缝裂纹扩大；若不能拆换上井的结构件，则待支架转移工作面时再上井补焊。

2）连接销轴的常见故障及处理方法

结构件间以及与液压元件连接所用的销轴，可能出现磨损、弯曲、断裂等情况。结构件的连接销轴有可能磨损，一般不会弯断；千斤顶和立柱两头的连接销轴出现弯断的可能性大。销轴磨损和弯断的原因有材质和热处理不符合设计要求、操作不当等。如发现连接销轴磨损、弯断，要及时更换。

2. 液压系统及液压元件的常见故障及处理方法

支架的常见故障，多数与液压系统的液压元件有关，如胶管和管接头漏液、液压控制元件失灵、立柱或千斤顶不动作等。因此，支架的维护重点应放在液压系统和液压元件方面。

1）检修前的注意事项

（1）在拆卸液压元件、胶管前，需检查内部是否有压力，若有，应先释放内部压力，以免高压液体喷出伤人。

（2）支架用的各种阀类，以及各种液压缸，均不允许在井下进行拆检和调整，若有故障，需有专人负责用质量合格，型号、规格相同的阀件或液压缸进行整体更换，而且应确保所更换的液压元件具有有效期内的安全标志证书。

2）胶管及管接头发生漏液的原因及采取的措施

造成支架胶管和管接头漏液的原因是：O形密封圈或挡圈大小不当或被切、挤坏；管接头密封面磨损或尺寸超差；胶管接头扣压不牢；在使用过程中胶管被挤坏，接头被碰坏；胶管质量不好或过期老化、起包渗漏等。

采取的措施是：对密封件大小不当或损坏的要及时更换密封圈；其他原因造成漏液的胶管和接头，均应更换上井；胶管接头在保存和运输时，必须保护密封面、挡圈和密封圈不被损坏；换接胶管时不要猛砸硬插，安好后不要拆装过频，平时注意整理好胶管，防止挤碰胶管、接头。

3）液压控制元件出现故障的原因及采取的措施

支架的液压元件，诸如换向阀、液控单向阀、安全阀、截止阀、回油断路阀、过滤器等，若出现故障，则常常是密封件（如密封圈、挡圈、阀垫或阀座）等关键件损坏不能密封，也可能是阀座和阀垫等塑料件扎入金属屑而密封不住；液压系统污染，脏物杂质进入液压系统又未及时清除，致使液压元件不能正常工作；弹簧不符合要求或损坏，使钢球不能复位密封或影响阀的性能（如安全阀的开启、关闭压力出现偏差）；个别接头和焊堵的焊缝渗漏等。

采取的措施：液压控制元件出现故障时，应及时更换，上井检修；保持液压系统清洁，定期清洗过滤装置（包括乳化液箱）；要保护好液压控制元件的关键件（如密封件）不受损坏，要定期抽检弹簧性能，对阀类要做性能试验，对于焊缝渗漏要在拆除内部密封件后进行补焊，并按要求做压力试验。

4）立柱及千斤顶出现故障的原因及采取的措施

支架的各种动作，要由立柱和各类千斤顶根据要求来完成，如果立柱或千斤顶出现故障（例如动作慢或不动作），则直接影响支架对顶板的支护和推移等功能。立柱或千斤顶动作慢，可能是乳化液泵压力低、流量不足造成的；也可能是进回液通道有阻塞现象；也可能是几个动作同时操作造成短时流量不足；液压系统及液压控制元件有漏液现象，也是一个原因。立柱或放顶煤不动作，则主要原因可能是：管路阻塞，不能进回液；控制阀（单向阀、安全阀）失灵，进回液受阻；立柱、千斤顶活塞密封渗漏窜液；立柱、千斤顶缸体或活柱体（活塞杆）受侧向力而变形；截止阀未打开等。

采取的措施有：管路系统有污染时，及时清洗乳化液箱和过滤装置；随时注意观察，不使支架整卡；立柱、千斤顶在排除整卡等原因后仍不动作，则立即更换，上井拆检；对于焊缝渗漏要在拆除密封件后到地面补焊并保护密封面。

液压系统常见故障、可能原因及排除方法见表 2-7。

表 2-7 液压系统常见故障、可能原因及排除方法

部位	故障现象	可能原因	排除方法
乳化液泵站	1. 泵不能运行	(1) 电气系统故障； (2) 乳化液箱中乳化液流量不足	(1) 检查维修电源、电动机、开关、保险等； (2) 及时补充乳化液、处理漏液
	2. 泵不输液、无流量	(1) 泵内有空气，没放掉； (2) 吸液阀损坏或堵塞； (3) 柱塞密封漏液； (4) 吸入空气； (5) 配液口漏液	(1) 使泵通气，经通气孔注满乳化液； (2) 更换吸液阀或清洗吸液管； (3) 拧紧密封件； (4) 更换距离套； (5) 拧紧螺栓或更换密封件
	3. 达不到所需工作压力	(1) 活塞填料损坏； (2) 接头或管漏液； (3) 安全阀调值低	(1) 更换活塞填料； (2) 拧紧接头，更换管子； (3) 重调安全阀
	4. 液压系统有噪声	(1) 泵吸入空气； (2) 液箱中没有足够的乳化液； (3) 安全阀调值太低而发生反作用	(1) 密封吸液管、配液器、接口； (2) 补充乳化液； (3) 重调安全阀
	5. 工作面无液流	(1) 泵站或管路漏液； (2) 安全阀损坏； (3) 截止阀漏液； (4) 蓄能器充气压力不足	(1) 拧紧接头，更换坏管； (2) 更换安全阀； (3) 更换截止阀； (4) 更换蓄能器或重新充气
	6. 乳化液中出现杂质	(1) 乳化液箱口未盖严实； (2) 过滤器太脏、堵塞； (3) 水质和乳化油问题	(1) 添液、查液后盖严； (2) 清洗过滤器或更换； (3) 分析水质，化验乳化油
立柱	1. 乳化液外漏	(1) 液压密封件不密封； (2) 接头有焊缝裂纹	(1) 更换液压密封元件； (2) 更换，上井拆检补焊
	2. 立柱不升或慢升	(1) 截止阀未打开或打开不够； (2) 泵的压力低，流量小； (3) 换向阀漏液或内窜液； (4) 换向阀、单向阀、截止阀等堵塞； (5) 过滤器堵塞； (6) 管路堵塞； (7) 系统有漏液； (8) 立柱变形或内外泄漏	(1) 打开截止阀并开足； (2) 查泵压、液源、管路； (3) 更换，上井检修； (4) 查清更换，上井检修； (5) 更换，清洗； (6) 查清排堵或更换； (7) 查清换密封件或元件； (8) 更换，上井拆检

部位	故障现象	可能原因	排除方法
立柱	3. 立柱不降或慢降	(1) 截止阀未打开或打开不够; (2) 管路有漏、堵; (3) 换向阀动作不灵; (4) 顶梁或其他部位有整卡; (5) 管路有漏、堵	(1) 打开截止阀; (2) 检查压力是否过低、管路是否堵漏; (3) 清理转把处塞矸尘或更换; (4) 排除整卡物并调架; (5) 排除漏、堵或更换
	4. 立柱自降	(1) 安全阀泄液; (2) 单向阀不能锁闭; (3) 立柱硬管、阀接板漏; (4) 立柱内渗液	(1) 更换密封件或重新调定卸载压力; (2) 更换、上井检修; (3) 查清外漏,更换,检修; (4) 其他因素排除后仍降,则换立柱,上井检查
	5. 达不到要求初撑力和工作阻力	(1) 泵压低,初撑力小; (2) 操作时间短,未达泵压停供液,达不到初撑力; (3) 安全阀调压低,达不到工作阻力; (4) 安全阀、液控单向阀损坏或失灵; (5) 立柱损坏	(1) 调泵压,排除管路堵漏; (2) 操作上充液足够; (3) 按要求调安全阀开启压力; (4) 更换安全阀; (5) 检查立柱是否损坏,若有问题,则更换
千斤顶	1. 不动作	(1) 管路堵塞,或截止阀未开,或过滤器堵; (2) 千斤顶变形不能伸缩; (3) 与千斤顶连接件整卡	(1) 排除管塞部位,打开截止阀,清洗过滤器; (2) 来回供液均不动,则更换,上井检修; (3) 排除整卡
	2. 动作慢	(1) 泵压低; (2) 管路堵塞; (3) 几个动作同时操作造成流量不足(短时)	(1) 检修泵,调压; (2) 排除堵塞部位; (3) 协调操作,尽量避免过多同时操作
	3. 个别连动现象	(1) 换向阀窜液; (2) 回液阻力影响	(1) 拆换换向阀检修; (2) 发生于空载情况,不影响支承
	4. 达不到要求支承力	(1) 泵压低,初撑力小; (2) 操作时间短,未到泵压,初撑力小; (3) 闭锁液路漏液,达不到额定工作阻力; (4) 安全阀开启压力小,工作阻力小; (5) 阀、管路漏液; (6) 单向阀、安全阀失灵,造成闭锁超阻	(1) 调整泵压; (2) 操作充液足够,达泵压; (3) 更换漏液元件; (4) 调安全阀压力; (5) 更换漏液阀、管路; (6) 更换控制阀
	5. 千斤顶漏液	(1) 外漏主要是密封件坏; (2) 缸底、接头有焊缝裂纹	(1) 除接头 O 形圈井下更换外,其他均更换后上井检修补焊。 (2) 更换,上井检修补焊
操纵阀	1. 不操作时有液流声,间或有活塞杆缓动	(1) 钢球与阀座密封不好,内部窜液; (2) 阀座上 O 形圈损坏; (3) 钢球与阀座处被脏物卡住	(1) 更换,上井检修; (2) 上井更换 O 形圈; (3) 多动作几次无效,则更换,清洗
	2. 操作时有液流声或活塞杆受力	(1) 阀柱端面不平与阀垫密封不严,进液三通回液; (2) 阀垫、中阀套处 O 形圈损坏	(1) 更换,上井拆换阀柱; (2) 更换,上井拆换
	3. 阀体外渗液	(1) 接头和片阀间 O 形圈损坏; (2) 连接片阀的螺栓螺母松动; (3) 轴向密封不好,手把端处渗液	(1) 更换 O 形密封圈; (2) 拧紧螺母; (3) 更换,上井拆换密封件
	4. 操作手把折断	(1) 重物碰击而断折; (2) 与阀片垂直方向重压手把; (3) 手把制造质量差	(1) 更换,严禁重物撞击; (2) 更换,操作时不要猛推重压; (3) 更换
	5. 手把不灵活,不能自锁	(1) 手把处进碎矸或煤粉过多; (2) 压块磨损; (3) 手把摆角小于 8°	(1) 清洗; (2) 更换压块; (3) 手把摆角足够

部位	故障现象	可能原因	排除方法
液控单向阀	1. 不能闭锁液路	（1）钢球与阀座损坏； （2）乳化液中杂质卡住不密封； （3）轴向密封损坏； （4）与之配套的安全阀损坏	（1）更换，检修； （2）充液几次仍不密封，则更换，检修； （3）更换密封件； （4）更换安全阀
	2. 闭锁腔不能回液，立柱千斤顶不回缩	（1）顶杆断折、变形顶不开钢球； （2）控制液路阻塞不通液； （3）顶杆处损坏，向回路窜液； （4）顶杆与套或中间阀卡塞，使顶杆不能移动	（1）更换，检修； （2）拆检控制液管，保证畅通； （3）更换，检修，换密封件； （4）拆检
安全阀	1. 达不到额定工作压力即开启	（1）未按要求额定压力调定安全阀开启压力； （2）弹簧疲劳，失去要求特性； （3）井下误动了调压螺栓	（1）重新调压； （2）更换弹簧； （3）更换，上井调试
	2. 降到关闭压力而不能及时关全闭	（1）调座与阀体等有整足现象； （2）特性失效； （3）密封面黏住； （4）阀座、弹簧座错位	（1）更换，上井检修； （2）更换，上井换弹簧； （3）更换，检修； （4）更换，上井检查
	3. 渗漏现象	（1）主要是 O 形圈损坏； （2）阀座与 O 形圈不能复位	（1）更换，上井换 O 形圈； （2）更换，检查阀座、弹簧等
	4. 外载超过额定工作压力而安全阀不能开启	（1）弹簧力过大、不符合要求； （2）阀座、弹簧座、弹簧变形卡死； （3）杂质脏物堵塞，阀座不能移动，过滤网堵死； （4）动了调压螺丝，实际超调	（1）更换弹簧； （2）更换，上井检修； （3）更换，清洗； （4）更换，上井重调
其他阀类	1. 截止阀不严或不能开闭	（1）阀座磨损； （2）其他密封件损坏； （3）手把紧，转动不灵活	（1）更换阀座； （2）更换密封件 （3）拆检
	2. 回油断路阀失灵，造成回液倒流	（1）阀芯损坏，不能密封； （2）弹簧力弱或断折，阀芯不能复位密封； （3）杂质脏物卡塞不能密封； （4）阀壳内与阀芯的密封面破坏，密封失灵	（1）更换阀芯； （2）更换弹簧； （3）更换，清洗； （4）更换阀壳
	3. 过滤器堵塞或烂网不起作用	（1）杂质脏物堵塞，造成液流不通或液流量小； （2）过滤网破损，失去过滤作用； （3）O 形圈损坏，造成外泄液	（1）除定期清洗外，发现堵塞要及时拆洗； （2）更换过滤网； （3）更换 O 形圈
辅助元件	1. 高压胶管损坏漏液	（1）胶管被挤、砸坏； （2）胶管过期老化断裂； （3）胶管与接头扣压不牢； （4）推移、升降时胶管被拉挤坏； （5）高低压管误用，造成裂爆	（1）清理好管路，更换坏管； （2）及时更换； （3）更换； （4）更换坏管，并整理好胶管，必要时用管夹整理成束； （5）更换裂管，胶管标记明显
	2. 管接头损坏	（1）升降、推移架过程中被挤碰坏； （2）装卸困难，加工尺寸或密封圈不合格； （3）密封面或 O 形圈损坏，不能密封； （4）接头体渗液为锻件裂纹气孔缺陷造成	（1）及时更换损坏接头； （2）拆检，密封圈不当要更换； （3）更换密封圈或接头； （4）更换接头
	3.U 形卡拆断	（1）U 形卡质量不符合要求，受力拆断； （2）装卸 U 形卡，敲击拆断； （3）U 形卡不合规格，松脱推动连接作用	（1）更换 U 形卡； （2）更换并防止重力敲击； （3）按规格使用，松动时及时复位
	4. 其他辅助液压元件损坏	（1）被挤坏； （2）密封件损坏，造成不密封	（1）及时更换； （2）更换密封件

第八节　顶板及液压支架的架型选择

一、顶板的分类

顶板可分为伪顶、直接顶和基本顶三类。

（1）伪顶是紧贴煤层之上的、极易随煤炭的采出而同时垮落的较薄岩层。厚度一般为 0.3～0.5 m，多由页岩、炭质页岩等组成。

（2）直接顶是直接位于伪顶或煤层（如无伪顶）之上的岩层。常随着回撤支架而垮落，厚度一般为 1～2 m，多由泥岩、页岩、粉砂岩等较易垮落的岩石组成。直接顶分级见表 2-8。

表 2-8　直接顶分级

项目	1 类（不稳定）		2 类（中等稳定）	3 类（稳定）	4 类（非常稳定）
	Ia（极不稳定）	Ib（较不稳定）			
基本指标	$L_z \leq 4$ m	4 m$<L_z \leq 8$ m	8 m$<L_z \leq 18$ m	18 m$<L_z \leq 28$ m	28 m$<L_z \leq 50$ m

注：L_z——初次跨落步距。有关此参数的内容请查阅相关书籍。

（3）基本顶又叫老顶，是位于直接顶之上或直接位于煤层之上（此时无直接顶和伪顶）的厚而坚硬的岩层。常在采空区上方悬露一段时间，直到达到相当面积之后才能垮落一次。通常由砂岩、砾岩、石灰岩等坚硬岩石组成。

基本顶分级见表 2-9。

表 2-9　基本顶分级

项目		基本顶压力显现等级				
		Ⅰ级（来压不明显）	Ⅱ级（来压明显）	Ⅲ级（来压强烈）	Ⅳ级	
					来压很强烈Ⅳa	来压很强烈Ⅳb
分级界限		$D_L \leq 895$	$895<D_L \leq 975$	$975<D_L \leq 1\ 075$	$1\ 075<D_L \leq 1\ 145$	$D_L \geq 975$
典型条件	区间	$N=1\sim2\ 3\sim4$	$N=1\sim2\ 3\sim4$	$N=1\sim2\ 3\sim4$	$N=1\sim2\ 3\sim4$	$N=1\sim2$
	$M=1$	$L_0<37\ 37\sim41$	$L_0=41\sim47\ 47\sim54$	$L_0=54\sim72\ 72\sim82$	$L_0=82\sim105\ 105\sim120$	$L_0>120$
	$M=2$	$L0<30\ 30\sim34$	$L_0=34\sim38\ 38\sim43$	$L_0=43\sim58\ 58\sim66$	$L_0=66\sim85\ 85\sim96$	$L_0>96$
	$M=3$	$L0<24\ 24\sim27$	$L_0=27\sim31\ 31\sim35$	$L_0=35\sim46\ 46\sim53$	$L_0=53\sim68\ 68\sim78$	$L_0>78$
	$M=4$	$L0<19\ 19\sim22$	$L_0=22\sim27\ 27\sim31$	$L_0=31\sim41\ 41\sim47$	$L_0=47\sim55\ 55\sim62$	$L_0>62$

注：L_0——基本顶初次来压步距，m；N——直接顶充填系数，为直接顶厚度与采高的比值；M——煤层开采厚度，m。有关这些参数的内容请查阅相关书籍。

二、液压支架的架型选择

正确选择支架的架型，对于提高综采工作面的产量和效率，充分发挥综采设计的技能，实现高产、高效是一个很重要的因素。在具体选择架型时，首先要考虑煤层的顶板条件，它是选择支架架型的主要依据。顶板类级与支架架型的关系见表 2–10。

表 2–10 顶板类级与支架架型的关系

基本顶级别	I			II			III				IV
直接顶类别	1	2	3	1	2	3	1	2	3	4	4
适用架型	掩护	掩护	掩护	掩护	掩护 支掩	支承	支掩	支掩	支掩 支承	支掩 支承	采高<2.5 m 时，支承 采高>2.5 m 时，支掩

选择架型还要考虑下列因素。

1. 煤层厚度

煤层厚度不但直接影响支架的高度和工作阻力，而且还影响支架的稳定性。当煤层厚度大于 2.5～2.8 m（软煤取下限，硬煤取上限）时，应选用抗水平推力强且带护帮装置的掩护式或支承掩护式支架。当煤层厚度变化较大时，应选用调高范围大的支架。

2. 煤层倾角

煤层倾角主要影响支架的稳定性，倾角大时易发生倾倒、下滑等现象。当煤层倾角大于 15°时，应设防滑和调架装置，当倾角超过 18°时，应同时具有防滑、防倒的性能。

3. 底板性质

底板承受支架的全部荷载，对支架的底座影响较大。底板的软硬和平整性基本上决定了支架底座的结构和支承面积。在选型时，要验算底座对底板的接触比压，其值要小于底板的允许比压（对于砂岩底板，允许比压为 1.96～2.16 MPa；对于软底板，允许比压为 0.98 MPa 左右）。

4. 瓦斯涌出量

对于瓦斯涌出量大的工作面，支架的通风断面应满足通风的要求，选型时要进行验算。

5. 地质构造

地质构造变化大，煤层厚度变化又较大，顶板允许暴露面积和时间分别在 5～8 m² 和 20 min 以下时，暂不采用液压支架。

6. 设备成本

在满足要求的前提下，应选用价格低的支架。

此外，对于特定的开采要求，应选用特种支架。

三、液压支架参数的确定

1. 支护强度和工作阻力

支护强度取决于顶板性质和煤层厚度。除此之外，支护强度也可根据下列公式估算：

$$q = KH\gamma \times 10^{-6} \text{（MPa）}$$

式中　q——支护强度，MPa；

　　　K——作用于支架上的顶板岩石系数，一般取 5～8，顶板条件好、周期来压不明显时取下限，否则取上限；

H——采高，m；

γ——顶板岩石密度，一般为 $2.3\times10^4\mathrm{N}/\mathrm{m}$。

放顶煤支架的支护强度一般为 $0.5\sim0.7$ MPa。

确定支护强度后，按下面的公式计算支架的工作阻力：

$$P = qA$$

式中　P——支架的工作阻力，kN；

　　　q——支护强度，MPa；

　　　A——支架的支护面面积，m^2。

支架工作阻力 P 应满足顶板支护强度的要求，即支架工作阻力由支护强度和支护面面积决定。

对支承式支架，支架立柱的总工作阻力等于支架工作阻力。对于掩护式和支承掩护式支架，由于受到立柱倾角的影响，支架工作阻力小于支架立柱的总工作阻力。工作阻力与支架立柱的总工作阻力的比值，称为支架的支承效率，一般为 80%。

2. 初撑力

初撑力的大小是相对于支架的工作阻力而言的，并与顶板的性质有关。较大的初撑力可以使支架较快地达到工作阻力，防止顶板过早地离层，以增加顶板的稳定。对于不稳定和中等稳定顶板，为了维护采煤机机道上方的顶板，应取较高的初撑力，约为工作阻力的 80%；对于稳定顶板，初撑力不宜过大，一般不低于工作阻力的 60%；对于周期来压强烈的顶板，为了避免大面积垮落对工作面的动载威胁，其初撑力约为工作阻力的 75%。

3. 移架力和推溜力

移架力与支架结构、吨位、支承高度、顶板状况、是否带压移架等因素有关。一般薄煤层支架的移架力为 $100\sim150$ kN；中厚煤层支架的移架力为 $150\sim300$ kN；厚煤层支架的移架力为 $300\sim400$ kN。推溜力一般为 $100\sim150$ kN。

4. 支架调高范围

（1）支架最大高度。支架最大高度是指立柱完全伸出（有加长杆的，加长杆也完全伸出）后支架的垂直高度。

$$H_{\max} = m_{\max}+S_1$$

式中　$H_{\max}$——支架最大高度，m；

　　　$m_{\max}$——煤层最大开采厚度，m；

　　　S_1——考虑到顶板有伪顶冒落或局部冒落，为了使支架仍能及时支承到顶板所增加的高度，m。对于大采高支架取 $0.2\sim0.4$ m，对于中厚煤层支架取 $0.2\sim0.3$ m，对于薄煤层支架取 $0.1\sim0.2$ m。

（2）支架最小高度。支架最小高度是指立柱完全缩回（如有加长杆，加长杆也完全缩回）后支架的垂直高度。

$$H_{\min} = m_{\min} - S_2$$

式中　$H_{\min}$——支架最小高度，m；

　　　$m_{\min}$——煤层最小开采厚度，m；

　　　S_2——液压支架后排立柱处顶板的下沉量、移架时支架下沉量和顶梁上底板下的浮研之和，m。对于大采高支架取 0.5～0.9 mm，对于中厚度煤层支架取 0.3～0.4 m，对于薄煤层支架取 0.15～0.25 m。

（3）支架的伸缩比（调高比）。支架的最大高度与支架的最小高度之比称为伸缩比（或调高比）。它反映了支架对煤层厚度变化的适应能力。其值越大，说明支架适应煤层厚度变化的能力越强。采用单伸缩立柱，其值一般为 1.6 左右。若进一步提高伸缩比，需采用带机械加长杆的立柱或双伸缩立柱，其值一般为 2.5 左右，薄煤层支架可达 3。

5. 顶梁尺寸及顶板覆盖率

顶梁的长度和宽度取决于支架的类型，它影响支架与顶板的接触性能、控顶距、移架速度和稳定，一般在保证一定的工作空间和合理布置设备的前提下，应尽量减小顶梁长度，以缩小控顶距和支架的重量。对于支承式和支承掩护式支架，由于立柱为双排布置，支承力较大，故这类支架的顶梁较长。当采用滞后支护时，顶梁长为 2.5 m 左右；当采用及时支护时，顶梁长为 3.0～4.0 m。对于掩护式支架，由于一般用于破碎顶板，应尽量减少支架对顶板的重复支承次数，由于立柱多为单排布置，故顶梁长度较小，通常为 1.5～2.5 m。

支架顶梁与顶板的接触面积与支护面积之比，称为支架的顶板覆盖率。

支架的顶板覆盖率应适合顶板性质，以可靠地控制顶板。一般情况下，不稳定顶板的覆盖率＜85%～95%；中等稳定顶板的覆盖率＜75%～85%；稳定顶板的覆盖率＜60%～70%。

6. 底座的宽度和平均接触比压

煤层顶板的压力通过支架的立柱和底座传递给底板，在底座与底板接触面积内形成接触正压强。此时的压强的平均值称为平均接触比压。它也是衡量液压支架工作性能的一个参数。

如果平均接触比压大于底板的强度时，就会导致底座陷入底板内，不仅移架困难，还会增加顶板的下沉量，降低液压支架的支承能力，甚至使顶板状况变差，出现冒顶事故。

支架底座宽度为 1.1～1.2 m。为提高横向稳定性和减小对底板的比压，厚煤层支架可加大到 1.3 m 左右，放顶煤支架为 1.3～1.4 m。

第九节　乳化液泵站

乳化液泵组与相应的乳化液箱配套共同组成乳化液泵站。它由防爆电动机通过轮胎式联轴器带动泵运转，具有结构紧凑、体积小、质量轻、压力流量稳定、运行平稳、安全性能强和使用维护保养方便等特点。

一、乳化液泵站的用途

乳化液泵组主要用来为煤矿井下综合机械化采煤液压支架提供动力源，也适用于地面高压水射流清洗设备以及供其他液压设备作为动力源。乳化泵流量为 400 L/min，压力为 31.5 MPa。

二、乳化液泵站的技术特征

以 BRW400/31.5 型乳化液泵站为例，该产品的技术特征见表 2-11。

表 2-11　BRW400/31.5 型乳化液泵站的技术特征

参数	BRW400/31.5
进水压力	常压
公称压力/MPa	31.5
公称流量/（L·min⁻¹）	400
曲轴转速/（r·min⁻¹）	650
柱塞直径/mm	45
柱塞行程/mm	84
柱塞数目	5
电机功率/kW	250
外形尺寸（长×宽×高）/mm	3 380×1 235×1 360
总重量/kg	4 500
安全阀出厂调定压力/MPa	34.7～36.2
卸载阀出厂调定压力/MPa	31.5
卸载阀恢复工作压力/%	卸载阀调定压力的 80～90
润滑油泵工作压力/MPa	≤0.1
工作液	含 3%～5%乳化油的中性水混合液
配套液箱	RX400/25

三、乳化液泵站的工作原理与结构简介

1. 工作原理

卧式五柱塞往复泵选用四极防爆电动机驱动，经一级齿轮减速，带动五曲拐曲轴旋转，再经连杆、滑块带动柱塞作往复运动，使工作液在泵头中经吸、排液阀吸入和排出，从而使电能转换成液压能，输出高压液体供液压支架工作时使用。其工作原理如图 2-69 所示。

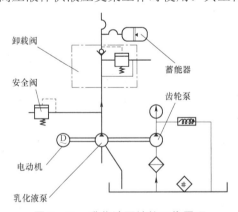

图 2-69　乳化液泵站的工作原理

2. 结构简介

乳化液泵、电动机、蓄能器、卸载阀等固定于滑撬式底拖上组成乳化液泵总成，如图 2-70 所示。

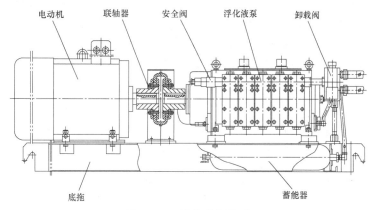

电动机 联轴器 安全阀 浮化液泵 卸载阀

底拖 蓄能器

图 2 − 70 液化乳泵总成

1）乳化液泵（图 2 − 71）

乳化液泵主要由曲轴箱、高压钢套、泵头等组件组成。泵的液力端采用 5 个分立的泵头组成，泵头下部安装吸液阀，上部安装排液阀，排液腔由一个高压集液块与 5 个分立的泵头高压出口相连，高压集液块一侧装有安全阀，另一侧装有卸载阀。曲轴箱设有冷却润滑系统，安装在齿轮箱上的齿轮油泵经箱体下方的网式滤油器吸油，排出压力油经过设在泵吸液腔的油冷却器冷却后到中空曲轴润滑连杆大头。

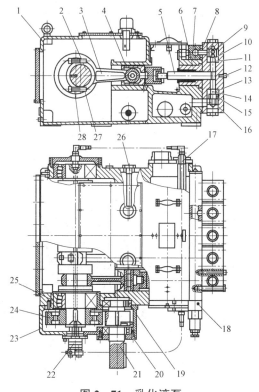

图 2 − 71 乳化液泵

1—箱体；2—曲柄；3—连杆；4—滑块；5—柱塞；6—高压钢套；7—调压集成块；8—泵头；9—排液阀弹簧；
10—排液阀芯；11—排液阀座；12—放气螺钉；13—吸液阀套；14—吸液阀弹簧；15—吸液阀座；16—吸液阀芯；
17—油冷却器；18—安全阀；19，20，25—轴承；21—小齿轮轴；22—齿轮泵；23—齿轮箱；24—大齿轮；
26—磁性过滤器；27—前轴瓦；28—后轴瓦

在箱体曲轴下方设有磁性过滤器，以吸附润滑油中的铁磁性杂质。在进液腔盖上方设有放气孔，以放尽该腔内的空气。在进液腔盖下方设有防冻放液孔，可放尽进液腔内的液体。

齿轮油泵显示的油压是变化的，当冷油时（刚开泵时）油压较高，有时可超过 1MPa，随着油温升高，油黏度下降，油压也下降。

2）安全阀

安全阀是泵的过载保护元件，为二级卸压直动式锥阀。调定工作压力为泵公称压力的 110%～115%。图 2-72 所示是 WAF500/31.5 型安全阀示意。

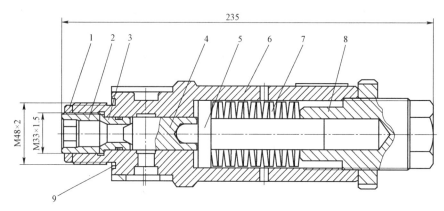

图 2-72　WAF500/31.5 型安全阀示意

1—锁紧螺母；2—压紧螺套；3—阀座；4—阀芯；5—顶杆；6—阀壳；

7—碟形弹簧；8—调整螺套；9—O 形圈

3）卸载阀（图 2-73）

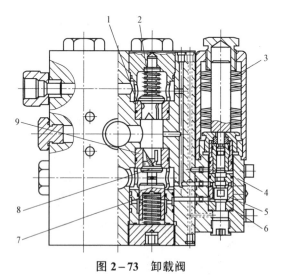

图 2-73　卸载阀

1—单向阀阀座；2—单向阀阀芯；3—碟形弹簧；4—先导阀阀体；5—先导阀杆

6—先导阀座；7—推力活塞；8—主阀阀芯；9—主阀阀座

卸载阀主要由两套并联的单向阀、主阀及一个先导阀组成。

卸截阀的作用如下：

（1）在乳化液泵启动时用于空载启动。

（2）支架等相应供液部件不工作时，就不需要提供乳化液，可卸载乳化液泵。

卸载阀的工作原理：泵输出的高压乳化液进入卸载阀后，分成以下四条液路：

第一条：冲开单向阀向支架系统供液。

第二条：冲开单向阀的高压乳化液经控制液路到达先导阀滑套下腔，给先导阀杆一个向上的推力。

第三条：来自泵的高压乳化液经中间的控制液路和先导阀滑套下腔作用在主阀的推力活塞下腔，使主阀关闭。

第四条：经主阀阀口，是高压乳化液的卸载回液液路。当支架停止用液或系统压力升高到超过先导阀的调定压力时，作用于先导阀的高压乳化液开启先导阀，使作用于主阀的推力活塞下腔的高压液体卸载回零，主阀因失去依托而打开，此时液体经主阀回液箱，同时单向阀在乳化液的压力作用下关闭。单向阀后腔为高压密封腔，维持阀的持续开启，实现阀的稳定卸载，泵处于低压运行。当支架重新用液或系统漏损，单向阀后的高压腔的压力下降至卸载阀的恢复压力时，先导阀在弹簧力和液压力的作用下关闭，主阀下推力活塞下腔重新建立起压力，主阀关闭，恢复泵站供液状态。调节卸载阀的工作压力时，需调节先导阀调整螺套，即调节先导阀蝶形弹簧作用力，其调定压力在出厂时为泵的公称压力。

4）蓄能器（图2-74）

乳化液泵采用公称容量为25L的NXQ-L25/320-A型皮囊式蓄能器，其主要作用是补充高压系统中的漏损，减少卸载阀的动作次数，从而延长液压系统中液压元件的使用寿命，同时还能吸收高压系统中的压力脉动。蓄能器在安装前必须在胶囊内充足氮气。注意：蓄能器内禁止充氧气和压缩空气，以免引起爆炸和胶囊老化。

蓄能器充气方法有三种，即氮气瓶直接过气法、蓄能器增压法以及利用专用充氮机充气等方法。在充气时不管采用何种方法，都必须遵守下列程序：

（1）取下充气阀的保护帽；（2）卸下蓄能器上的保护帽，装上带压力表的充气工具，并与充气管联通；（3）操作人员在启闭氮气瓶气阀时，应站在充气阀的侧面，徐徐开启氮气瓶气阀；（4）通过充气工具的手柄，徐徐打开并压下气门芯，缓慢地充入氮气，待气囊膨胀至菌形阀时关闭，充气速度方可加快，并达到所需的充气压力；（5）充气完毕将氮气瓶开关关闭，放尽充气工具及管道内的残余气体，方能拆卸充气工具，然后将保护帽牢固旋紧。

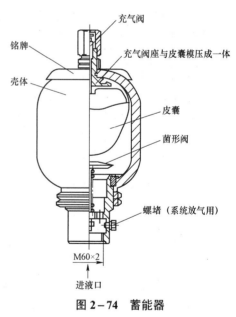

图2-74　蓄能器

泵站在使用中应对蓄能器的气体压力定期检查。发现蓄能器内剩余气体压力低于对照表中气体最低压力值时，应及时给蓄能器补气，为延长蓄能器的使用时间，充气一般尽量充至接近表2-12所示蓄能器气体最高压力值。

表 2-12 泵站工作压力（卸载压力）与蓄能器气体压力对照表

泵站工作压力/MPa	气体最高压力/MPa	气体最低压力/MPa
31.5	20	7.88
30	19	7.5
28	17.8	7
26	16.5	6.5
24	15.2	6
22	14	5.5
20	12.7	5

四、泵的使用

（1）使用单位必须指定经专门培训的泵站操作员进行操作管理，操作管理人员必须认真负责。

（2）安装时泵应水平放置，以保持良好的润滑条件。

（3）在使用泵前，首先应仔细检查润滑油的油位是否符合规定，油位在泵运转时不应低于油标玻璃的下限或超过上限，以中位偏下为宜。检查各部位机件有无损坏，各紧固件，特别是滑块锁紧螺套不应松动。检查各连接管道是否有渗漏现象，吸、排液软管是否有折叠。

（4）在确认无故障后，接通电源，将吸液腔的放气堵拧松，把吸液腔中的空气彻底放尽，待出液后拧紧。点动电源开关，观察电动机转向与所示箭头方向是否相同，如方向不符，应在纠正电机接线后，方可起动。

（5）泵启动后，拧松泵头高压腔放气螺栓，放尽高压腔内的空气（出液后即拧紧），应密切注意它的运转情况，先空载运行 5～10min，泵应没有异常噪声、抖动、管路泄漏等现象。检查泵头吸、排液阀压紧螺堵，泵与箱体连接螺栓等应无松动现象，方可投入使用。

（6）投入工作初期，要注意箱体温度不宜过高，油温应低于 8℃，注意油位的变化，油位不得低于下限。液箱的液位不得过低，以免吸空，液温不得超过 40℃。

（7）在工作中要注意柱塞密封是否正常，柱塞上有水珠是正常现象。如发现柱塞密封处油液过多，要及时更换和处理。

五、泵的维护和保养

泵是整个液压系统的关键设备，泵的维护和保养工作是直接影响泵的使用寿命和正常工作的重要环节。因此，必须十分重视这项工作。

1. 维护保养泵所用的润滑油

用 N68 机械油，不应使用更低黏度的机油，以免影响润滑。

建议润滑油应在运转 50 h 后换第一次（500 h 后换第二次，1 500 h 后换第三次），同时清洗油池，必须在滤网口加油，正常运转作适当补充，严防杂质颗粒进入箱体内。

2. 日常维护保养

（1）检查各连接运动部件、紧固件是否松动。各连接接头是否渗漏。拧紧柱塞滑块部连接处的锁紧螺套，消除活塞滑块间的轴向间隙。

（2）要求用扳手经常检查吸液阀压紧螺堵是否松动，并用力拧紧至拧不动为止。此项检查每周不得少于两次。

（3）检查吸、排液阀的性能。平时应观察阀组动作的节奏声和压力表的跳动情况，如发现不正常应及时处理。

（4）泵启动后，应经常检查齿轮油泵的工作油压，若低于 0.1 MPa，则应及时停机处理。

（5）检查各部位的密封是否可靠，主要检查滑块油封和柱塞密封。

（6）检查曲轴箱的油位和润滑池的油量，必要时加以补充。

（7）每周检查一次蓄能器内的氮气压力，充分发挥蓄能器的作用。

（8）当使用泵的环境温度为0℃时，停泵后必须将吸液胶管取下并放掉泵吸液腔内的液体，以免冻坏箱体。

3. 密封圈更换方法

拆下泵头，用两只 M12 的螺栓拧入高压钢套上，抽出高压钢套组件更换密封圈，柱塞密封为四道矩形密封结构，装配时四道矩形圈的接口位置应相互错开。

4. 升井维修

泵在长期运行的过程中，由于磨损和锈蚀等原因，会失去原有的精度和性能，应进行升井维修。根据实际情况，更换必要的易损零件，基本恢复泵原来的性能。

（1）连杆大头前、后轴瓦不能装错。乳化液泵的连杆螺栓拧紧力矩为 180 N·m。泵头螺钉应交叉拧紧，并加垫圈锁定防松。

（2）在新曲轴装配前必须对每个曲柄销轴颈表面进行研磨抛光，如图 2－75 所示。方法如下：将新曲轴安装在两个 V 形块上，用宽度约 2/3 曲轴颈长度的"0 号"铁砂皮纸整圈包住轴颈，再用一根长约 2.5 m 的绳子包在铁砂皮纸上绕两圈，两手分别捏住绳的一头，拉紧绳子前、后摆动双臂，牵拉出金属本色，换用金相砂纸重复上述操作，至表面光滑（即用指刮无凹凸感）方可使用。

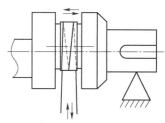

图 2－75　新曲轴研磨抛光方法

六、乳化液泵常见故障与排除方法

乳化液泵常见故障与排除方法见表 2－13。

表 2－13　乳化液泵常见故障与排除方法

故障	产生原因	排除方法
启动后无压力	（1）卸载阀主阀卡住，关不上； （2）卸载阀中、下节流孔堵塞； （3）卸载阀主阀推力活塞密封面或 45×3.1 的 O 形圈损坏	（1）检查清洗主阀； （2）检查并排除杂物； （3）更换损坏零件
压力脉动大，流量不足，甚至管道振动，噪声大	（1）泵吸液腔气未排尽； （2）柱塞密封损坏，排液时漏液，吸液时进气； （3）吸液软管过细过长； （4）吸、排液阀动作不灵，密封不好； （5）吸、排液阀弹簧断裂； （6）蓄能器中氮气无压力或压力过高	（1）拧松泵放气螺栓，放尽空气； （2）检查柱塞副，修复或更换密封； （3）调换吸液软管； （4）检查阀组，清除杂物，使动作灵活，密封可靠； （5）更换弹簧； （6）充气或放气
柱塞密封处泄漏严重	（1）柱塞密封圈磨损或损坏； （2）柱塞表面有严重划伤拉毛	（1）更换密封圈； （2）更换或修磨柱塞
泵运转噪声大，有撞击声	（1）轴瓦间隙加大； （2）泵内有杂物； （3）联轴器运行有噪声、电动机与泵轴线不同轴； （4）柱塞与承压块间有间隙	（1）更换轴瓦； （2）清除杂物； （3）检查联轴器、调整电动机与泵同轴； （4）拧紧锁紧螺套

故障	产生原因	排除方法
箱体温度过高	（1）润滑油太脏，不足； （2）轴瓦损坏或曲颈拉毛； （3）润滑冷却系统出故障	（1）加油或清洗油池，换油； （2）修理曲轴和刮削、调换轴瓦； （3）检查并排除
泵压力突然升高，超过卸载阀调定压力或安全阀调定压力	（1）安全阀失灵； （2）卸载阀主阀芯卡住不动作或先导阀有瞥卡	（1）检查调整或调换安全阀； （2）检查、清洗卸载阀
支架停止供液时卸载阀动作频繁	（1）卸载阀、单向阀漏液； （2）去支架的输液管漏液； （3）先导阀泄漏； （4）蓄能器内无压力或压力过高	（1）检查、清洗单向阀； （2）检查、更换输液管； （3）检查先导阀阀面及密封； （4）充气或放气到规定压力
卸载阀不卸载	（1）上节流堵孔堵塞； （2）先导阀有瞥卡	（1）清除节流堵杂物； （2）拆装检查先导阀
乳化液温度高	单向阀密封不严或卸载阀主阀推力活塞部位的O形圈损坏，正常供液时此处有溢流	检查更换相关零件

第十节　综采工作面"三机"配套

综采工作面的"三机"是指采煤机、液压支架、刮板输送机，它们是综采工作面的主要设备。其选型首先必须考虑配套关系，选型正确先进、配套关系合理是提高综采工作面生产能力，实现高产、高效的必要条件。

一、"三机"的选型原则

1. 采煤机的选型原则和主要参数的确定

1）采煤机的选型原则

（1）采煤机能适应煤层地质条件，其主要参数（采高、截深、功率、牵引方式）的选取要合理，并应有较大的适用范围。

（2）采煤机应满足工作面开采生产能力的要求，其生产能力要大于工作面设计能力。

（3）采煤机的技术性能良好，工作可靠，具有较完善的各种保护功能，便于使用和维护。

2）采煤机主要参数的确定

采煤机的实际生产能力、采高、截深、截割速度、牵引速度、牵引力和功率等参数在选型时必须确定。

（1）实际生产能力主要取决于采高、截深、牵引速度以及工作时间利用系数。

（2）采高由滚筒直径、调高形式和摇臂摆角等决定。

采煤机的采高范围应包含煤层的采高范围，也就是采煤机最小采高小于煤层最小采高；采煤机最大采高大于煤层最大采高。滚筒直径是滚筒采煤机采高的主要调节变量，每种采煤机都有几种滚筒直径供选择，滚筒直径应满足最大采高及卧底量的要求。采煤机滚筒直径应小于或等于煤层最大采高的2/3，并保证滚筒在刮板机机头和机尾处卧底量为100～150 mm。

（3）截深的选取与煤层厚度、煤质、顶板岩性以及移架步距有关。

采煤机的适应倾角应大于煤层倾角。虽然电牵引采煤机均采用双牵引部、齿轮销轨式牵引，但是，向上割煤截割阻力较大，牵引力加大，容易烧毁牵引电动机和损坏机械传动部分。因此，当煤层倾角大于采煤机适应倾角时，应采用同步绞车向上牵引。

（4）截割速度是指滚筒截齿齿尖的圆周切线速度，由截割部传动比、滚筒转速和滚筒直径确定。

对采煤机的功率消耗，当煤质较硬（$f \geqslant 4$）时，滚筒截深选 0.63 m，根据工作面实际采高、长度、容重、0.6 m 截深计算每刀煤的产量。如果每月能完成计划产量，滚筒截深原则上不选 0.8 m。滚筒截深大，截割阻力增大，容易烧毁截割电动机，损坏机械传动系统。

（5）牵引速度的初选是通过滚筒最大切削厚度和液压支架移架追机速度验算来确定的。

（6）牵引力是由外荷载决定的，其影响因素较多，如煤质、采高、牵引速度、工作面倾角、机身自重及导向机构的结构和摩擦系数等，没有准确的计算公式，一般取采煤机电动机功率消耗的 10%～25%。

滚筒采煤机电动机功率常用单齿比能耗法或类比法计算，然后参照生产任务及煤层硬度等因素确定。

采煤机机型应根据工作面煤层采高范围、煤层倾角、煤质、每月计划产量、每刀生产能力等因素进行合理选择。目前，采煤机均采用多电动机横向布置、大功率电牵引形式，因此，采煤机机型的选择范围较大。

2. 液压支架的选型原则和主要参数的确定

1）液压支架的选型原则

（1）液压支架的选型就是要确定支架类型（支承式、掩护式、支承掩护式）、支护阻力（初撑力和额定工作阻力）、支护强度与底板比压以及支架的结构参数（立柱数目、最大/最小高度、顶梁和底座的尺寸及相对位置等）及阀组性能和操作方式等。

（2）选型依据是矿井采区、综采工作面地质说明书。在选型之前，必须将所采工作面的煤层、顶/底板及采区的地质条件全部查清，然后依据不同类级顶板选取架型，最后依据选型内容结合国内现有液压支架的主要技术性能直接选定架型及其参数所对应的支架型号。

2）液压支架主要参数的确定

（1）支架高度的选择：最大高度应高于最大采高 0.2 m 以上，最小高度应低于最小采高 0.2 m 以下。同时考虑留有足够的过机高度（0.2 m 以上）。

（2）支架工作阻力的选择：应根据顶板压强来确定，一般不低于 2 MPa/m²。支架接触顶板的压强应确定在 4 MPa 以上，考虑初期和周期顶板来压等因素，掩护式支架一般在薄煤层和中厚煤层的工作阻力为 5 000～7 000 kN。

（3）架型的选择：一般薄煤层和中厚煤层选择掩护式支架；一次采全高的厚煤层且顶板压力较大时选择支承掩护式支架；厚煤层一次不能采全高的，应选择放顶煤支架；煤层倾角较大时，选择防倒防滑支架。

（4）液压支架应达到的移架速度和液压系统流量：为了保证高产高效工作面采煤机连续割煤，整个工作面移架速度应不小于采煤机连续割煤的平均截割牵引速度。

采煤机平均截割牵引速度为

$$V_{c} = \frac{Q_{h}}{60BM\gamma c}$$

式中　Q_{h}——工作面设备的小时运输量，由年产量来确定的，t/h；

B——截深，m；

M——采高，m；

γ——煤的实体密度，t/m^3；

c——能力富裕系数。

工作面移架速度 v_y 为

$$v_y > K_y V_c$$

式中　v_y——工作面移架速度，m/min；

K_y——不平衡系数，一般为 1.17～1.22。

单位时间内（每分钟）移架数目 N：

$$N = \frac{v_y}{J}$$

式中　N——单位时间移架数目，架/min；

J——支架中心距，m，通常为 1.5 m；

支架的移动速度主要取决于支架液压系统的流量 Q_L。

当所需要的支架速度确定后，供液系统所需流量 Q_L 为

$$Q_L = \frac{1\,000 v_y k_f (n_1 S_1 F_1 + n_2 S_2 F_2 + n_2 S_2 F_3)}{J}$$

式中　Q_L——供液系统所需流量，L/min；

k_f——考虑到漏液、窜液、调架同时用液时的工况供富裕系数，一般取 1.1～1.2；

n_1——推移千斤顶的个数；

S_1——支架移架时的步距；

F_1——推移千斤顶拉架时工作腔的面积，mm^2；

n_2——立柱的根数；

S_2——立柱升柱、降柱的行程，m；

F_2——降柱时活塞面积，mm^2；

F_3——升柱时活塞面积，mm^2。

3. 刮板输送机的选型原则和主要参数的确定

（1）刮板输送机的输送能力应大于采煤机的最大生产能力，一般取 1.2 倍。

刮板输送机每小时的输送能力要大于或等于采煤机每小时的生产能力，这样才能提高采煤机的割煤效率。

（2）要根据刮板链的质量情况确定链条数目，结合煤质选择链子结构形式。

（3）应优先选用双电动机双机头驱动方式。

（4）应优先选用短机头和短机尾。

刮板输送机的机头、机尾都不能太高，如果太高，则采煤机的滚筒卧底量不够，造成装煤效果不好，两端底板三角煤割不着，势必打眼放炮人工拉底，既浪费时间和材料，又加大了工人的劳动强度。

在开采薄煤层时，机头、机尾过渡槽不能太长，若过渡槽太长，则采煤机在刮板输送机两端走不到位，煤壁割不透，势必放炮落煤，浪费了人工和材料。

（5）应满足采煤机的配合要求，如在机头、机尾安装张紧、防滑装置，靠煤壁一侧设铲煤板，靠采空区一侧附设电缆槽等。

在选型时要确定的刮板输送机的参数主要包括输送能力、电动机功率和刮板链强度等。输送能力要大于采煤机的生产能力并有一定备用能力。电动机功率主要根据工作面倾角、铺设长度及输送量的大小等条件确定。刮板链强度应按恶劣工况和满载工况进行验算。

（6）刮板输送机型号的选择。刮板输送机与采煤机在生产能力上需配套，在型号及安装上也要配套。采煤机导向滑靴落在刮板输送机销排上，行走滑靴落在刮板输送机铲煤板上。行走轮与销排应啮合良好。

（7）刮板输送机中部槽的选择。中部槽不能太高，过高会影响装煤效果。铲煤板要向底板下扎，铲刃要有较大斜面，以保证硬帮浮煤能够铲起。这样硬帮浮煤装得干净，推刮板输送机时又不会造成漂底。

二、"三机"的合理配套

从采煤机、液压支架、刮板输送机的选型原则中看到，综采设备的合理配套是很复杂的系统工程。

1. 满足生产能力要求

采煤机的生产能力要与综采工作面的生产任务相适应；工作面刮板输送机的输送能力应大于采煤机的生产能力；液压支架的移架速度应与采煤机的牵引速度相适应；乳化液泵站的输出压力与流量应满足液压支架初撑力及其动作速度要求。

2. 满足设备性能要求

刮板输送机的结构形式及附件必须与采煤机的结构匹配，如采煤机的牵引机构、行走机构、底托架及滑靴的结构，电缆及水管的拖移方法以及是否连锁控制等。刮板输送机的中部槽应与液压支架的推移千斤顶连接装置的间距和连接结构匹配。采煤机的采高范围与液压支架的最大和最小结构尺寸相适应，而其截深应与支架推移步距相适应。图2-76所示是液压支架、采煤机、刮板输送机几何尺寸关系示意。

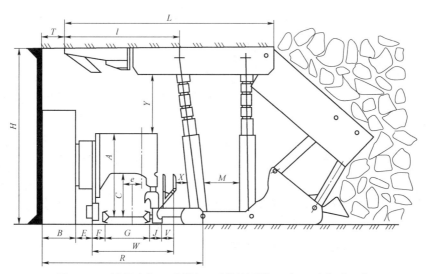

图 2-76 液压支架、采煤机、刮板输送机几何尺寸关系示意

其计算公式为

$$R = B+E+W+X+\frac{d}{2}$$

式中　　R——无立柱空间宽度，mm；

　　　　B——截深，mm；

　　　　E——铲煤板空距，规定为 50～100 mm；

　　　　W——刮板输送机宽度，mm；

　　　　X——前柱与电缆槽间距，mm；

　　　　d——前柱外径，mm。

刮板输送机宽度的计算公式为

$$W = F+G+J+V$$

式中　　F——铲煤板宽度，为 150～240 mm；

　　　　G——中部槽宽度，mm；

　　　　J——导向槽宽度，mm；

　　　　V——电缆槽宽度，mm。

3. 满足安全和工作方便要求

（1）从安全角度出发，工作面无立柱空间越小越好。

（2）为防止移架后支架前柱与电缆相碰和保护采煤机操作员的人身安全，前柱与电缆槽之间必须留有间隙 $X=150\sim240$ mm。

（3）梁端距 T 一般为 150～300 mm，用来防止滚筒切割顶梁。

（4）推移千斤顶行程应比采煤机截深大 100～200 mm。

（5）保证过煤高度 $C>250\sim300$ mm，以便煤流顺利从底托架下通过。

（6）过煤空间 Y 最小值为 90 mm 至 200～250 mm 之间，前者适于底板清理良好及采煤机机身短的场合。

此外，当煤层倾角大于 16° 时（大采高支架工作面倾角大于 10°），刮板输送机必须设置防滑锚固装置，而支架必须带防倒防滑及调架装置。

三、实际工作中如何做到选型正确且配套合理

依据上述"三机"的选型原则及配套关系的分析可以看到，其选型工作是一项复杂的系统工程，涉及地质学、岩石力学、采矿学、机电等多门学科，同时又是提高综采工作面矿井效率和效益的前提。

目前的选型设计还是以"经验类比"为主，虽然基本上能够满足生产需要，但在某些环节上还存在着严重的不合理现象。如移架循环时间长，不能满足采煤机牵引速度的要求；有些选型设计参数是符合要求的，但在实际使用中无法达到或实现；液压支架初撑比一般为 0.5～0.8，而实际应用中仅为 0.25～0.4。这说明，综采工作面"三机"配套不能停留在简单的"经验类比"上，而应开发研制综采设备选型的专家系统，避免在选型设计中受决策者个人偏见或感情色彩的影响。同时还要对系统中的主要环节进行动态优化设计，使其设计参数与实际运行参数统一。

现行国内外高产高效综采工作面装备能力的配比关系主要是：刮板输送机与采煤机的功

率配比应为 1:1，最好为 1.2:1～1.4:1，这样才能把刮板输送机的事故减少到最低限度。综采设备的能力应以工作面生产能力为基础，采煤机、工作面刮板输送机、运输巷可伸缩式输送机的生产能力一般按工作面生产能力分别乘以系数 1.2、1.3、1.4 来确定。

需要说明的是，上述各种配套关系不是唯一的。也就是说，采煤机、液压支架、刮板输送机的选型完全可以用性能和能力相似的同类产品代替。在实际生产中，即使采用相同综采设备的不同工作面或不同矿井，其实际生产能力和全员效率也可能有较大差距，这主要是由于矿井的开采条件、组织管理水平存在着客观的差距。如果客观条件不具备，即使选择生产能力很高的配套设备，也远不能达到提高生产能力的目的。

高产高效综采工作面的"三机"选型应从实际出发，因地制宜，具备什么档次的开采条件，就选用相应档次的配套设备。新建矿井和旧矿井的改造还应区别对待，现有设备的充分利用也是不可忽视的问题。综采发展不是增加综采工作面数量，而是提高综采工作面单产，减少辅助作业环节，提高集中生产化的程度。

复习思考题

1. 简述支护设备的作用。
2. 液压支架是以什么为动力的？由哪两部分组成？
3. 液压支架液压元件包括什么？金属构件包括什么？
4. 液压支架的四个基本动作是什么？
5. 简述液压支架的四个阶段。
6. 简述液压支架的分类。
7. 常见的液压支架有哪三种？其适用条件有哪些？
8. 简述顶梁的结构形式和作用。
9. 简述底座的结构形式和作用。
10. 简述掩护梁的结构形式和作用。
11. 为什么用四连杆机构？
12. 立柱有哪几种形式其作用是什么？
13. 千斤顶与立柱相比有何特点？
14. 实现推溜力小于移架力的方法有哪些？
15. 何时需要护帮装置？常见的形式有哪些？护帮板的作用有哪些？
16. 简述何时需要防倒防滑以及常见的方法。
17. 简述常见液压支架的型号含义。
18. 三软煤层指的是什么？简述适合三软煤层支架的名称。
19. 简述放顶煤机构的三种形式。
20. 按供液方式的不同，单体液压支柱分为哪几种？
21. 单体液压支柱必须与什么配合使用？
22. 简述支柱型号的含义。
23. 简述支柱上的通气阀、安全阀、卸载阀和单向阀的作用。
24. 简述单体液压支柱的工作原理。

25. 简述支架维护内容。

26. 回采工作面的顶板分为哪三种？

27. 选择架型要考虑哪些因素？

28. 乳化液泵站是液压支护设备的动力源，它一般由哪些部分组成？

29. 简述乳化液泵液压系统中的安全阀、卸载阀、蓄能器的作用。

30. 综采工作面的"三机"指的是什么？

第三章　掘进机械

第一节　掘进机械概述

掘进机械是用于掘进工作面，具有钻孔、破落煤岩及装载等全部或部分功能的机械。掘进机械是一种广泛应用于隧道和矿山巷道的现代化机械。目前巷道掘进方法主要有钻爆法和掘进机法两种。

钻爆法破落下的煤岩，需要装载机械装入运输设备上运走。而掘进机法是用刀具破碎煤岩，由装载机构装入运输机，再装入其他运输设备运走，是一种先进的掘进工艺。

一、掘进机的优点

掘进和回采是煤矿生产的重要生产环节，国家的方针是：采掘并重，掘进先行。煤矿巷道的快速掘进是煤矿保证矿井高产稳产的关键技术措施。采掘技术及其装备水平直接关系到煤矿生产的能力和安全。高效机械化掘进与支护技术是保证矿井实现高产高效的必要条件，也是巷道掘进技术的发展方向。随着综采技术的发展，国内已出现了年产几百万吨级，甚至千万吨级的超级工作面，使年消耗回采巷道数量大幅度增加，从而使巷道掘进成为煤矿高效集约化生产的共性及关键性技术。

只靠钻爆法掘进巷道已满足不了要求，采用掘进机法，使破落煤岩、装载运输、喷雾灭尘等工序同时进行，是提高掘进速度的一项有效措施。

与钻爆法相比，掘进机法具有以下优点：

（1）速度快、成本低。用掘进机掘进巷道，可以使掘进速度提高 1～1.5 倍，工效平均提高 1～2 倍，进尺成本降低 30%～50%。

（2）安全性好。由于不需打眼放炮，围岩不易破坏，既有利于巷道支护，又可减少冒顶和瓦斯突出的危险，大大提高了工作面的安全性。

（3）有利于回采工作面的准备。由于掘进速度的加快，可以提前查明采区的地质条件，为回采工作面设备的选型及准备工作创造良好的条件。

（4）工程量小。利用钻爆法，巷道的超挖量可达 20%，利用掘进机法，巷道超挖量可减小到 5%，从而大大减少了支护作业的充填量，减少了工程量，降低了成本，提高了速度。

（5）劳动条件好。改善了劳动条件，减少了笨重的体力劳动。

二、掘进机的现状和发展趋势

我国煤巷高效掘进方式中最主要的方式是悬臂式掘进机与单体锚杆钻机配套作业线，也称为煤巷综合机械化掘进，在我国国有重点煤矿得到了广泛应用。

悬臂式掘进机集截割、装运、行走、操作等功能于一体，主要用于截割任意形状断面的井下岩石、煤或半煤岩巷道。现在国内的掘进机设计虽然离国际先进的技术还有一段距离，但是国内的技术水平已能基本满足国内的需求。大中型号的掘进机不断被创新。

国内目前岩巷施工仍以钻爆法为主，重型悬臂式掘进机用于大断面岩巷的掘进在我国处于试验阶段，但国内煤炭生产逐步朝高产、高效、安全的方向发展，煤矿技术设备正在向重型化、大型化、强力化、大功率和机电一体化的方向发展，先后引进了德国的 WAV300 型、奥地利的 AHM105 型、英国的 MK3 型重型悬臂式掘进机。全岩巷重型悬臂式掘进机代表了岩巷掘进技术今后的发展方向。

国产重型掘进机与国外先进设备的差距除总体性能参数偏低外，在基础研究方面也比较薄弱，适合我国煤矿地质条件的截割、装运及行走部荷载谱没有建立，没有完整的设计理论依据，计算机动态仿真等方面还处于空白；在元部件可靠性、控制技术、截割方式、除尘系统等核心技术方面与国外先进技术有较大差距。

三、掘进机的分类

1. 按掘进机截割煤岩的性质分类

（1）用于 $f \leq 4$ 的煤巷，称为煤巷掘进机。

（2）用于 $f \leq 6$ 的煤巷或软岩巷，称为半煤岩巷掘进机。

（3）用于 $f > 6$ 或研磨性较高的岩石巷道，称为岩巷掘进机。

2. 按照工作机构切削工作面分类

1）部分断面巷道掘进机

部分断面巷道掘进机是通过摆动，顺序破落巷道部分断面的岩石或煤，最终完成全断面切割的掘进机。其工作机构由一条悬臂和安装在悬臂上的截割头所组成，悬臂可以上、下、左、右摆动，主要用于煤巷和半煤岩巷的掘进。

2）全断面巷道掘进机

全断面巷道掘进机主要用于巷道全断面的一次钻削式成形以及岩石巷道的掘进，多用于涵洞和隧道的开凿。

全断面巷道掘进机是利用回转刀具切削破岩及掘进，形成整个隧道断面的一种新型、先进的隧道施工机械。

全断面巷道掘进机由于截割阻力大，所以需要的电动功率也大，因此重量及外形很大，不适宜在井下等狭小地方使用，所以煤矿井下不采用。

四、掘进机的安全规定

（1）掘进机必须装有只准以专用工具开、闭的电器控制开关，专用工具必须由专职操作员保管。操作员离开操作台时，必须断开掘进机上的电源开关。

（2）在掘进机非操作侧，必须装有能紧急停止运转的按钮。

（3）掘进机必须装有前照明灯和尾灯。

（4）开动掘进机前，必须发出警报。只有在铲板前方和截割臂附近无人时，方可开动掘进机。

（5）掘进机作业时，应使用内、外喷雾装置，内喷雾装置水压必须符合规定。若无内喷雾装置，则必须使用外喷雾装置和除尘器。

（6）掘进机停止工作和交班时，必须将掘进机切割头居中落地，并断开掘进机上的电源开关和磁力启动器的隔离开关。

（7）检修掘进机时，严禁其他人员在截割臂和转载桥下方停留或作业。

五、常见掘进机的主要参数

常见掘进机的主要参数见表 3－1。

表 3－1　常见掘进机的主要参数

型号	外形尺寸（长×宽×高）/m	截割岩石单向抗压强度/MPa	总功率/kW	行走速度/(m·min⁻¹)	定位截割高度/m	定位截割宽度/m	接地比压/MPa	机重/t	供电电压/V	卧底深度/mm	地隙/mm	适应坡度/(°)	截割电机功率/kW	截割转速/(r·min⁻¹)	伸缩量/mm	装载形式	铲板宽度/m	运输机形式	连环尺寸	最大不可拆卸尺寸/m
EBZ125	8.6×2.5×1.55	≤60	195	工 3.4 调 6.7	3.75	5.0	0.13	37	1 140/660	240	250	±16	125	55	—	星轮机构	2.5	边双链	18×64-C	2.89×1.34×1.31
EBZ132	9.3×2.6×1.55	≤70	222	0～7	4.45	5.0	0.13	38	1 140/660	250	200	±18	132/75	50/25	500	星轮机构	2.6	边双链	18×64-C	3.65×1.35×1.26
EBZ160	9.3×3.0×1.75	≤80	285	0～6	4.0	5.5	0.14	52	1 140/660	250/450	250	±16	160	65/32	0/550	星轮机构	3.0 / 3.2	边双链	18×64-C	3.48×1.5×1.5
EBZ160A	9.9×3.0×1.65	≤80	265	0～8.6	4.8	5.6	0.14	48	1 140/660	350	230	±16	160/100	46/23	550	星轮机构	3.0	边双链	18×64-C	3.87×1.5×1.37
EBZ200	10.65×3.2×1.85	≤80	325	0～6	5.1	6.5	0.14	62	1 140	400	300	±18	200/110	65/32	650	星轮机构	3.2	边双链	18×64-C	4.0×1.5×1.48
EBZ230	10.5×3.2×1.73	≤100	335	0～7.2	4.5	5.7	0.16	65	1 140	200	310	±18	230	35.8	—	星轮机构	3.2	边双链	18×64-C	3.27×1.3×2.21
EBZ230H	11.2×3.2×2.0	≤100	355	0～7	4.8	6.0	0.165	75	1 140	290	310	±18	230	35.8	—	星轮机构	3.2	边双链	18×64-C	3.95×1.3×1.65
EBZ260	12.7×3.6×2.0	≤120	435	0～7	5.2	6.3	0.185	92	1 140	290	260	±18	260/200	54/27	—	星轮机构	3.6	边双链	22×86-C	2.74×2.0×1.46
EBZ320	13.08×3.6×2.25	≤130	542.5	工 6.2 调 10	5.7	7.0	0.19	115	1 140	300	280	±18	320	31	—	星轮机构	3.6	边双链	22×86-C	2.91×1.47×1.61

六、装载机械

虽然掘进机法比钻爆法有许多优越性，但目前我国煤矿井下巷道的掘进主要还是采用钻爆法，需将爆破下来的煤或岩石装入矿车或输送机中运走。装载工作是掘进过程中最繁重和最费工时的工序，其劳动量约占掘进循环总劳动量的 40%～70%，装载作业的时间约占掘进循环总时间的 30%～40%。所以，采用机械装载，对于减轻体力劳动、提高掘进速度、降低成本费用具有十分重要的意义。

1. 装载机的分类

装载机的类型较多，一般按下列方法分类：

（1）按所装物料的性质可分为装煤机和装岩机。大多数装载机既可装煤也可装岩，只是工作机构形式和强度要求不同。

（2）按工作机构的结构可分为铲斗装载机、耙斗式装载机、蟹爪装载机和立爪装载机。常见的是前三种。

（3）按所用动力分为电动装载机、气动装载机、液动装载机。目前我国多用电动装载机。

（4）按行走方式可分为轨轮式装载机、履带式装载机、轮胎式装载机。

2. 装载机的用途及使用条件

为了进一步解决钻爆法掘进机械化问题，近年来又发展了把爆破用钻眼机械和装载机结合成一体的钻装机，其既可以钻眼，又可以装载。

本章主要介绍耙斗式、铲斗式和蟹爪式三种装载机。

（1）耙斗式装载机简称耙装机，普遍应用于我国各矿区，占装载机使用量的 80% 左右，主要用于 30° 以内的斜井上下山和平巷，也可用于巷道的交叉处或拐弯处。除用于装岩外，其还可用于装煤或煤岩。

（2）铲斗装载机又称铲装机，主要用于井下岩巷掘进工作面装载岩石，故又称装岩机。其结构紧凑，尺寸小，机动灵活，适应性强，能在弯曲巷道中工作。铲斗装载机是利用铲斗铲取岩石，然后提升铲斗将岩石卸入矿车或其他运输设备，卸载后再将铲斗放下进行第二次铲取。由于其装载过程为间断式装载过程，故适宜装载较大块度且坚硬的岩石。

铲斗装载机主要有两种类型，即后卸式和侧卸式。后卸式在轨道上行走，而侧卸式行走方式采用履带式，机动灵活，可实现无轨作业，逐渐取代了后卸式铲斗装载机。本章仅介绍侧卸式铲斗装载机的工作原理。

（3）蟹爪装载机的主要优点是可连续装载、生产率高。其工作高度很低，适合在较矮的巷道中使用。早期生产的蟹爪装载机，因结构和材质的原因只能用于装煤或软岩。近年来，由于采用了合理的结构和优质材料，蟹爪装载机也可装中硬以上的岩石。

第二节 部分断面巷道掘进机

部分断面巷道掘进机有纵轴式巷道掘进机和横轴式巷道掘进机两种。

一、纵轴式巷道掘进机

部分断面巷道掘进机具有掘进速度快、生产效率高、适应性强、操作方便等优点，目前在煤矿上得到广泛的应用。纵轴式巷道掘进机的外形如图 3-1 所示。

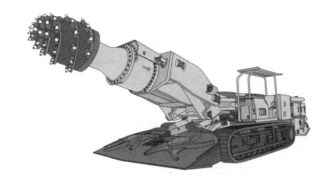

图 3-1　纵轴式巷道掘进机的外形

以 EBZ318H 型掘进机为例说明。

型号含义：以切割头布置方式、切割电动机功率容量表示。其编制方法规定（可参考标准 MT138）：E——掘进机；B——悬臂式；Z——纵轴式；318——切割电动机功率，kW；H——修改顺序号（适合硬煤）。

1. 适用范围

该机适用于含瓦斯、煤尘或其他爆炸性混合物气体的隧道或矿井中，但是不适用于具有腐蚀金属和破坏绝缘的气体环境中或者长期连续滴水的地方。EBZ318H 型掘进机能实现连续切割、装载、运输作业。

该机适用于煤巷、半煤岩巷以及全岩的巷道掘进，也可在铁路、公路、水利工程等隧道施工中使用。最大定位截割断面可达 38 m²，截割硬度不大于 130 MPa，爬坡能力为 ±18°。

2. 技术特征（表 3-2）

表 3-2　EBZ318H 型掘进机的技术特征

类别	指标	单位	数值
整机参数	总体长度	m	12.8
	总体宽度	m	3.8
	总体高度	m	2.25
	总重	t	120（含二运、除尘）
	总功率	kW	589（含二运、除尘）
	坡度	(°)	±18
	卧底深度	mm	238
	地隙	mm	290
	龙门高	mm	400
	牵引力	kN	≥412（单侧）
	可截割岩石硬度	MPa	≤130/80
	理论生产能力	m³/h	240
	空载综合噪声	dBA	95
	跑偏量	%	≤5%

类别	指标	单位	数值
截割部	截割头形式	—	纵轴式（电动机驱动）
	截割头转速	r/min	30.6
	截割功率	kW	318
	截齿形式	—	镐形截齿
	截齿数量	个	56
	喷雾	—	内、外喷雾方式
铲板部	装载形式	—	五齿星轮（液压电动机驱动）
	装载能力	m³/min	4
	装载宽度	m	0.63
	星轮转速	r/min	33
	铲板卧底量	mm	345
	铲板抬起高度	mm	508
	液压电动机	—	2 台
	形式	—	径向柱塞电动机
	功率	kW	25×2
	压力	MPa	25
第一运输机	形式	—	边双链刮板式（液压电动机驱动）
	溜槽尺寸	mm	630 （宽）×340（高）
	链速	m/min	66
	链条规格	—	$\phi22×86-C$
	刮板间距	mm	516
	运输能力	m³/min	4
	张紧形式	—	油缸卡板
	液压电动机	—	2 台
	形式	—	径向柱塞电动机
	功率	kW	23×2
	压力	MPa	25
	转速	r/min	75
	流量	L/min	60×2
行走部	形式	—	履带式（液压电动机驱动）
	履带宽度	mm	720
	制动方式	—	弹簧闭锁，停车用片式制动
	对地压强	MPa	0.179
	接地长度	mm	4 315±50
	行走速度（最大）	m/min	6.6
	张紧形式	—	油缸卡板
	液压电动机	—	2 台

类别	指标	单位	数值
行走部	形式	—	轴向柱塞电动机
	功率	kW	43.8×2
	压力	MPa	25
	转速	r/min	862
	流量	L/min	110×2
履带板及销轴	节距	mm	300±2
	宽度	mm	720±3
	销轴直径	mm	$\phi 39-0.5$
	销孔直径	mm	$\phi 40^{+0.1}$

3. 产品特点

1）可靠性高

（1）以可靠为第一目标：液压泵、专用控制器、所有轴承、主要液压元件及附件、密封件、电气元器件均采用国际品牌产品，并与供方共同开发设计；

（2）行走部采用国际品牌的液压马达和减速机，平均无故障工作时间可提高两倍以上；

（3）液压系统具备低压自动部分卸载功能，既减少了能耗，又杜绝了系统发热失效的可能性；

（4）行走部采用油缸张紧，既保证了张紧效果，又方便快捷，减少了故障点；

（5）第一运输机部和铲板部均采用进口低速大扭矩液压电动机直接驱动，无须减速箱，减少了故障环节；

（6）截割震动小，有提高设备稳定性的支承装置，工作稳定性好，使整机可靠性提高；

（7）升降回转油缸为40 MPa密封结构，其他油缸为34 MPa密封结构；

（8）采用全封闭油箱，确保了油液清洁度，增加了液压系统的可靠性；

（9）采用进、回油两级油滤，可有效降低液压元器件的磨损；

（10）喷雾系统能最大限度地降尘及避免火花；

（11）泵流量增大，提高了液压系统动力及各执行元件动力；

（12）采用大排量电动机，提高了星轮驱动装置输出扭矩，降低了故障率；

（13）截割头延长，将盘根座包住，截齿排布后延，并有导料板保护，同时在截割头尾部圆周及端面加焊多块耐磨板，提高了截割头耐磨性；

（14）配备快开门电控箱，维修方便。

2）作业效率高

（1）可实现各油缸动作速度及行走速度的手工无级调速。在重载情况下（如遇到硬岩）可通过慢速进给降低切割荷载，以切断硬岩，减少停机；

（2）可选配独立的锚杆动力接口单元，为两台锚杆钻机提供动力，提高了锚固作业效率；

（3）截割头采用国际一流技术，设计单刀力大，截齿布置合理，破岩过断层能力强。

3）智能化程度高

电气系统具有过流、过载、断压、欠压和失压保护功能，提高了安全保护能力；具备齐全的保护、故障诊断和排除故障方法显示。

4）可维修性好

如从履带架侧面小窗口可从履带架侧面取出张紧缸等。

5）具有可极大提高降尘效果的除尘系统

图3-2所示为EBZ318H型掘进机的总体结构。

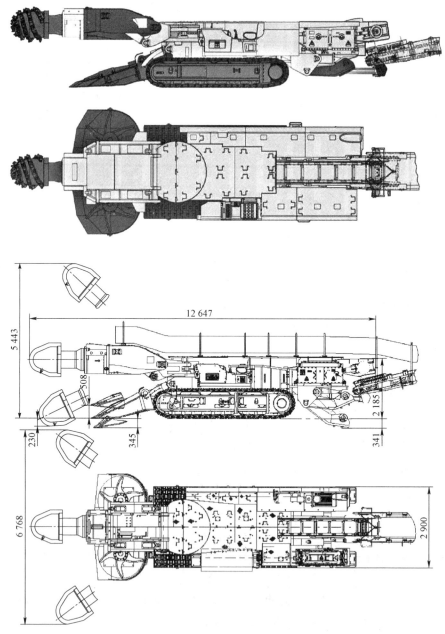

图3-2　EBZ318H型掘进机的总体结构

4. 组成

纵轴式巷道掘进机主要由截割部、铲板部、本体部、行走部和运输部组成。

5. 工作原理

行走部实现掘进机的移动；截割部对被采掘对象实施截割；铲板部对被采掘下来的物料实施铲装；装运部实现对截割物料的装载与运输；本体部为连接各个部件的主要承载构件。

6. 主要部件的结构

1）截割部

截割部由截割头、截割臂、截割减速机、截割电动机等组成。图 3－3 所示为截割部组成结构，其为双速水冷电动机，使截割头获得一种转速，它与截割电动机叉形架用 10 个 M30 的高强度螺栓相连。

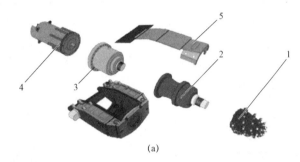

(a)

1—截割头；2—伸缩部；3—截割减速机；4—截割电动机；5—截割部盖板

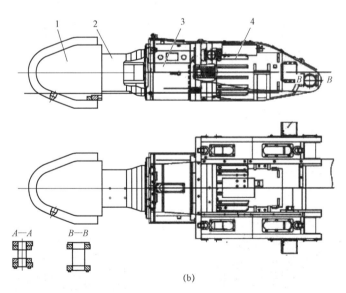

(b)

1—截割头；2—截割臂；3—截割减速机；4—截割电动机

图 3－3　截割部组成结构

（1）截割头。截割头为圆锥台形，截割头最大外径为 1 254 mm，长 1 269 mm，在其圆周分布有 60 把镐形截齿，截割头通过内花键和 24 个 M20 的高强度螺栓与截割臂相连，如图 3－4 所示。

（2）截齿。截齿结构示意如图 3－5 所示。

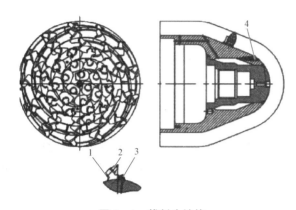

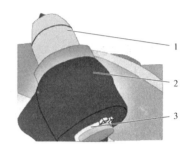

图 3-4　截割头结构

1—截齿；2—截割头；3—挡圈；4—喷头

图 3-5　截齿结构示意

1—截齿；2—截齿座；3—挡圈

（3）截割臂。截割臂位于截割头和截割减速机中间，它与截割减速机用 28 个 M24 的高强度螺栓相连，如图 3-6 所示。

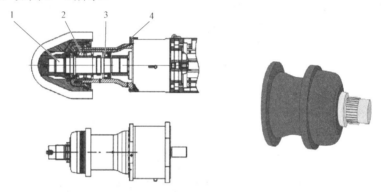

图 3-6　截割臂结构示意

1—截割主轴；2—轴套；3—轴承；4—连接滚筒

（4）截割减速机。截割减速机是两级行星齿轮传动，它与电动机箱体用 24 个 M30 的高强度螺栓相连，如图 3-7 所示。

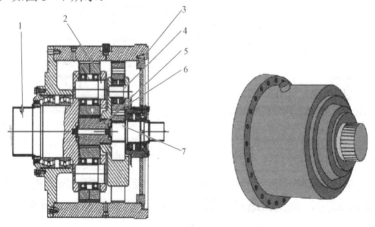

图 3-7　截割减速机结构示意

1—输出行星架；2，6—行星轮；3—输入行星架；4—行星轮轴Ⅰ；5，7—太阳轮Ⅱ

截割减速机技术参数见表 3-3。

表 3-3 截割减速机技术参数

电机功率/kW	318
电机转速/（r·min⁻¹）	1 482
输出扭矩/（kN·m）	100
冲击系数	$K_A = 1.75$
减速比	49.4

2）铲板部

铲板部由主铲板、侧铲板、铲板驱动装置和从动轮装置等组成。铲板部通过两个液压电动机驱动星轮，把截割下来的物料收集到第一运输机内。铲板由侧铲板、铲板本体组成，用 M30 的高强度螺栓连接，铲板在油缸的作用下可向上抬起 508 mm，向下卧底 345 mm，如图 3-8 所示。

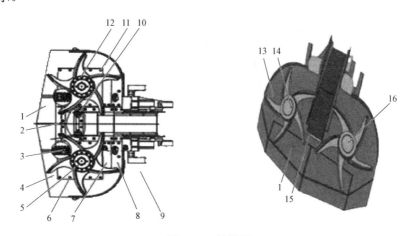

图 3-8 铲板部

1—主铲板；2—前连接板；3—轴；4—左侧铲板；5—左星轮电动机；6—中间盖板；7—右后盖板；
8—左软管支架；9—前槽；10—从动轮装置；11—右侧铲板；12—右星轮电动机；
13—侧铲板；14—右星轮驱动装置；15—从动轮装置；16—左星轮驱动装置

3）星轮驱动装置

星轮驱动装置结构示意及实物如图 3-9 所示。

4）第一运输机

第一运输机位于机体中部，是边双链刮板式运输机。运输机由前溜槽、后溜槽、刮板链组件、张紧装置、驱动装置等组成；前、后溜槽用 M20 高强度螺栓连接。两个液压（柱塞）电动机同时驱动链轮，通过 $\phi18$ mm×64 mm 矿用圆环链实现运输作业。第一运输机实物如图 3-10 所示；第一运输机结构示意如图 3-11 所示。

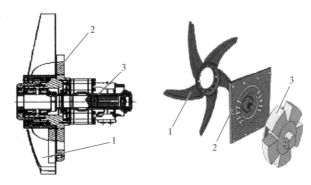

图 3-9 星轮驱动装置结构示意及实物

1—星轮；2—电动机座；3—电动机

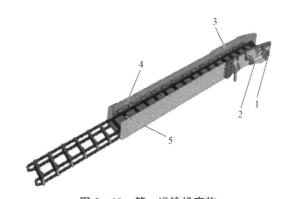

图 3-10 第一运输机实物

1—驱动装置；2—张紧装置；3—后溜槽；4—前溜槽；5—刮板链组件

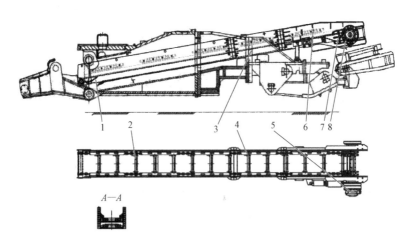

图 3-11 第一运输机结构示意

1—前溜槽；2—刮板链组件；3—中间槽；4—压链块；5—电动机组件；6—后溜槽；7—张紧装置；8—驱动装置

5）从动轮驱动装置

从动轮驱动装置如图 3-12 所示。

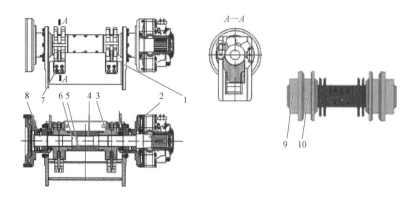

图3－12　从动轮驱动装置

1—驱动架；2—电动机座；3—链轮；4—上盖；5—下盖；6—中轴；7—脱链器；8—轴；9—电动机；10—驱动装置

6）本体部

本体部位于机体的中部，主要由回转台、回转支承、本体架、销轴、套、连接螺栓等组成。各件主要采用焊接结构，与各部分相连接起到骨架作用，如图3－13所示。

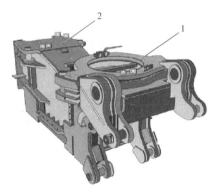

图3－13　本体部的组成

1—回转台；2—本体架

本体架前部耳孔与铲板本体及铲板油缸连接，由油缸控制铲板的抬起及卧底。本体的右侧装有液压系统的泵站，左侧装有操作台，内部装有第一运输机，在其左、右侧下部分别装有行走部，后部装有后支承部。

回转台上部耳孔与截割电动机相连、下部耳孔与截割升降油缸相连，通过回转支承及升降油缸来控制截割范围。

7）行走部

行走部用两台液压电动机驱动，通过行走减速机、驱动链轮及履带实现行走，如图3－14所示。履带采用油缸张紧，用高压油向张紧油缸注油张紧履带，调整完毕后，装入垫板及锁板，拧松注油嘴，泄除缸内压力后拧紧油嘴，使张紧油缸活塞杆不受张紧力。履带架通过键及M30的高强度螺栓固定在本体两侧，在其侧面开有方槽，以便张紧油缸的拆卸。行走减速机用高强度螺栓与履带架连接。

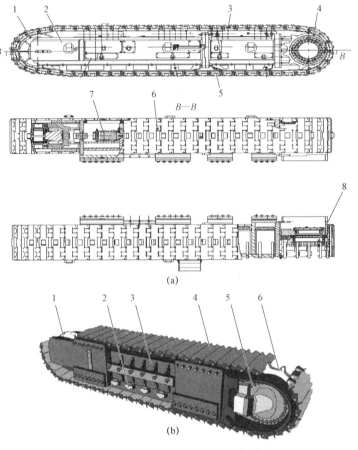

(a)

(b)

图 3-14 行走部结构示意和外形

（a）行走部结构示意

1—张紧轮轴；2—左行走履带架；3—履带组件；4—驱动轮；5—支重轮；

6—右行走履带架；7—行走张紧装置；8—行走减速器组件

（b）行走部外形

1—张紧轮；2—支重轮；3—履带架；4—履带板；5—驱动装置；6—驱动轮

行走电动机为轴向柱塞电动机，通过行走减速机驱动整机行走，当高压油进入行走电动机时，高压油同时也进入行走减速机压缩制动器弹簧，解除制动，掘进机实现行走；当停止行走时，制动器弹簧因无高压油压缩而回位，从而实现制动，如图 3-15 所示。

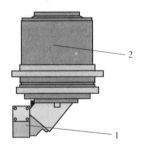

图 3-15 电动机和行走减速机的关系

1—行走减速机；2—电动机

8）后支承

后支承用来减少截割时机体的振动，以防止机体横向滑动。在后支承的两边装有升降支承器的油缸，后支承的支架用 M24 的高强度螺栓、键与本体相连。电控箱、泵站电动机都固定在后支承上，如图 3-16 所示。

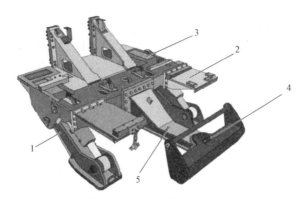

图 3-16　后支承结构示意

1—支承腿；2—托座；3—支架；4—第二运输机回转台；5—连接架

7. 液压系统

液压系统包括液压油箱、主泵、多路阀、液压先导操作台、液压电动机、油缸、冷却器以及各胶管总成、接头、密封件、压力表等部件。图 3-17 所示为主泵和液压油箱。

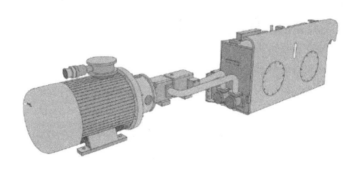

图 3-17　主泵和液压油箱

液压油箱设计容积为 1 200 L，装有呼吸器、主回油过滤器、吸油过滤器、液位液温计等液压辅件。

行走电动机为轴向柱塞电动机，通过行走减速机驱动整机行走。

驱动油缸实现截割头的上、下、左、右移动及伸缩，以及铲板的升降和后支承的升降。

星轮电动机在压力油的驱动下，带动星轮转动，装载物料。

第一运输机电动机在压力油的驱动下，带动第一运输机转动，运输物料。

主泵采用变量斜盘式柱塞泵，为主油路及控制油路提供液压油源。

主阀位于操作台内，在先导阀的操作控制下使各个执行机构产生相应动作。

液压张紧装置位于操作台面上，可实现行走履带和第一运输机刮板链的张紧。

1) 主要结构

泵站由 200 kW 电动机驱动,通过油箱、油泵,将压力油分别送到截割部、铲板部、第一运输机、行走部、后支承的各液压电动机和油缸。本机共有 8 个油缸,均设有安全型平衡阀。液压系统空载运行时,液压泵轴端轴承处由于摩擦温度会达到 55 ℃～80 ℃,这属于正常现象。

液压油由油泵泵出经换向阀流向各执行元件,能量交换后,转换成低压油,通过换向阀及过滤器流回液压油箱,完成循环。液压先导手柄的控制油由换向阀提供,保证其使用的安全可靠。操作台上装有三组换向阀,通过液控手柄完成各油缸及液压电动机的动作,并可实现无级调速,在其上还装有压力表,三块压力表分别显示三个变量泵的出口油压。

操作台上装有三组换向阀,通过液控手柄完成各油缸及液压电动机的动作,并可实现无级调速,在其上还装有压力表,三块压力表分别显示三个变量泵的出口油压。

2) 液压系统原理

液压系统原理示意如图 3－18 所示。

3) 液压回路

(1) 行走回路。泵打出液压油到多路阀,操作员推动手柄,带动多路阀阀芯运动,使泵输出的高压油经多路阀进入行走电动机,使行走电动机转动,经行走减速机带动履带运动。

(2) 第一运输机回路。泵打出液压油到多路阀,操作员推动手柄,带动多路阀阀芯运动,使泵输出的高压油经多路阀进入第一运输机驱动电动机,使第一运输机的驱动电动机转动带动第一运输机的刮板运输机运动。

(3) 星轮回路。泵打出液压油到多路阀,操作员推动手柄,带动多路阀阀芯运动,使泵输出的高压油经多路阀进入星轮驱动电动机,使一星轮驱动电动机转动带动星轮运动。

(4) 油缸回路。泵打出液压油到多路阀,操作员推动手柄,带动多路阀阀芯运动,使泵输出的高压油经多路阀进入油缸,推动活塞运动,从而带动活塞杆运动。

注意:

(1) 液压油对健康有害。应避免液压油接触到眼睛和皮肤,切勿吞食液压油或吸入液压油的挥发蒸汽。

(2) 高压液压油对人体有害,在拆卸管道和组件之前,必须释放液压回路的所有压力。

操作台上装有两组换向阀,通过液控手柄完成各油缸及液压电动机的动作,并可实现无级调速,在其上还装有压力表,两块压力表分别显示两个变量泵的出口油压。

8. 喷雾降尘系统

水系统由外喷雾和内喷雾两部分组成,外喷雾装置安装在截割部。水系统的外来水经过滤器和球阀后分两条分路:第一分路经过减压阀,到油冷却器和截割电动机后进入外喷雾装置;第二分路直接进入内喷雾装置喷出,如图 3－19 所示。

喷雾起到灭尘和冷却截齿的作用。

水系统总过滤器安装在第二运输机上,过滤器托架现场配焊在第二运输机靠近第一运输机侧。冷却水必须为中性。其 pH 必须为 0～7。冷却水必须不含大于 100 μm 的杂质。

喷雾降尘系统原理如图 3－20 所示。

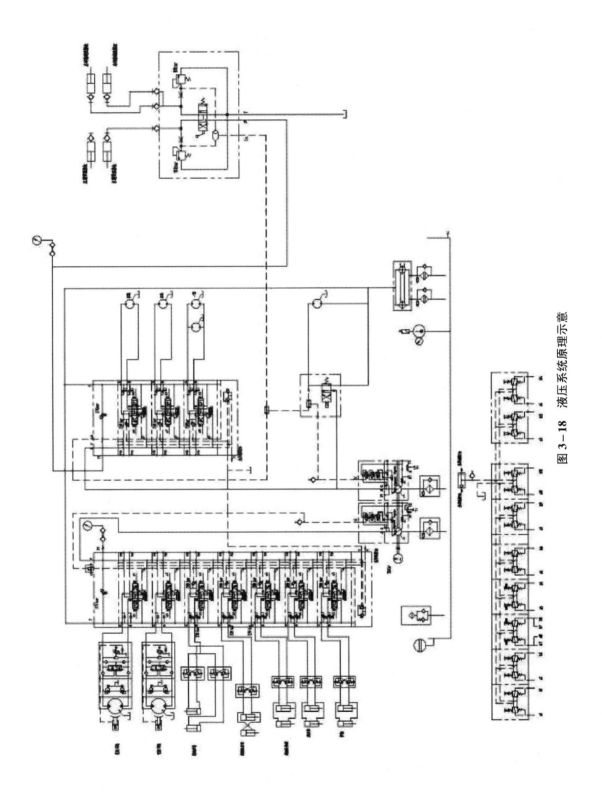

图 3 – 18 液压系统原理示意

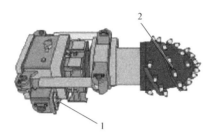

图 3-19 喷雾降尘系统

1—外喷雾装置；2—内喷雾装置

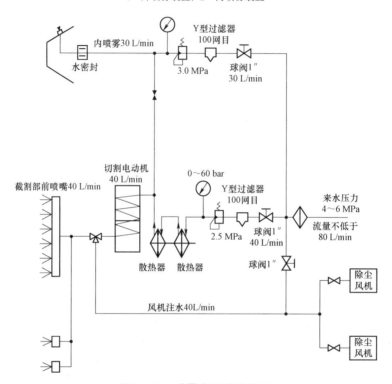

图 3-20 喷雾降尘系统原理

二、横轴式巷道掘进机

下面以 EBH315 型掘进机为例进行说明。

1. 适用范围

EBH315 型掘进机是煤炭科学研究总院山西煤机装备有限公司研制的一种特重型掘进机，主要用于岩巷掘进，如图 3-21 所示。该机的多项技术属于国内外领先的新技术和创新技术，代表了国内掘进机的发展趋势。该机的经济截割硬度 $f \leqslant 10$，局部 $f \leqslant 12$，适用于各种类型的底板、坡度为 ±16° 的煤矿采准巷道掘进，也可用于铁路、公路、水利工程等隧道施工。

2. EBH315 型掘进机的特点

（1）横轴式截割部采用新型伸缩机构，具有结构简单、刚性好、可靠性高的优点；配有横轴式截割头，在截割过程中可充分利用自身重量，截割稳定性好，截割能力强。

图 3 – 21　EBH315 型掘进机外观

（2）采用双齿条回转机构，为国内外首创，不仅继承了传统齿轮齿条式回转机构的优点，而且使齿轮齿条的可靠性大幅提高。

（3）采用集中润滑系统，可对各铰接销轴、油缸、整个回转台及关键部位轴承进行集中、自动润滑；采用鱼脊梁分体式，改向链轮前置的高效装运机构，可扩大刮板机的主动受煤能力，提高装载机构的装煤运煤速度，同时，在转盘外侧加焊了耐磨板，铲板面板增加了可拆卸耐磨板，并采用全程压链，以提高耐磨性，减小运料阻力。

（4）主电控箱采用更加智能化的西门子 S7 – 300 型 PLC 控制器。该控制器支持分布式控制、多任务并行，具有更多 I/O 和通信接口方式，使该电控系统更加智能化和人性化。

（5）具有完善的整机工况监测系统。应用多样化的传感器如电压、电流、功率、压力、温度、瓦斯等对整机进行多点、多参量监测，把整机电气、机械传动、液压系统均纳入工况监测系统。

（6）具有完善的数据存储、回调和故障诊断系统。电控系统可以把掘进机的实时工况数据及时存储，并根据实际情况实现数据回调，进行工况再现，为故障诊断系统提供支持和依据。故障诊断系统能够及时、快速地帮助维修人员定位故障源和排除故障。

（7）断面监视系统采用工业计算机作为监视主机，应用可视化操作软件编程，具有良好的人机界面。系统对切割头相对掘进机位置在显示屏幕上动态显示，操作员在低可视度的情况下，依据位置显示图像指示来操作掘进机，完成对切割断面的切割，能够有效防止超挖、欠挖现象。

（8）前、后影像监视系统。其能够将掘进机前、后作业现场的实际影像传到监视计算机界面，操作员可在计算机屏幕上看到实时的现场作业景象，并可以依据实际影像操作掘进机。

（9）操作员通过输入的多个轮廓控制点和仿真断面轮廓来控制掘进机并按照设定断面轮廓自动切割，完成一次进刀断面切割工作。

（10）多样化的遥控装置。该装置采用进口遥控器，应用仿生学原理设计，使操作员在离掘进机工作现场 30 m 以上的距离就可以使用遥控器对掘进机的全部功能进行控制操作。

（11）对掘进机行走和切割头运动实现比例电磁控制。操作员可以根据现场工作情况，对掘进机行走和切割头运动进行运动速度可调控制，有效地保护切割电动机。

（12）采用的新型销轴防转机构，彻底解决了以往掘进机因铰接销轴转动而引起的各种事故。

横轴式巷道掘进机与纵轴式巷道掘进机除了在截割部分有差别外，其他部分相同，如图 3－22 所示，这里就不再叙述了。

图 3－22 横轴式与纵轴式巷道掘进机截割部分的对比

第三节 全断面巷道掘进机

全断面巷道掘进机主要适用于直径为 2.5～10 m 的全岩隧（巷）道，岩石的单轴抗压强度可达 50～350 MPa；可一次截割出所需断面，且形状多为圆形，主要用于工程涵洞和隧道的岩石掘进。

全断面巷道掘进机的名称在我国过去很不统一，各行业均冠以习惯称呼，铁道和交通部门称之为隧道掘进机，矿山部门称之为巷道掘进机，水电部门又称之为隧洞掘进机。

国家标准（GB 4052—1983）统一称之为全断面岩石掘进机（Full Face Rock Tunneling Boring Machine，TBM），简称掘进机。本书称之为全断面巷道掘进机。

全断面巷道掘进机的定义：一种靠旋转和推进刀盘，通过盘形滚刀破碎岩石而使隧洞全断面一次成形的机器。

一、全断面巷道掘进机的分类

掘进机种类繁多，根据不同的参照标准有不同的分类方法，如：

（1）按一次开挖断面占全部断面的份额可分为全断面和部分断面。

（2）按开挖断面的形状可分为圆形断面和非圆形断面。

（3）按开挖断面的大小可分为大、中、小。

（4）按成洞开挖次数可分为一次成洞和先导后扩。

（5）按开挖的洞线可分为平洞、斜洞和竖井。

（6）按开挖隧洞掌子面是否需要压力稳定可分为常压和增压。

（7）按掘进机的头部形状可分为刀盘式和臂架式。

（8）按掘进机是否带有盾壳可分为敞开式和护盾式。

（9）按掘进机的盾壳数量可分为单护盾和双护盾。

根据上述掘进机的分类，全断面巷道掘进机是开挖岩石断面为全断面的圆形隧道、基本能自稳的隧洞，具有常压式和刀盘式机头的平洞掘进机。

全断面巷道掘进机目前在国内通常有以下两种：

（1）岩石掘进机。岩石掘进机就是适合硬岩开挖的隧道掘进机，一般用在山岭隧道或大型引水工程。

（2）盾构机。盾构机是适用于软岩、土的隧道掘进机，主要用于城市地铁及小型管道。

二、全断面巷道掘进机的施工优点

全断面巷道掘进机作为一种长隧洞快速施工的先进设备，其在隧洞施工中的主要优点是快速、优质、安全、经济。

1. 快速

掘进机施工的核心优点是掘进速度快。其开挖速度一般是钻爆法的 3～5 倍。

掘进机的掘进速度首先取决于设计。目前全断面巷道掘进机设计的最高掘进速度已达 6 m/h，理论最高月进尺可达 4 320 m。实际月进尺还取决于两个因素：一是岩石破碎的难易程度所决定的实际发生的每小时进尺；二是反映管理水平的掘进机作业率。目前，掘进机的管理水平一般可使作业率达到 50%。在花岗片麻岩中，月掘进尺可达 500～600 m/月，在石灰岩、砂岩中，月掘进尺可达 1 000 m/月，在粉砂岩中月掘进尺可达 1 500～1 800 m/月。这样的月掘进速度已经在掘进机施工的秦岭隧洞、蘑沟岭隧洞、桃花铺隧洞、引大入秦隧洞、引黄入晋隧洞中实现。这样的掘进速度是钻爆法望尘莫及的。但是，这样的速度还不是最高的，只要进一步提高管理水平，还有可能创造更高的月掘进尺。

2. 优质

掘进机开挖的隧洞由于是用刀具挤压和切割洞壁岩石，所以洞壁光滑美观。

掘进机开挖隧洞的洞壁糙率一般为 0.019，比钻爆法的光面爆破的糙率还小 17%。

掘进机开挖的洞径尺寸精确、误差小，可以控制在 2 cm 范围内。

掘进机开挖隧洞的洞线与预期洞线误差也小，可以控制在 5 cm 范围内。

3. 安全

掘进机开挖隧洞对洞壁外的围岩扰动少，影响范围一般小于 50 cm，容易保持原围岩的稳定性，得到安全的边界环境。

掘进机自身带有局部或整体护盾，使人员可以在护盾下工作，有利于保护人员安全。

掘进机配置有一系列的支护设备，在不良地质处可及时支护，以保安全。

由于掘进机是机械能破岩，没有钻爆法的炸药等化学物质的爆炸和污染。

采用电视监控和通信系统，操作自动化程度高，作业人员少，便于安全管理。

4. 经济

目前我国使用掘进机，若只核算纯开挖成本是会高于钻爆法的。但掘进机成洞的综合成本可与钻爆法比较，其经济性主要表现在成洞的综合成本上。由于采用掘进机施工，使单头掘进 20 km 隧洞成为可能。可以改变钻爆法长洞短打、直洞折打的费时费钱的施工方法，代之以聚短为长、裁弯取直的方法从而省时省钱。掘进机施工洞径尺寸精确，对洞壁影响小，可以不衬砌或减少衬砌，从而降低衬砌成本。掘进机的作业面少，作业人员少，人员的费用少。掘进机的掘进速度快，可提早成洞，提早得益。这些理由促使掘进机施工的综合成本降低到可与钻爆法竞争。

掘进机开挖隧洞的经济性只有在开挖长隧洞，尤其是隧洞长度超过 3 km 时才能体现。

掘进机的上述四大优点中的核心优点是快速。

三、全断面巷道掘进机的弱点

作为隧洞快速施工的设备，全断面巷道掘进机也有它的适用范围和局限性，在选用时应加以考虑。

（1）全断面巷道掘进机的一次性投资成本较高。现在国际市场上敞开式全断面巷道掘进机的价格是每米直径 100 万美元，双护盾掘进机的价格每米直径 120 万美元。若国外掘进机在国内制造，结构件在国内生产，则敞开式全断面掘进机的价格是每米直径 70 万美元，双护盾掘进机的价格是每米直径 85 万美元，为国际市场价格的 70%。一台 10 m 的全断面巷道掘进机主机加后配套设备的价格为上亿元人民币。因此，作为全断面巷道掘进机的施工承包商一定要具有足够的经济实力。

（2）全断面巷道掘进机的设计制造需要一定的周期，一般需要 9 个月。这不包括运输和洞口安装调试时间。因此，从确定选用掘进机到实际使用掘进机需预留 11~12 个月的时间。

（3）全断面巷道掘进机一次施工只适用于同一个直径的隧洞。虽然掘进机的动力推力等的配置可以使其适用于某一段直径范围，但结构件的尺寸改动需要一定的时间和满足一定的规范，一般只在完成一个隧洞工程后，更换工程时才实施。

（4）全断面巷道掘进机对地质比较敏感，不同的地质需要不同种类的掘进机并配置相应的设施。

综上所述，全断面巷道掘进机适用于长隧洞的施工。

四、全断面巷道掘进机的基本功能

全断面巷道掘进机在掘进工况时，必须具有掘进、出渣、导向、支护四个基本功能，并配置有完成这些功能的机构。

1. 掘进功能

掘进功能分为破碎掌子面岩石的功能和不断推进掘进机前进的功能。为此掘进机必须配置合适的破岩刀具并给予足够的破岩力，即推力和转动刀盘变换刀具破岩位置的回转力矩，还必须配置合适的支承机构将破岩用的推力和刀盘回转力矩传递给洞壁，同时推进和支承机构还应具有步进作用以实现掘进机前进的功能。

刀具、刀盘、刀盘驱动机构、推进机构、支承机构是实现掘进功能的基本机构。

掘进推力大于岩石破碎所需的力、刀盘回转力矩大于在推力下全部刀具的回转阻力矩、支承力产生的比压小于被支承物的许用比压、整机接地比压小于洞底许用比压是实现掘进功能的基本力学条件。

2. 出渣功能

出渣功能细分为导渣、铲渣、溜渣、运渣。

工作面上被破碎的岩石受重力的作用顺工作面会下落到洞底，在刀盘上设置耐磨的导渣条，既可增加刀盘的耐磨性，又可将岩渣导向铲斗，这就是导渣。刀盘四周设置有足够数量的铲斗，铲斗口缘配置铲齿或耐磨铲板，将每转落入洞底的岩渣铲入铲斗，这就是铲渣。随着刀盘的回转，铲斗将岩渣运至掘进机的上方，超过岩渣堆积的安息角时，岩渣靠自重下落，通过溜渣槽溜入运渣胶带机，这就是溜渣。最后胶带输送机将岩渣向机后运出。掘进机具有破、导、铲、溜、运连续进行的特点。

导渣条、铲斗、溜渣槽、胶带输送机是出渣的基本装置。

足够容积和数量的铲斗，合适的铲斗进、出口，合理的溜渣槽和刀盘转速，具有足够输送能力的胶带输送机，是实现顺利出渣的基本的几何和运动学条件。

3. 导向功能

导向功能又可细分为方向的确定、方向的调整、偏转的调整。

采用先进的激光导向装置来确定掘进机的位置。当掘进机偏离预期的洞线时，采用液压调向油缸调整水平方向和垂直方向的偏差。当掘进机受刀盘回转的反力矩作用，整体发生偏转时，采用液压纠偏油缸来纠正。

激光导向、液压调向油缸、液压纠偏油缸是导向、调向的基本装置。

4. 支护功能

支护功能又可分为掘进前未开挖地质的预处理、开挖后洞壁的局部支护和全部洞壁的衬砌。

对已预报的掘进机前方未开挖段不良地质的预处理，主要采用混凝土灌浆、化学灌浆和冰冻固结。对开挖后局部不良地质的处理，主要采用喷混凝土、锚杆、挂网和设置钢拱架。对开挖后的洞壁接触空气不久全线水解、风化的隧洞采用全洞混凝土预制块衬砌、密封、灌浆的方法。

采用不同的支护方法应配置相应不同的设备，如锚干机、钢拱架安装机、混凝土管片安装机、喷混凝土机、混凝土灌浆机、化学注浆泵、冰冻机等。

在上述掘进、出渣、导向、支护四个基本功能中，掘进、出渣、导向三个功能贯穿在掘进机掘进全过程中，支护功能只是在必要时才使用。

五、敞开式全断面掘进机

1. 分类

敞开式全断面掘进机有两种基本形式：单水平支承靴式（图 3-23）和双水平支承靴式（图 3-24）。

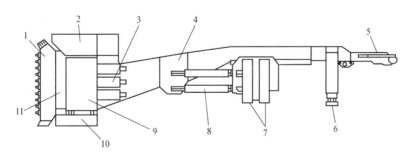

图 3-23　单水平支承靴式掘进机示意

1—掘进刀盘；2—拱顶护盾；3—驱动组件；4—主梁；5—出渣输送机；6—后支承；7—撑靴；

8—推进千斤顶；9—侧护盾；10—前支承；11—刀盘支承

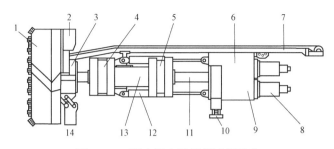

图 3-24 双水平支承靴掘进机示意

1—掘进刀盘；2—拱顶护盾；3—轴承外壳；4—前水平撑靴；5—后水平撑靴；6—齿轮箱；7—出渣输送机；
8—驱动电动机；9—星形变速箱；10—后下支承；11—扭矩筒；12—推进千斤顶；13—主机架；14—前下支承

2. 敞开式全断面掘进机的构造

其主要构造包括刀盘、控制系统、支承和推进系统，以及后部配套设备。

1）刀盘

刀盘是用来安装刀具、由钢板焊接的结构件，是掘进机中几何尺寸最大、单件重量最大的部件。因此它是装拆掘进机时起重设备和运输设备选择的主要依据。刀盘与大轴承转动组件通过专用大直径、高强度螺栓连接，如图 3-25 所示。

图 3-25 刀盘

（1）刀盘的功能。

① 按一定的规则设计安装刀具。

② 岩石被刀具破碎后，由刀盘的铲斗铲起，落入胶带输送机的溜渣槽向机后排出。

③ 阻止破岩后的粉尘无序溢向洞后。

④ 必要时施工人员可以通过刀盘，进入掘进机刀盘前观察掌子面。

（2）刀盘上的主要构件。根据刀盘的功能，掘进机刀盘上有如下构件：

① 按一定顺序排列焊在刀盘上用以安装刀具的刀座。

② 目前均采用刀盘背面换刀工艺，因此刀具背面除了焊有刀具序号外，还在相关位置上焊有便于吊装刀具的吊耳。

③ 大直径刀盘还必须焊有人可以爬上爬下检查的踩脚点和把手点。

④ 必要时刀盘正面适当位置焊有导渣板，引导岩渣导入铲斗。

⑤ 刀盘四周布置有相应数量的铲斗，铲斗唇口上装有可更换的铲齿或铲渣板。

⑥ 刀盘正面布置有喷水孔。必要时喷水孔上装配有防护罩，其作用是既保护喷嘴不被

粉尘堵塞或不被岩渣砸坏，又能便于清洗以保证喷水雾的连续实现。

⑦ 刀盘上配置有人孔通道。在掘进时，人孔通道用盖板封盖；停机时，封盖可向刀盘后面开启，便于人员和物件通过。

⑧ 刀盘正面焊有耐磨材料，以免刀盘长时间在岩石中运转磨损。

⑨ 刀盘背面必须有与大轴承回转件相连接的精加工部分及其螺孔位。

⑩ 刀盘背面有安装水管的位置，切该位置不易被岩渣撞击水管。

（3）刀盘的结构形式。按外形刀盘的形式可以分成如下三种：

① 中锥形：这种形式借鉴早期的石油钻机。

② 球面形：这种形式适用于小直径掘进机，直接借用大型锅炉容器的端盖制成。

③ 平面圆角形：这种形式的刀盘中部为平面，边缘圆角过渡。这种形式的刀盘制作工艺较简单，安装刀具较方便，也便于掘进时刀盘对中和稳定，是目前掘进机刀盘最佳又最普遍的结构形式。

2）刀具

刀具是全断面巷道掘进机破碎岩石的工具，是掘进机主要研究的关键部件和易损件。经过几十年的工程实践，目前公认为盘形单刃滚刀是最佳刀具。

（1）刀具的发展历史。掘进机的刀具是由石油钻机的牙轮钻演变而来的。从结构形式上经历了牙轮钻、球齿钻、双刃滚刀，发展到现在的单刃滚刀。

刀圈的形状由不同刀尖角的宽形劈刀发展到现在的窄形滚刀。

刀具的直径发展阶段为 $\phi280\,mm \rightarrow \phi300\,mm \rightarrow \phi350\,mm \rightarrow \phi400\,mm \rightarrow \phi432\,mm \rightarrow \phi482\,mm \rightarrow \phi432\,mm$。这是兼顾了刀具轴承承载能力、延长刀具使用寿命、利于更换刀具的刀具自重等因素的综合结果。

目前采用的 $\phi432\,mm$ 的窄形单刃滚刀已被施工实践广泛应用。

（2）刀具的分类。

由于刀具在刀盘上的安装位置不同，可以分为中心刀、正刀和边刀三类。

① 中心刀。中心刀安装在刀盘中央范围内。因为刀盘中央位置较小，所以中心刀的刀体做得较薄，数把中心刀一起用楔块安装在刀盘中央部位。

② 正刀。这是最常用的刀具，正刀采用统一规格，可以互换。

③ 边刀。边刀是布置在刀盘四周圆弧过渡处的刀具。由于刀具安装位置与刀盘有一个倾角，而边刀的刀间距也逐渐减小，从布置要求出发，边刀的特点是刀圈偏置在刀体的向外一侧，而中心刀、正刀都是正中安置在刀体上。

为了减少备件和安装方便，中心刀、正刀、边刀使用的刀圈、轴承、金属密封和固定螺栓都设计成可互换的。

（3）刀具的结构。盘形刀具由轴、端盖、金属浮动密封、轴承、刀圈、挡圈、刀体、压板、加油螺栓等部分组成，如图 3-26 所示。有的结构中两轴承间采用隔圈形式。其中刀圈、轴承、金属浮动密封是刀具的关键件。刀圈在均匀加热到 150 ℃～2 000 ℃后热套在刀体上。

轴承均采用优质高承载能力的圆锥推力轴承，采用金属密封以确保刀体内油液保持一定的压力。以上措施均为了延长刀具的使用寿命、减少刀具损耗、缩短换刀时间和降低成本。

（4）刀具的寿命。刀具是掘进机在使用过程中用量最大的易耗品。一般开挖 10 km 硬岩隧道时，刀具的使用消耗将占整机价格的 30% 左右。刀具的寿命又直接决定了换刀次数和换刀停机时间，一般情况下换刀时间占全部时间的 10%～20%。因此刀具的使用寿命直接影响

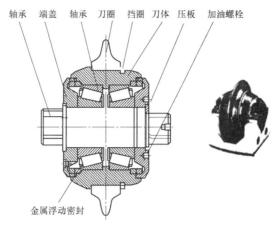

图 3-26　盘形刀的结构

开挖成本和掘进机的作业率。

① 刀具的寿命。目前使用的 $\phi 432$ mm 的窄形单刃滚刀综合使用寿命见表 3-4。

表 3-4　$\phi 432$ mm 的窄形单刃滚刀综合使用寿命

岩石种类	完整石英片麻岩	花岗岩	砂岩、石灰岩
平均每刀破岩量/m³	～100	～500	1 500～2 500

② 刀具的损坏形式。刀具的损坏形式分为正常磨损损坏和非正常损坏。

a. 刀具的正常磨损损坏。用标准刀圈模板测定边刀刀刃磨损 12.7～15 mm（1/2″～5/8″），正刀磨损 38 mm$\left(1\dfrac{1''}{2}\right)$，其余部分正常，则刀具属正常磨损。正常磨损占全部损坏刀具的 90% 以上。

b. 非正常损坏。非正常损坏有如下形式：

刀圈崩裂：刀圈热处理不当，刀圈刀体紧配合过量。

刀圈相对刀体滑动：刀圈与刀体紧配合量不足，刀具在刀盘上安装不当。

刀圈磨成多角形：轴承损坏，刀具无法自转，金属浮动密封损坏，漏油。

漏油：金属浮动密封损坏或加油螺塞失效。

刀圈卷刃：刀圈热处理不当，硬度不足。

刀圈熔化：刀盘水冷却系统损坏。

挡圈断裂：挡圈哈夫处焊接强度不够。

刀具固定螺栓失落：长期更换刀具，螺纹损坏。

刀具固定螺栓断裂：固定螺栓的预紧力未调均匀。

刀体磨损：刀圈已超过极限磨损而未更换。刀体直接与洞壁接触。

（5）延长刀具寿命的措施。为了延长刀具的寿命，在刀具设计中已经采用了大直径 $\phi 432$ mm 刀具，在使用中还应采取如下措施：

① 常规措施。

选用品牌 $\phi 432$ mm 刀具，其中刀圈、轴承、金属浮动密封必须是品牌产品。

严格按照规定组装刀具，包括装配精度、温度、油质、油量、油压，严格测定油压和保压时间、刀盘回转力矩。

将刀具正确安装在刀盘上，按规定调整螺栓预紧力。

及时检查、测量刀具磨损及其他损坏情况，及时更换已损坏的刀具。

保证刀盘水系统的正常工作，做到先喷水雾，再掘进。

做好刀具的档案记录，根据记录数据及时制定相关措施。

② 非常规措施。

对完整性好、抗压强度特高的岩石，掘进速度＜1.5 m/h 时，应考虑全盘更新刀具，并增设喷泡沫剂的工艺。

掘进前方遇有金属物，如钢丝网、钢管、木船钢钉、锚等时，必须先清除，后掘进。

避免在掘进前方先开掘导洞再行扩挖。因为导洞与扩挖洞交界处刀具的受力工况十分恶劣，最易损坏。

3）大轴承

（1）大轴承的作用。

承受刀盘推进时的巨大推力和倾覆力矩，并传递给刀盘支承。

承受刀盘回转时的巨大回转力矩，并将其传递给刀盘驱动系统。

连接回转的刀盘和固定的刀盘支承，实现转与不转的交接。

（2）大轴承的结构形式。目前掘进机采用的大轴承有三种结构形式：三排三列滚柱大轴承、三排四列滚柱大轴承和双列圆锥滚柱大轴承。

① 三排三列滚柱大轴承。三排三列滚柱大轴承由一排一列径向滚柱、一排一列主推力滚柱和一排一列非主推力滚柱组成。由于径向滚柱和主推力滚柱分别设置，所以受力明确，承载能力较大。因主推力滚柱只有一排，一般适用于直径较小的掘进机。

② 三排四列滚柱大轴承。三排四列滚柱大轴承由一排一列径向滚柱、一排二列主推力滚柱和一排一列非主推力滚柱组成。这种结构除有径向滚柱和主推力滚柱分别设置并且受力明确的优点外，因有二排主推力滚柱，因此能承受很大推力，适合大直径硬岩掘进机使用。

③ 双列圆锥滚柱大轴承。双列圆锥滚柱大轴承由相对安置的二列相同的圆锥滚柱组成，在推力方向的一列圆锥滚柱同时承受轴向推力、径向力和倾覆力矩。非推力方向的一列滚柱只受径向力和倾覆力矩。双列圆锥滚柱大轴承一般适用于 150 MPa 以下岩石的掘进。其优点是双列圆锥的同一性。在掘进机大修时，可将大轴承翻转 180° 使用，将原非主推力一侧滚柱变成主推力一侧滚柱，这样可以延长轴承的使用寿命近一倍。

（3）大轴承的寿命。目前大轴承的使用寿命一般为 15 000～20 000 h。这一使用寿命是确保掘进机掘进 20 km 不更换轴承的依据。平常通称掘进机一次使用寿命为 20 km，就是由此而来。其他大型结构件一般使用 40～60 km 也是完全可能的。

大轴承寿命的影响因素还有如下几个：

① 大轴承的润滑和密封。良好的强制性稀油润滑和多道有效密封是确保大轴承寿命的必要条件之一。

② 大轴承安装工艺，特别是刀盘电焊时必须控制电流不能通过大轴承，否则大轴承滚道表面因电焊电流的通过形成火花，易产生凹坑而损坏。

③ 大轴承都是单件生产，价格高（一般占整机造价的 10%左右），按国外大轴承生产规定，允许有 10%的不合格率，因此购买掘进机时买方要承担 10%的风险。

（4）大轴承的定圈和动圈。

① 大直径掘进机一般采用内圈固定、外圈回转配合的方式驱动系统，大轴承配内齿圈，这样有利于降低刀盘的转速。

② 小直径掘进机一般采用外圈固定、内圈回转配合的方式驱动系统，大轴承配外齿圈，这样有利于刀盘驱动系统的布置。

（5）大轴承的密封。大轴承的密封分内密封（大轴承内圈处）和外密封（大轴承外圈处）两种方式。每处的密封通常由三道优质密封圈和两道隔圈组成。三道密封圈的唇口有一定的压力，压在套于刀盘支承上的耐磨钢套上。由于密封圈的直径较大，在粘制密封圈时长度余量必须严格控制。若长度过短，则粘制后直径偏小，安装后容易胀裂或减小唇口压力；若长度过长，则粘制后直径偏大，安装后容易松动（外圈）或起皱褶（内圈），从而降低密封效果，甚至失效。

由于密封圈的直径较大，在安装时应多人多点同步装入，避免扭曲和不同步使密封圈拉伸变形。

除了密封圈密封外，根据需要还可增设机械的迷宫密封。在安装时，迷宫槽内充满油脂，使用时可不断注入油脂以防粉尘和水分通过密封圈浸入大轴承。

4）刀盘驱动系统

全断面巷道掘进机刀盘驱动系统的功能是驱动刀盘用于掘进、安装调试和换刀。

（1）刀盘驱动系统的特点。

① 大功率、大速比：传递功率大，一般在 1 000 kW 以上；从电动机到刀盘的减速比也大，一般 >200。

② 刀盘驱动系统为系列化、多套式，每套功率都在 200 kW 以上。

③ 具有二级变速功能以满足不同硬度岩石的需要。

④ 具有慢速点动功能以满足换刀需要。

⑤ 挖掘硬岩时只能顺铲斗铲渣方向回转。

⑥ 驱动系统的元件要求径向尺寸小，而轴向尺寸可适当放宽。

⑦ 刀盘驱动系统要有能承受一定轴向荷载的能力。

（2）驱动系统的布置形式。驱动系统的布置形式有前置式和后置式两种。

① 前置式。前置式驱动系统的减速箱、电动机直接连在刀盘支承上，结构紧凑。但掘进机头部比较拥挤，增加了头部重量。

② 后置式。后置式驱动系统的减速箱、电动机布置在掘进机中部或后部，通过长轴与安装在刀盘支承内的小齿轮相连。这样布置有利于掘进机头部设施的操作和维修，也对掘进机整机重量的均衡布置有益，但增加了整机重量。

以上两种布置方式在技术上都可行，各有优、缺点。

（3）驱动系统的组成。驱动系统由电动机、离合器、制动器、二级行星减速器、慢速驱动和点动电动机、长轴（后置式）、小齿轮和大齿圈组成。

① 电动机。采用小直径、大功率的水冷式专用电动机，一般单台电动机的转速为 1 000～1 500 r/min，驱动功率为 200～450 kW。

② 离合器。目前采用的离合器有液压离合器和压缩空气离合器两种。液压离合器具有传动扭矩大的优点，但离合的反应比较迟缓，容易造成多片离合片的不均匀磨损，一般用于

功率要求大的掘进机上。压缩空气离合器具有离合反应快、过载保护能力强的优点，但传递扭矩较小，适用于开挖硬度<150 MPa岩石的掘进机。

③ 制动器。均采用多片式，常用液压制动器，刀盘停止回转即自动制动。只有打开制动器才能驱动刀盘。

④ 二级行星减速器。掘进机均采用二级行星减速器，以满足大功率、大速比的减速要求，齿轮箱采用强制液油润滑和水冷以减小其体积。

⑤ 长轴。在后置式驱动系统中，采用长轴并通过鼓形联轴节将齿轮减速箱和小齿轮轴相连。因长轴是回转部件，其外面还需安装保护套管，以保证安全。

⑥ 小齿轮。为实现大速比，小齿轮的齿数一般设为 $Z_小 = 14\sim17$，且需进行修正加工。小齿轮必须避免单支点的悬臂结构形式而采用安装在刀盘支承上双支点形式，以确保大、小齿间的正常啮合。

⑦ 大齿圈。小齿轮和大齿圈的配合使掘进机刀盘驱动系统的第二级大速比减速。对于大直径掘进机，大齿圈采用内齿圈形式。这样既有利于驱动系统的布置，也有利于内齿圈齿数增多而增大减速比，从而降低刀盘转速。对于小直径掘进机大齿圈采用外齿圈形式，这样有利于驱动系统布置和刀盘转速适当加大。

⑧ 慢速驱动和点动电动机。为更换刀具的需要，有时要将刀具转到特定的更换位置，一般在齿轮减速箱输入端旁边置一低速液压电动机，以实现刀盘慢速驱动和点动，转速控制在 1 r/min 以下。在换刀时，刀盘已离开掌子面而不与洞壁接触，此时允许刀盘正、反双向转动，以利于换刀。

5）掘进机头部机构及稳定头部装置

掘进机在掘进作业时，因岩石的不均质性，常引起头部的激烈振动。掘进机头部刀盘支承的四周连接了一圈护盾装置，这些装置起着保护机头、稳定机头的作用，必要时还辅以调向的作用。

除了上述结构，一般掘进机还有液压系统，供电系统，运输系统，通风系统，降温，防尘、供水及安全系统，隧道支护设备系统，其他辅助设施。

3. 破岩机理

在掘进时切削刀盘上的滚刀沿岩石开挖面滚动，切削刀盘均匀地对每个滚刀施加压力，形成对岩面的滚动挤压，切削刀盘每转动一圈，就会贯入岩面一定深度，在滚刀刀刃与岩石接触处，岩石被挤压成粉末，从这个区域开始，裂缝向相邻的切割槽扩展，进而形成片状石渣，从而实现破岩。这种破碎方法称为挤压破碎方法，如图 3-27 所示。

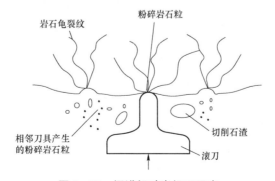

图 3-27　掘进机破岩机理示意

4. 推进原理

掘进机的推进原理如图3-28所示，水平支承液压缸装在大梁的后部，通过四个推进油缸的机头架相连。工作时，先将水平支承板撑在巷道的两帮用以支承住机器后半部的重量，然后将后支承液压缸提起，再开动推进液压缸将刀盘、机头连同大梁一起推向工作面。达到推进行程后，再将后支承缸放下撑在底板上，支承住机器后半部重量，然后缩回水平支承缸的活塞杆，使水平支承板脱离岩帮。再收缩推进液压油缸，拉动水平支承缸沿大梁向前移动一个步距，即完成一个推进行程。此后不断地重复上述过程，机器即以迈步行走的方式向前推进。

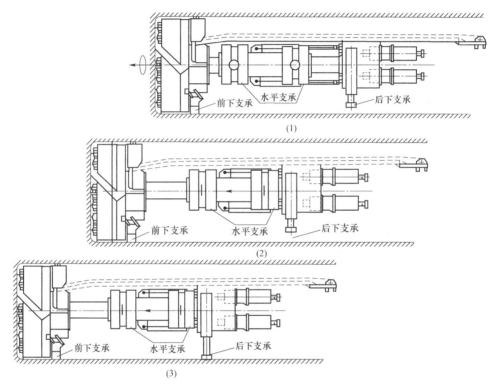

图3-28　掘进机的推进原理

七、盾构机简介

盾构机全名为盾构隧道掘进机，如图3-29所示。它是一种隧道掘进的专用工程机械，现代盾构机集光、机、电、液、传感、信息技术于一体，具有开挖切削土体、输送土渣、拼装隧道衬砌、测量导向纠偏等功能，涉及地质、土木、机械、力学、液压、电气、控制、测量等多门科学技术，而且要按照不同的地质进行"量体裁衣"式的设计制造，可靠性要求极高。盾构机已广泛用于地铁、铁路、公路、市政、水电等隧道工程。

用盾构机进行隧洞施工具有自动化程度高、节省人力、施工速度快、一次成洞、不受气候影响、开挖时可控制地面沉降、减少对地面建筑物的影响和在水下开挖时不影响水面交通等特点，在隧洞洞线较长、埋深较大的情况下，用盾构机施工较为经济合理。

图 3-29 盾构机

1. 盾构机的基本工作原理

盾构机就是一个圆柱体的钢组件沿隧洞轴线边向前推进边对土壤进行挖掘。该圆柱体组件的壳体即护盾，它对挖掘出的还未衬砌的隧洞段起着临时支承的作用，承受周围土层的压力，有时还承受地下水压并将地下水挡在外面。挖掘、排土、衬砌等作业在护盾的掩护下进行。

2. 盾构机的选型原则

盾构机的选型原则是因地制宜，尽量提高机械化程度，减少对环境的影响。

第四节 装 载 机 械

一、P-30B 型耙斗式装载机

耙斗式装载机是利用绞车牵引耙斗耙取岩石装入矿车的机械。P-30B 型耙斗式装载机适用于高度大于 2 m、断面面积大于 5、倾角小于 35°的岩巷、煤巷、煤-岩巷道的掘进工作面。它不仅可以在平巷中使用，而且可在斜井、上下山及拐弯巷道中使用，上山倾角在30°内，下山可超过 30°。

1. 装载机的结构及装载原理

如图 3-30 所示，P-30B 型耙斗式装载机主要由耙斗、绞车、机槽和台车等组成。工作时，耙斗借自重插入岩堆。耙斗前端的工作钢丝绳和后端的返回钢丝绳分别缠绕在绞车的工作滚筒和回程滚筒上。按动电动机按钮使绞车主轴旋转，再搬动操纵机构中的工作滚筒手把，使工作滚筒回转，工作钢丝绳不断缠到滚筒上，牵引耙斗沿底板移动将岩石耙入簸箕口，经连接槽、中间槽和卸载槽，由卸载槽底板上的卸料口卸入矿车。然后，操纵回程滚筒手把，使绞车回程滚筒回转，返回钢丝绳牵引耙斗返回到岩堆处，一个循环完成，重新开始耙装。所以，耙斗式装载机是间断装载岩石的。机器工作时，用卡轨器将台车固定在轨道上，以防台车工作时移动。为防止工作过程中卸料槽末端抖动，用撑脚将卸载槽支承到底板上。在倾角较大的斜巷中工作时，除用卡轨器将台车固定到轨道上外，另设一套阻车装置（图中未画出）防止机器下滑。固定楔固定在工作面上，用以悬挂尾轮。移动固定楔位置，可改变耙斗装载位置，以耙取任意位置的岩石。

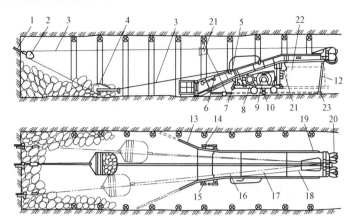

图 3-30 P-30B 型耙斗式装载机工作原理示意

1—固定楔；2—尾轮；3—钢丝绳；4—耙斗；5—机架；6—护板；7—台车；8—操纵机构；9—绞车；10—卡轨器；
11—托轮；12—撑脚；13—挡板；14—簸箕口；15—升降装置；16—连接槽；17—中间槽；18—卸载槽；
19—缓冲器；20—头轮；21—照明灯；22—矿车；23—轨道

　　P-30B 型耙斗式装载机在拐弯巷道中的使用如图 3-31 所示。第一次迎头耙岩时，钢丝绳通过在拐弯处的开口双滑轮到迎头尾轮，将迎头的矿渣耙到拐弯处，然后将钢丝从双滑轮中取出，把尾绳轮移至尾绳轮的位置，即可按正常情况耙岩。

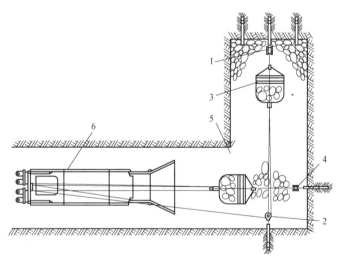

图 3-31 P-30B 型耙斗式装载机在拐弯巷道中的使用

1，4—尾轮绳；2—双滑轮；3，5—耙斗；6—耙斗式装载机

　　此外，耙斗式装载机的绞车、电气设备和操纵机构等都装在溜槽下面。为了使用方便，耙斗式装载机两侧均设有操纵手把，以便根据情况在机器的任意一侧操纵。移动耙斗式装载机时，可用人力推动或用绞车牵引。

2. 装载机的主要组成部件及传动系统

1）耙斗

耙斗是装载机的工作机构，其结构如图 3-32 所示。该耙斗容积为 0.3 m³。尾帮、侧板、拉板和筋板焊接成整体，组成马蹄形半箱形结构，两块耙齿各用 6 个铆钉固定在尾帮下端，磨损后可更换。尾帮后侧经牵引链与钢丝绳接头连接，拉板前侧与钢丝绳接头连接。绞车上工作钢丝绳和返回钢丝绳分别固定在前、后钢丝绳接头上。

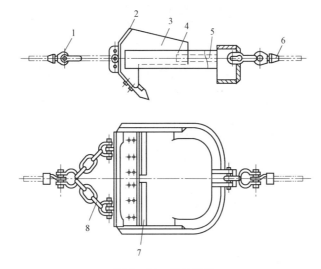

图 3−32　耙斗结构

1，6—钢丝绳接头；2—尾帮；3—侧板；4—拉板；5—筋板；7—耙齿；8—牵引链

2）绞车

耙斗式装载机的绞车有三种类型，即行星轮式、圆锥摩擦轮式和内张摩擦轮式，使用较普遍的是前一种形式。P−30B 型耙斗式装载机即采用行星轮式双滚筒绞车，它主要由电动机、减速器、卷筒、带式制动闸等组成。绞车的两个卷筒可以分别进行操纵。

绞车的主轴件如图 3−33 所示，主轴 13 穿过工作卷筒 1 和回程卷筒 8，两卷筒与内齿圈

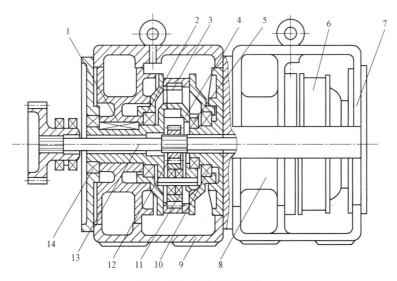

图 3−33　绞车的主轴件

1—工作卷筒；2，5，10，14—轴承；3，6—内齿圈；4—行星轮架；7，9—绞车架；

8—回程卷筒；11—行星轮；12—中心轮；13—主轴

3、6 分别支承在相应的轴承上，内齿圈的外缘即带式制动闸的制动轮，整个绞车经绞车架 7 和 9 固定在台车上。必须指出，主轴的安装方式很特殊，没有任何支承，呈浮动状态。主轴左端与减速器内大齿轮的花键连接，中间段和右端与相应中心轮 12 的花键连接。这种浮动结构可自动调节 3 个行星轮 11，使其负荷趋于均匀，以改善主轴和行星轮的受力状况，提高使用寿命。

3）传动系统

P-30B 型耙斗式装载机绞车传动系统如图 3-34 所示。矿用隔爆电动机的功率为 17 kW，转速为 1 460 r/min，超载能力较大，最大转矩可达转矩的 2.8 倍，以适应短时的较大负载。

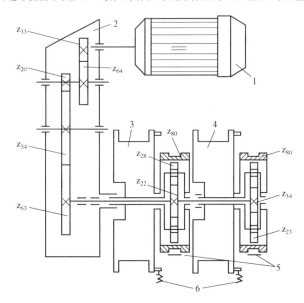

图 3-34　P-30B 型耙斗式装载机绞车传动系统
1—电动机；2—减速器；3—工作卷筒；4—回程卷筒；5—制动器；6—辅助制动闸

减速器 2 的传动比为 5.14，采用惰轮使进、出轴中心距加大，以便安装电动机和卷筒。卷筒主轴转速为 284 r/min。两个带式制动器 5 分别控制工作卷筒和回程卷筒与主轴的离合。耙斗式装载机工作时，电动机和主轴始终回转，工作卷筒和回程卷筒是否回转，要看两个带式制动器是否闸住相应的内齿圈。采用这种绞车，可防止电动机频繁启动，耙斗运动换向也很容易实现。由于耙斗返回行程比工作行程时阻力小，为了缩短回程时间，故回程卷筒比工作卷筒转速快，相应的行星轮传动比不同，使工作卷筒转速为 61.2 r/min，回程卷筒的转速为 84.8 r/min。

传动过程：电动机启动后，经减速器齿轮 z_{33}、z_{64} 和齿轮 z_{20}、z_{54}、z_{63} 传动卷筒中心轮 z_{22} 和 z_{34}。工作卷筒 3 和回程卷筒 4 各经一套行星齿轮驱动，若两内齿圈均未制动，则行星轮 z_{29}、z_{23} 自转，系杆不动，两卷筒不工作。当左边内齿圈闸住时，工作卷筒转动；右边制动闸将右边内齿圈闸住时，回程卷筒工作。交替制动两个齿圈，就可使耙斗往返运动进行装载。必须注意，两个内齿圈不能同时闸紧，以免拉断钢丝绳和损坏机件。

绞车的两套行星轮机构完全相同，但中心轮和行星轮的齿数不同，使耙斗的装载行程和返回行程速度不同。所以，在检修中切不可把两齿轮装反。不论在装载行程还是返回行程中，总有一个卷筒被钢丝绳拖着转动，处于从动状态。在卷筒松闸停转时，从动卷筒有可能因惯性不能立即停转，使钢丝绳松圈造成乱绳和压绳现象，为此在两个卷筒的轮缘上设有辅助闸，利用弹簧使辅助闸始终闸紧辅助制动轮。当需要调整耙斗行程长度或更换钢丝绳时，需用人工拖放钢丝绳。为了减少体力劳动可转动辅助闸手把，使其弹簧放开，闸不起作用，待调整更换结束后再恢复原位。

二、ZC-60B 型侧卸式铲斗装载机

ZC-60B 型侧卸式铲斗装载机适用于断面大于 12 m²、上山小于 10°、下山小于 14° 的双轨巷道的掘进装载。

1. 装载机的结构及装载原理

如图 3-35 所示，ZC-60B 型侧卸式铲斗装载机主要由铲斗装载机构、履带行走机构、液压系统和电气系统组成。装载机工作时，先将铲斗放到最低位置，开动履带，借行走机构的力量，使铲斗插入岩堆，然后一面前进，一面操纵两个升降液压缸，将铲斗装满，并把铲斗举到一定高度，再把机器后退到卸料处，操纵侧卸液压缸，将料卸到矿车或胶带上运走。将料卸净后，使铲斗恢复原位，同时装载机返回料堆上，完成一个装载工作循环。

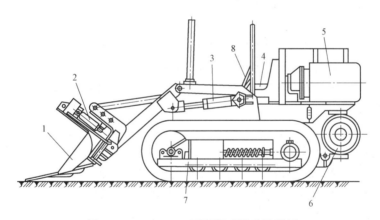

图 3-35　ZC-60B 型侧卸式铲斗装载机

1—铲斗；2—侧卸液压缸；3—升降液压缸；4—司机座；5—泵站；6—行走电动机；7—履带行走机构；8—操纵手把

2. 装载机主要组成部件的结构原理

1）铲斗装载机构

如图 3-36 所示，ZC-60B 型侧卸式铲斗装载机构主要由铲斗、侧卸液压缸、拉杆、摇臂、升降液压缸、铲斗座等组成。

铲斗 1 支承在铲斗座 6 上，彼此靠铲斗下部左侧（或右侧）的销轴 8 连接。拉杆 3 和摇臂 4 连接到行走机架上，组成双摇杆四连杆机构，在升降液压缸 5 的作用下，摇臂可上、下摆动，使铲斗座（连同铲斗）完成装载升降动作。拉杆 3 在铲斗升降过程中也做上、下摆动，使铲斗座（连同铲斗）在上升时绕着摇臂与铲斗座的铰点作顺时针转动，使铲斗装满并端平；下降时作逆时针转动，铲斗回复到装载位置。铲斗上有 3 个供拉杆连接的孔，用以改变与拉杆的连接位置，获得合理的铲斗升降运动。侧卸液压缸 2 能使铲斗相对铲斗座绕销轴 8 转动，完成铲斗的侧卸动作。

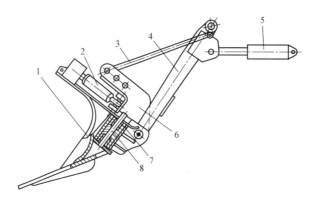

图 3-36 铲斗装载机构

1—铲斗；2—侧卸液压缸；3—拉杆；4—摇臂；5—升降液压缸；6—铲斗座；7—轴套；8—销轴

装载机的铲斗容积为 0.6 m³。铲斗由钢板焊成，斗唇呈椭圆形，侧壁很矮，以减少铲斗铲入阻力，以便于铲斗装满。铲斗后部左、右两侧的上、下位置均有 1 个销轴孔。上销轴孔用来连接侧卸液压缸活塞杆，下销轴孔用来与铲斗座连接。根据要求，向左侧卸载用左侧上、下两个销轴孔；向右侧卸载用右侧上、下两个销轴孔。侧卸液压缸是铲斗的侧卸动力，其活塞杆端与铲斗左或右侧的上销轴孔铰接，缸体端则与铲斗座的中间臂杆铰接。所以，在改变侧卸方向时，侧卸液压缸只要改变活塞杆的铰接位置即可。

铲斗座是支承铲斗的底座，由钢板焊接而成。铲入岩堆时，铲入阻力全靠铲斗座承受。摇臂呈"H"形，也由钢板焊接而成。下端两个销轴孔与铲斗座连接，上端两个销轴孔与行走机架连接，两侧的两个销轴孔则与左、右升降液压缸的活塞杆连接。

2）履带行走机构

履带行走机构由左、右对称布置的两个履带车组成。履带链封包在主链轮和导向轮上，主链轮装在履带行走减速器的出轴端。履带架上装有 4 个支重轮，机器全部重量和荷载都经支重轮作用到与底板接触的履带链上。履带的张紧靠弹簧完成。

ZC-60B 型侧卸式铲斗装载机履带行走机构的传动系统如图 3-37 所示。每个履带车由 13 kW、680 r/min 的电动机驱动，经三级圆柱齿轮减速后，以 43.8 r/min 的转速带动主链轮

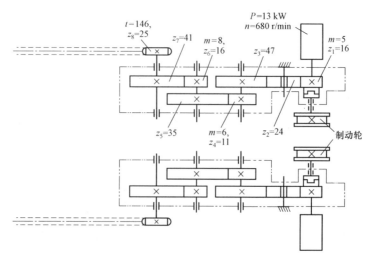

图 3-37 ZC-60B 型侧卸式铲斗装载机履带行走机构的传动系统

旋转，使机器得到 2.62 m/s 的行走速度。电动机与制动轮用联轴器连接，制动轮位于两履带之间。同时开动两台电动机正转或反转，机器为直线前进和后退。如果机器要右转弯，则关闭右履带电动机并将右制动轮制动，只开动左履带电动机机器即向右转弯。反之，机器向左转弯。如果机器要急转弯，可按相反方向（1 台电动机正转，1 台电动机反转）同时开动两台电动机即可向左或右急转弯。电动机的开停、制动闸的松开与合上靠脚踏机构联动操纵，以免误操作。脚踏机构的联动操纵系统如图 3−38 所示。

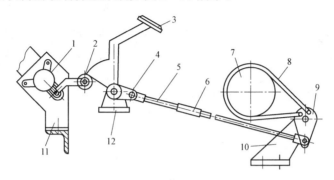

图 3−38　脚踏机构的联动操纵系统

1—行程开关；2—滚轮；3—脚踏板；4—摇杆；5—拉杆；6—调节螺母；7—制动轮；

8—制动闸带；9—摆杆；10、12—支座；11—支架

在操纵时，操作员踩下脚踏板 3，压下滚轮 2，在切断电动机的同时，使摇杆 4 向上摆动，通过拉杆 5，使摆杆 9 绕支座 10 上的销轴中心向左摆动，制动闸带 8 就将制动轮 7 闸住，电动机轴被制动。操作员松开脚踏板的同时，制动闸松开，电动机转动。脚踏板为左、右两只，左边操纵左侧履带，右边操纵右侧履带。

3）液压系统

ZC−60B 型侧卸式铲斗装载机的液压系统如图 3−39 所示。该系统的油箱形状较为复杂，除了具有储存液压油的作用外，还兼作电气防爆箱的固定基础，同时还有支承机架的作用。系统采用 L−HM32 或 L−HM46 液压油作为传动介质。油箱上部有一空气滤清器用来排除箱内空气和产生的其他气体，也是液压油的加油口。

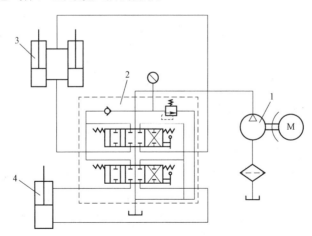

图 3−39　ZC−60B 型侧卸式铲斗装载机的液压系统

1—液压泵；2—阀组；3—升降液压缸；4—侧卸液压缸

系统采用 YB-58C-FF 型定量叶片泵，额定工作压力为 10.5 MPa，排量为 58 mL/r。换向阀、溢流阀、单向阀组成阀组，安装在操作员座位前面，两个操纵手把分别控制铲斗工作机构中的升降液压缸和侧卸液压缸。当两个换向阀处于中位时，叶片泵实现卸载。单向阀起锁紧作用，使铲斗在处于卸载位置时更加稳定。

三、ZMZ$_{2A}$-17 型蟹爪装载机

1. 适用范围

ZMZ$_{2A}$-17 型蟹爪装载机用于煤巷或含少量岩石的煤-岩巷掘进装载。巷道断面面积小于 5 m²，巷道高度小于 1.4 m，巷道倾角不大于 10°。其能装的最大块度可达 300 mm，块度小于 100 mm 时效率较高。该装载机也可用于条件适宜的采煤工作面装煤或地面向运输车辆装煤。其电气设备隔爆，可用于有瓦斯煤尘爆炸危险的矿井。

2. 装载机的结构及特点

图 3-40 所示为 ZMZ$_{2A}$-17 型蟹爪装载机的结构，主要由蟹爪工作机构、转载机构、履带行走机构、电动机及控制各部运动的液压系统组成。

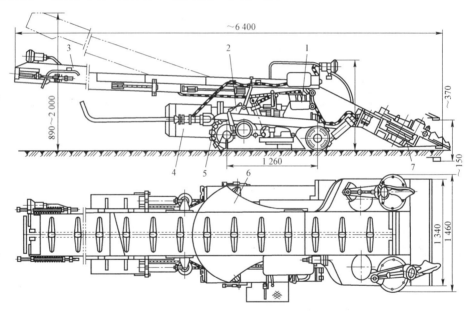

图 3-40　ZMZ$_{2A}$-17 型蟹爪装载机的结构

1—液压系统；2—传动箱；3—转载机构；4—电动机；5—履带行走机构；6—回转机构；7—装载机构

工作时，开动履带行走机构将蟹爪工作机构的铲板插入煤堆，煤块落到铲板上，对称布置的左、右蟹爪交替地把铲板上的煤块收集和推运进刮板转载机上，再由转载机把煤装入矿车或巷道输送机内。前升降液压缸能调节铲板的倾角，以适应不同煤堆高度的需要，铲板前缘可高出履带底面 370 mm，或低于履带底面 150 mm。后升降液压缸可改变转载机构的卸载高度，使转载机尾部可在离底板 890～2 000 mm 的范围内升降。回转液压缸可调节转载机构的水平卸载位置，使转载机构机尾向左或向右摆动 45°。由于采用履带行走机构，机器调动灵活，装载宽度不受限制。机器各部分动作都靠一台电动机驱动，其功率为 17 kW，转速为 1 470 r/min。主减速箱还兼作油箱用，布置在转载机构下面的两条履带中间，尺寸很紧凑。

与耙斗式装载机、铲斗式装载机相比，蟹爪装载机的主要特点是实现了连续装载，生产率较高，适合在较矮的巷道中使用。

3. 装载机主要组成部件的结构原理

1）蟹爪工作机构

蟹爪工作机构由装煤铲板和左、右蟹爪等组成。其原理如图 3-41 所示。曲柄圆盘 1、连杆 3、蟹爪 2 和摇杆 5 是通过销轴活装在一起的，形成一个曲柄摇杆机构。当圆盘上的锥齿轮被传动时，曲柄作匀速圆周运动，摇杆作摆动运动，蟹爪则形成一个肾形曲线的运动轨迹，这种运动轨迹的特点是每一运动循环可分为插入、搂取、耙装、返回四个阶段。在每个阶段，蟹爪的运动速度不同：插入、搂取速度低，返回速度高，适应了蟹爪插入、搂取时负荷大，返回时负荷小的工作特点，既可提高装载能力，又可充分发挥电动机效率。两个蟹爪的平面运动相位差 180°，实现了一个蟹爪耙装，另一个蟹爪返回的交替装载过程，使装煤工作连续进行。蟹爪前端的耙爪磨损后可更换，耙爪上凸出的拨煤齿用来拨煤并起破碎大块煤的作用。

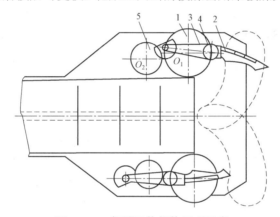

图 3-41　蟹爪工作机构原理示意

1—曲柄圆盘；2—蟹爪；3—连杆；4—曲柄销；5—摇杆

2）转载机构

转载机构可上、下摆动和左、右摆动，以适应卸载位置变化的需要，其动作由后升降液压缸和水平摆动液压缸来完成，工作原理如图 3-42 所示。

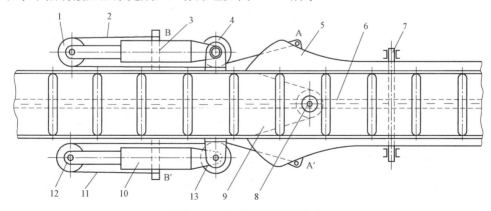

图 3-42　转载机构原理示意

1，12—动滑轮；2，11—钢丝绳；3—左回转液压缸；4，13—定滑轮；5—回转座；6—刮板链；7—水平轴；8—立轴；9—回转台；10—右回转液压缸

两个回转液压缸 3 和 10 分别固定在转载机构中部槽帮两侧，长度相等的两根钢丝绳绕过液压缸柱塞杆端的滑轮，一端与缸体外面的支铁 B 固定，另一端与回转台的固定孔 A 固定。此外，刮板转载机两侧又固定在回转台 9 上，能相对回转座 5 绕立轴 8 水平回转。当左回转液压缸进油时，左回转液压缸柱塞杆伸出，使钢丝绳 2 的外侧段伸出，内侧段缩短，从而拉动转载机构尾部绕立轴向左回转。与此同时，右回转液压缸的柱塞被迫压缩，液压缸内油液排出。相应的钢丝绳 11 内侧段伸长，外侧段缩短。反之，当右回转液压缸进油时，转载机构尾就右移。转载机构尾部可绕立轴左、右各回转 45°。转载机构尾部摆动时，中部槽帮可弯曲伸缩。两回转液压缸都是单作用液压缸。

回转座 5 还能在两个后升降液压缸作用下绕水平轴 7 升降、带动回转台连同刮板转载机尾端升降、调节卸载高度。后升降液压缸也是单作用柱塞式液压缸，柱塞杆端与回转座底面连接，缸体端与履带行走机架连接。

3）履带行走机构

两个履带链轮分别驱动左、右履带链工作。履带行走机构的特点有两点：一是没有支重轮，整个机重通过履带架支承到接地履带上，工作时接地履带与下履带架间发生相对滑动而使行走阻力增加，但结构较简单，适用于重量较轻的机器；二是两条履带由一台主电动机驱动，故结构与传动系统较复杂。

4）机械传动系统

机械传动系统如图 3-43 所示，电动机经主减速箱，中间减速箱和左、右蟹爪减速箱等分别驱动左、右蟹爪，刮板转载，左、右履带及液压系统液压泵。

（1）蟹爪传动系统。电动机经齿轮 1、2、3 和 4，经摩擦片离合器驱动链轮 22，经套筒滚子链传动链轮 23，经齿轮 24、25，锥齿轮 26、27、28 和 29 传动左曲柄圆盘 34 和左蟹爪，同时又经锥齿轮 30、31 和 32 传动右曲柄圆盘 33 和右蟹爪。

（2）刮板传动系统。刮板转载机的主动链轮 35 与锥齿轮 30 和 31 装在同一根轴上，刮板链的张紧轮是滚子 36，故刮板转载机和两个蟹爪是同时开动的。扳动操纵手把，把摩擦片离合打开，刮板转载机和两个蟹爪均停止转动。

（3）履带传动系统。电动机经齿轮 1、2、6 和 7 传动摩擦片离合器 M_1，同时又经齿轮 3（与齿轮 2、6 同轴），齿轮 4、5，齿轮 8、9 传动摩擦片离合器 M_2。由于锥齿轮 3 和 5、齿轮 6 和 8 及齿轮 7 和 9 是模数和齿数对应相同的 3 对齿轮，所以齿轮 7 和齿轮 9 转速相同而转向相反。扳动操纵手把，合上摩擦片离合器 M_1 或 M_2，装煤机就前进或后退，且前进和后退的速度相同。离合器 M_1、M_2 是用同一个手把操纵的，不可能同时合上，所以不会因误操作同时合上两个离合器而损坏机器。

当摩擦片离合器 M_1 或 M_2 被合上时，就经空心轴传动齿轮 10，再经齿轮 11、12、13 和锥齿轮 14、15 传动差动轮系。差动轮系由两对锥齿轮 16、17 及系杆组成。两个锥齿轮 17 的轴上分别装有针轮 18 和 20。针轮拨动履带链轮 19 和 21，履带链轮传动左、右履带。针轮又兼作制动轮。扳动方向手把，制动某一侧的针轮，装载机就向那一侧转弯。

（4）液压泵传动系统。电动机经齿轮 1 和 2，锥齿轮 3、4 和 5 直接驱动液压泵。开动电动机后，液压泵即供油，操作相应的手动换向阀，前、后升降液压缸和回转液压缸等 3 对液压缸即可动作，实现铲煤板的升降、转载机构尾部的升降和摆动。

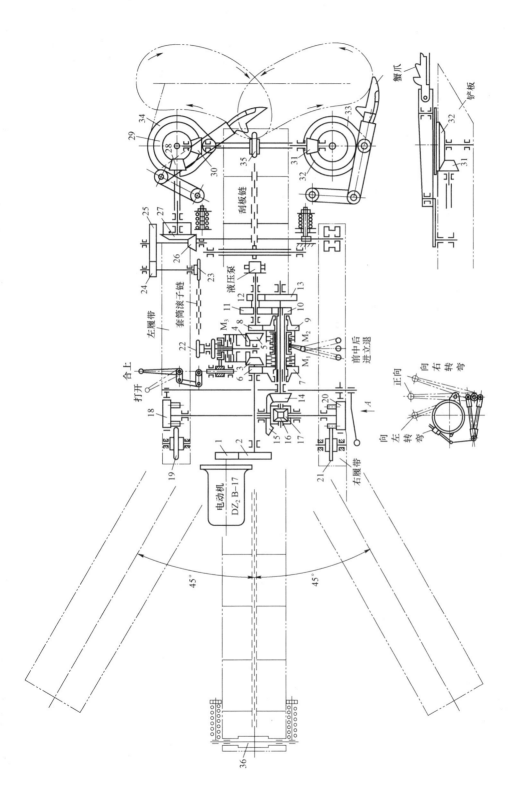

图 3 - 43　机械传动系统

1～17—齿轮；18，20—针轮；19，21—履带链轮；22，23—链轮；24～32—齿轮；33，34—曲柄圆盘；35—主动链轮；36—滚子 M_1、M_2、M_3 摩擦片离合器

5）液压系统

液压系统包括 YBC-45/80 型齿轮泵、换向阀组和液压缸，如图 3-44 所示。换向阀组包括单向阀、安全阀和 3 个手动换向阀。

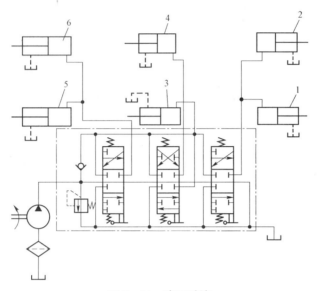

图 3-44　液压系统

1，2—铲板升降油缸；3，4—机尾回转液压缸；5，6—机尾升降液压缸

液压缸都是单作用柱塞式液压缸，每两个构成 1 组，分别控制装煤铲板的升降、转载机构尾部的升降和回转。

系统工作时，3 个换向阀分别操纵 3 组液压缸。当 3 组液压缸均不工作时，液压泵经三阀中间位置直接卸载。安全阀对系统起保护作用，单向阀在液压泵卸载期间起锁紧保压作用。

第五节　掘进机的操作和维修

以 EBZ-318H 型掘进机为例说明掘进机的操作和维修。

一、操作台及操作

EBZ-318H 型掘进机操作台如图 3-45 所示。

1. 操作手柄

操作手柄时，要缓慢平稳，不要用力过猛。要经过中间位置，例如：机器由前进改为后退时，要经过中间的停止位置，然后改为后退。操作其他手柄时也一样。

1）掘进机的行走

前进：将手柄向前推动，即向前行走。

后退：将手柄向后拉，即后退。

转向：使其中的一个手柄位于中间位置，操作另一个手柄即可转弯。但要注意前部的截割头不要碰撞左、右的支柱。

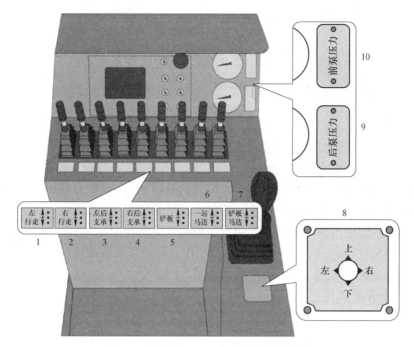

图 3-45 EBZ-318H 型掘进机操作台

1—左行走控制手柄；2—右行走控制手柄；3—左后支承升降控制；4—右后支承升降控制手柄；5—铲板升降控制手柄；

6—第一运输机电动机；7—星轮回转控制手柄；8—截割头的移动；9—后泵压力计数；10—前泵压力读数

2）星轮的回转

将手柄向前推，星轮正向转动；当手柄拉回零位时，星轮停止；将手柄向后拉，星轮反向转动。

3）铲板的升降

若将手柄向前推动，铲板向上抬起，铲尖距地面高度可达 508 mm；将手柄向后拉，铲板落下与底板相接，铲板可下卧 345 mm；将手柄拉回到零位，则停止。

注意：

（1）当截割时，应将铲尖与底板压靠，以防止截割头处于最低位置时星轮与截割部的下面相碰，这样会损坏设备。

（2）当行走时，必须抬起铲板。

4）第一运输机

将手柄向前推动，第一运输机正转，反之逆转。将手柄拉回到零位，则停止。将手柄向后拉，第一运输机反向转动。

注意：

（1）第一运输机的最大通过高度为 400 mm，因此，当有大块煤或岩石时，应事先打碎后再运送。

（2）当第一运输机反转时，不要将第一运输机上面的块状物卷入铲板下面。

5）截割头的移动

将手柄由中间位置向右推动，截割头向右进给；将手柄向左推动，截割头向左进给；将手柄向前推动,即向上进给;将手柄向后拉,即向下进给。

6)后支承

若将后支承手柄向前推,左、右后支承抬起;反之后支承下降。

注意:在后支承伸出工作时,禁止推动行走,否则将损坏后支承。

7)喷雾

外喷雾控制阀位于操作员的右后侧,在启动截割电动机开始掘进前,必须打开此阀、水冷却液压系统和截割电动机后,向截割头处喷雾。

在掘进时必须打开外喷雾控制阀。

(1)确定其流量不小于 30 L/min 后,方可开始进行截割,否则容易造成液压系统油温升高和截割电动机损坏。其外喷雾喷嘴位于截割头后部和设备两侧。

(2)不能单一地使用内喷雾,而必须内、外喷雾同时使用。

(3)当油温超过 70 ℃时,应停止掘进机工作,对液压系统及冷却水系统进行检查,待油温降低以后再开机工作。

8)压力表和张紧旋阀

图 3-46 所示是操作台外形及张紧旋阀示意。

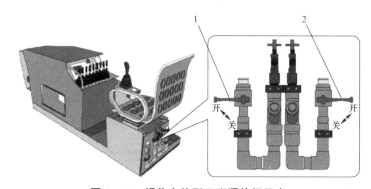

图 3-46 操作台外形及张紧旋阀示意

1—履带张紧阀;2—运输机张紧阀

在操作台上装有压力表、旋阀,通过压力表直接读出泵的压力。

通过张紧旋阀的不同位置,可以分别张紧第一运输机、行走张紧油缸。

注意:当油温超过 70 ℃时,设备应停止工作,并对液压系统及冷却水系统进行检查,待油温降低以后再开机工作。

2. 操作按钮

1)复位、警报

将"复位/警报"开关向上轻扳至"警报"位置,警报继电器线圈得电,其常开点闭合,电铃回路接通电源,电铃鸣响,系统发出警报。

在截割电动机启动前必须先发出报警信号。

复位则电铃不响。

2)油泵电动机的启动、停止

将"油泵启/停"开关向左轻扳至"启动"位置,警报运行继电器先得电,电铃鸣响 5 s后停止,此时油泵运行继电器得电,其常开点闭合,从而使真空接触器线圈得电,接触器主触点闭合，油泵电动机主回路接通电源，电动机运行。

停止则相反。

3）截割高速电动机的启动、停止

油泵运行后，将"高速启/停"开关向左轻扳至"启动"位置，警报运行继电器先得电，电铃鸣响 5 s 后停止，此时高速运行继电器得电，其常开点闭合，使高速真空接触器线圈得电，接触器主触点闭合，使高速电动机主回路接通电源，高速电动机启动运行。

停止则相反。

4）截割低速电动机的启动、停止

油泵运行后，将"低速启/停"开关向左轻扳至"启动"位置，警报运行继电器先得电，电铃鸣响 5 s 后停止，此时低速运行继电器得电，其常开点闭合，使低速真空接触器线圈得电，接触器主触点闭合，使低速电动机主回路接通电源，低速电动机启动运行。

停止则相反。

5）第二运输机电动机的启动、停止

将"二运启/停"开关向左轻扳至"启动"位置，第二运输机运行继电器得电，其常开点闭合，使第二运输机真空接触器线圈得电，接触器主触点闭合，使第二运输机电动机主回路接通电源，第二运输机电动机启动运行。

停止则相反。

6）总急停

当设备出现误动或紧急情况时，按下三个紧急停止按钮中的任意一个，就能使运行中的所有电动机立刻停止工作，如图 3 - 47 所示。

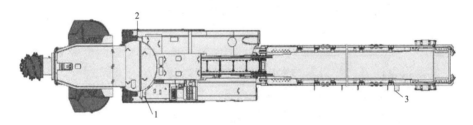

图 3 - 47　三个紧急停止按钮的位置

1—操作台急停开关；2—油箱前侧急停开关；3—第二运输机急停开关

如果想再次启动设备，就顺时针旋转紧急停止开关，待紧急停止开关复位后，再启动所有的电动机。

注意：所有急停开关无法限制误开机。

7）截割急停

按下截割紧急停止按钮，可使运行中的截割电动机立刻停止工作。

如果想再次启动设备，就顺时针旋转截割紧急停止开关，待复位后，再启动截割电动机。

当进行检查、更换截齿作业时，为防止截割头误转动，应将操锚杆阀上的转换开关严格地转向"锚杆"位置；同时也应将设在操作员席前的使截割电动机不能转动的紧急停止按钮按下，并逆时针锁紧（在此状态下，油泵电动机还能启动，各切换阀也是能操作的，因此操作时必须充分注意安全）。

8）遥控操作

上述操作均可遥控操作，方法大致相同。

3. 启动前的检查

开机前，操作员必须对机器进行以下检查：

（1）各操作手把和按钮应齐全、灵活、可靠，各操作手把打到零位。

（2）机械、电器、液压系统、安全保护装置应正常可靠，零部件应完整无缺，各部连接螺栓应齐全、紧固。

（3）电气系统各连接装置的电缆卡子应齐全、牢固，电缆吊挂整齐，无破损、挤压。

（4）液压管路、雾化系统管路的接头应无破损、泄漏，防护装置应齐全、可靠。将所用延长的电缆、水管沿工作面准备好，悬吊整齐，拖拉在掘进机后方的电缆和水管长度不得超过 10 m。

（5）减速器、液压油箱的油位、油量应适当，无渗漏现象，并按技术要求给机器注油、润滑。

（6）转载胶带机应确保完好，托辊齐全。

（7）切割头截齿、齿座应完好，发现有掉齿或严重磨损不能使用的，应切断掘进机电源，及时更换。

（8）装载耙爪、链轮要完好。刮板链垂度应合适，无断链丢销现象，刮板应齐全无损，应拧紧防松螺帽，防止刮板松动。

（9）履带、履带板、销轴、链轮应保持完好，按规定调整履带的松紧度。

（10）喷雾系统、冷却装置、照明装置应完好。

经检查确认机器正常并在作业人员撤至安全地点后，方准送电，并且按操作程序空载试运转，禁止带负荷试运转。

4. 启动

开机前发出报警信号，按机器技术操作规定顺序启动。

只允许正式指定的操作人员启动和操作设备。

（1）将电控箱右侧断路器手柄扳至"合闸"位置，此时前、后照明灯同时点亮。检查显示屏、电压表和设备周围，如果没有异常情况，即可按如下顺序进行开机操作。

（2）将"复位/警报"开关轻扳至"警报"位置，发出开机信号。

（3）将"油泵启/停"开关向左轻扳至"启动"位置，警报先鸣响 5 s 后，油泵启动运转。

（4）打开外喷雾控制阀给系统供水。

（5）开启第一运输机电动机，将手柄向前推动，第一运输机正转。

（6）开启铲板星轮电动机，将手柄向前推动，使星轮转动。

（7）若需截割低速作业，将"低速启/停"开关向左轻扳至"启动"位置，警报先鸣响 5 s 后，截割低速电动机运行。

若需截割高速作业，将"高速启/停"开关向左扳至"启动"位置，警报先鸣响 5 s 后，截割高速电动机运行。

注意：截割头不旋转时不要将设备靠在工作面上，否则会损坏截齿和设备零部件。

（8）若需第二运输机电动机作业，将"二运启/停"开关向左轻扳至"启动"位置，第二运输机电动机运行。

（9）若需除尘系统作业，将"锚杆启/停"开关向左轻扳至"启动"位置，警报先鸣响 5 s 后，除尘电动机运行。

（10）一般开机启动顺序为：开动液压泵电动机—开动转载输送机—开动刮板输送机—开动耙爪式装载机—打开供水阀，启动喷雾装置—开动截割电动机，进行截割和装运作业，当没有必要开动装载时，也可以在开动液压泵电动机后，启动截割电动机。

（11）停机操作顺序为：关闭截割电动机—停止内喷雾—关闭耙爪式装载机—停止刮板输送机—停止转载输送机—铲板落地—截割臂（回缩）落地—后支承液压缸落地—关闭液压泵电动机—各操作阀手柄扳至中间位置—断电。

注意：不允许在不需要紧急停止的情况下，利用紧急停止按钮停整机，也不允许利用停油泵电动机的方法来停高、低速，第二运输机电动机。

5. 收尾工作

（1）按规定操作顺序停机后，应将掘进机退到安全地点，并将铲板放到底部。截割头缩回，切割臂放到底板上，关闭水门，吊好电缆和水管。

（2）在淋水大的工作面，应对电动机、控制箱、操作箱等电气设备进行遮盖。

6. 运行操作注意事项及安全操作

运行操作注意事项

（1）操作手柄时要缓慢平稳，不要用力过猛。

（2）操作员严格按操作指示板操作，熟记操作方式，避免由于误操作而造成事故。

（3）非特殊情况下，尽量不要频繁点动电动机。

（4）输送机最大通过物料块度有限制，当有大块煤或岩石时应事先破碎后再运走。

（5）当启动截割电动机时，应先鸣响警铃，确认安全后再启动开车。

（6）截割时必须进行喷雾，确认有喷雾时方可截割煤岩。

（7）截割头不能同时向左又向下、向右又向下，必须单一方向操作。

（8）当机械设备和人身处于危险场合时，可直接按紧急停止按钮，此时全部电动机停止运转。

（9）当油温升到 70 ℃以上时，应停机检查液压系统和冷却系统。当冷却水温在 40 ℃以上时，应停机检查升温的原因。

（10）掘进机在前进或后退时，注意前部截割头、后部转载机，不要碰到支架。同时注意防止压坏电缆。

（11）当掘进机行走时，必须将前部铲板和后支承全部抬起。

（12）利用截割头上下、左右移动截割，可截割出初步断面形状。如果截割断面与需要的形状和尺寸有一定的差别，可进行二次修整，以达到断面的形状和尺寸要求。

（13）当遇到硬岩时，不应勉强截割。对部分露头硬石，应首先截割其周围部分，使其坠落。对大块坠岩须经处理后再行装载。

（14）开始截割时，应使截割头慢慢靠近煤岩，当达到截深后（或截深内），所有截齿与煤岩接触时，才能根据负荷情况和机器振动情况加大给进速度。截割速度应与装载能力相适应，当需要调速时，要注意速度变化的平稳性，以防止冲击。

（15）截割头横向给进截割时，必须注意与前一刀的衔接，应一刀压一刀地截割，重叠厚度以 150～200 mm 为宜。

（16）截割头可以伸缩的掘进机，前进截割和横向截割都必须使截割头在伸缩的位置进行。截割头必须在旋转中钻出，不得停止外拉。当掘柱窝时，应将截割头伸到最长位置，同时将铲板降到最低位置向下掘，然后在此状态下将截割头向回收缩，可将煤岩拖拉到铲板附近，以便装载，然后人工对柱窝进行清理。

（17）一旦发生危急情况，必须用紧急停止按钮立即切断电源。

（18）断电之前一定要将截割头放置于底板上。

7. 安全操作

（1）操作员应具有初中以上文化程度，热爱本职工作，责任心强，并经专门培训，考试合格后方可上岗并持证上岗。

（2）操作员必须熟悉机器的结构、性能、动作原理，能准确、熟练地操作机器，懂得设备的一般维护保养和故障处理知识。

（3）操作员必须坚持使用掘进机上所有的安全闭锁和保护装置，不得擅自改动或甩掉不用，不能随意调整液压系统、雾化系统各部的压力。

（4）各种电气设备控制开关的操作手柄、按钮、指示仪表等要妥善保护，防止损坏或丢失。

（5）操作员除会熟练操作机器外，还应对机器进行日常检查和维护工作。在发现掘进机有故障时，应积极配合维护人员进行处理，不能处理时，要立即向区队或调度室汇报。

（6）必须配备正、副两名操作员，正操作员负责操作，副操作员负责监护。必须精神集中，不得擅自离开工作岗位，不得委托无证人员操作。

（7）在掘进机停止工作、检修及交接班时，必须断开机器上的隔离开关，并挂停电标示牌。

（8）对机器运转情况和存在的问题，交班操作员必须向接班操作员交代清楚。

（9）掘进机前、后 20 m 以内风流中瓦斯浓度达到 1.5%时，必须停止运转，切断电源，并及时进行处理。瓦斯浓度降到 1%以下时，方可送电开机。

（10）接班后，操作员应认真检查工作面及掘进机周围情况，保证工作区域安全、整洁和无障碍物。

（11）根据不同性质的煤岩，确定最佳的切割方式。具体方法参照下列方式：

① 掘进半煤岩时，应先截割煤，后截割岩石，即"先软后硬"。

② 一般情况下，应从工作面下部开始截割，先切割底后掏槽。

③ 切割必须考虑煤岩的层理，截割头应沿煤的层理方向移动。

④ 切割全煤，应先四面刷帮，再破碎中间部分。

⑤ 对于硬煤，采取自上而下的截割程序。

⑥ 对较破碎的顶板，应采取留顶煤或截割断面周围的方法。

（12）截割煤岩时应注意以下事项：

① 岩石硬度大于掘进机切割能力时，应停止使用掘进机，并采取其他破岩措施。

② 根据煤岩的软硬程度掌握好机器推进速度，避免发生截割电动机过载或压死刮板输送机等现象，切割时应放下铲板。如果落煤量过大而造成过载，操作员必须立即停机，将掘进机退出，进行处理。严禁点动开机处理，以免烧毁电动机或损坏液压电动机。

③ 截割头必须工作在旋转状况下才能截割煤岩。截割头不许带负荷启动，推进速度不宜太大，禁止超负荷运转。

④ 截割头在最低工作位置时，禁止将铲板抬起。截割部与铲板的间距不得小于 300 mm，严禁截割头与铲板相碰。截割上部煤岩时应防止截齿触网、触梁。

⑤ 经常注意清底及清理机体两侧的浮煤（岩），扫底时应一刀压一刀，以免底部出现硬坎，防止履带前进时越垫越高。

⑥ 煤岩块度超过机器龙门的高度和宽度时，必须先人工破碎后方可装运。

⑦ 当油缸行至终止时，应立即放开操作手柄，避免溢流阀长期溢流，造成系统发热。

⑧ 掘进机向前掏槽时，不准使切割臂处于左、右极限位置。

⑨ 装载机构、转载机构及后配套运输设备不准超负荷运转。

⑩ 随时注意机械各部、减速器和电动机声响以及压力变化情况，发现问题应立即停机检查。

⑪ 风量不足、除尘设施不齐不准作业。

⑫ 电动机长期工作后，不要立即停冷却水，应等电动机冷却数分钟后再关闭水路。

⑬ 发现危急情况时，必须用紧急停止按钮切断电源，待查明原因，排除故障后方可开机。

（13）掘进机前进时应将铲板落下，后退时应将铲板抬起。

（14）掘进机工作时应将支承油缸升起，前进、后退时应将支承油缸收起。

（15）操作员工作时精神要集中，开机要平稳，看好方向，并听从迎头人员指挥。发现有冒顶预兆或危及人员安全时，应立即停机，切断电源。

二、截割路线与截割程序

1. 巷道成形的截割路线

对于较均匀的中等硬度煤层，采取由下向上的分段摆动，如图 3-48 所示；对于较破碎的顶板，采取超过前支护或者预留顶煤的办法，由下至上分段摆动，但要注意将底面清理干净，否则铲板靠不上前，机器履带垫起。

基本方法为，利用设备截割部上、下、左、右移动，以及行走功能，使截割头扫过整个巷道断面。截割下的岩石由铲板收集并装运。

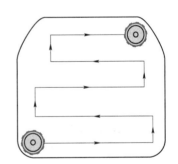

图 3-48　截割路线

准备工作时，首先启动油泵电动机，打开喷雾装置，并开动第一运输机与铲板，将截割部处于水平和设备中心位置，启动截割电动机，开动掘进机，靠掘进机行走部使截割头逐渐插入岩石掏槽，插入深度根据实际情况确定。

2. 截割程序

截割程序如图 3-49 所示。

推动截割部回转油缸操作手柄，使截割部向左、向右横扫，再推动升降油缸，使截割部向上、向下截割。利用截割头上下、左右移动截割，可截割出初步断面形状，如截割断面与实际所需要的形状和尺寸有一定的差别，可进行二次修整，以达到断面的形状和尺寸要求。

当进尺达到一定空顶距时，停止截割，将掘进机退至永久支护下并放下截割部。然后人工进行敲帮问顶，处理掉活矸，确认安全后，打设临时支护。临时支护有多种方式，用户可

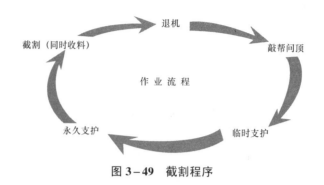

图 3-49 截割程序

根据实际情况选择合适的方法。之后，人员站在临时支护下打设锚杆、锚索以及挂网等，完成永久支护。

这就是一个作业循环，下个循环开始后，对于需要喷浆的场合，可以利用喷浆机在设备后面的空档位置进行喷浆。如此循环，完成巷道成形。

三、维护检修

1. 截齿的更换

截齿正常使用，磨损长度为 10～15 mm 时，必须更换截齿，禁止在磨损长度超过 15 mm 时继续使用，如图 3-50 所示。

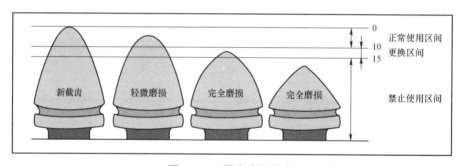

图 3-50 截齿磨损状态

2. 截齿损坏的原因

（1）研磨磨损。禁止将整个截割头钻进岩壁，进行截割作业。在切割硬岩时，要根据工作实际情况决定时间的长短（如 0.5 h 或 1 h），停机观察截齿的使用情况，如发现截齿断裂或磨损大，则必须及时更换，否则截割时会损坏齿座，使截割头升井维修。

（2）合金腐蚀与塑性变形破坏。

（3）过载损坏。

（4）切削过程中没有冷却水，截齿不转动。

（5）岩石非常坚硬。

3. 大坡下山时掘进机截割部的润滑

由于在大坡度工况条件下，掘进机整体处于倾斜平面，截割部总是向下倾斜，因此在工作过程中必须每两小时进行一次如下动作：抬起截割头停顿 1 min，缓慢放平截割部并低速旋转约一分钟，使润滑油充分回流，保证截割部整体润滑效果。

4. 设备停放

（1）完全放下后支承千斤顶；

（2）将铲板放到地平面上；

（3）收回截割臂并将其降到地面的位置；

（4）关掉所有的液压操作，务必保证所有的控制器在中间位置；

（5）关闭油泵、截割部、第一运输机等的电动机，关掉设备的供水；

（6）切断电源，取下断路器手柄。

5. 维修前的注意事项

（1）按维护要求佩戴安全帽等安全用具，高处作业时要使用安全带等。

（2）清洗设备时不得向电气元件和接头喷水。

（3）回转半径内严禁站人，防止碰撞、挤伤等危险事故的发生。

（4）禁止带电检修，禁止在设备运转时检修。

（5）胶管、软管、液压阀等液压部件受损，设备会停止，但由于系统的一部分依然承受压力，所以要把压力释放后才可检修。

（6）电气设备检修由持证电工进行。

（7）掘进机必须将设备停在平整、坚硬的地方，避免设备滑动、下陷。

（8）不允许在危险的或无顶板支承的环境中对设备进行维护、维修工作。

6. 润滑

使用润滑油，就是为了减少设备磨损，有利散热，延长掘进机的使用寿命，减少润滑不良造成的各种故障。

应在最初开始运转100 h左右更换润滑油，因为在此时间内，齿轮和轴承完成了跑合过程，随之产生了少量磨耗。而在此之后每相隔1 500 h或者6个月以内必须更换一次。当更换新润滑油时，应事先清洗掉箱底的沉淀物后进行。

四、检查

减少设备停机时间的最重要因素就是对设备进行正确的维护和保养、润滑充分、调试得当。正确地对设备进行维护才能使其寿命更长、作业效率更高。

1. 每日检查

日常的检查和维修，是为了及时地消除事故的隐患，使设备能充分发挥作用，尽早发现设备各部位的异常现象，并采取相应的处理措施。

每日检查部位、内容及处理方法见表3-5。

表3-5　每日检查部位、内容及处理方法

检查部位	检查内容及处理方法
截割头	（1）截割后检查截齿的磨损、损坏情况，立即更换新的截齿； （2）截割后检查截齿是否活动旋转，敲击使截齿活动旋转； （3）检查截齿座有无裂纹、磨损； （4）截割后检查紧固螺钉是否松动，若松动应立即拧紧
截割臂	（1）检查有无异常振动和声响； （2）检查有无异常升温现象； （3）如润滑油量不足，应及时补充

检查部位	检查内容及处理方法
减速机部	（1）检查有无异常振动和声响； （2）通过油位计检查油量； （3）检查有无异常升温现象； （4）检查螺栓类有无松动现象
行走部	（1）检查履带的张紧程度是否正常； （2）检查履带板有无损坏； （3）检查各转动轮是否转动； （4）检查螺栓类有无松动现象
铲板部	（1）检查星轮的转动是否正常； （2）检查星轮的磨损情况； （3）检查连接销有无松动； （4）检查螺栓类有无松动现象
第一运输机	（1）检查链条的张紧程度是否合适； （2）检查刮板、链条的磨损、松动、破损情况； （3）检查从动轮的回转是否正常
分配器（润滑系统）	检查分配器上的报警器是否有油脂溢出，如有则说明该点发生堵塞，应立即查找原因，排除该堵塞点
油箱的油温	检查油冷却器进口侧的水量是否充足，以保证油箱的油温在 10 ℃～70 ℃ 范围内
油泵	（1）检查油泵有无异常声响； （2）检查油泵有无异常升温现象
液压电动机	（1）检查液压电动机有无异常声响； （2）检查液压电动机有无异常升温现象
换向阀	（1）检查操纵手柄的操作位置是否正确； （2）检查有无漏油现象
液压油	（1）检查液压油位； （2）检查所有的液压油状态（污染情况、气泡、泡沫等）
电气系统	检查所有可见电缆，执行机器的启动程序，确保所有控制功能正常
配管类	如有漏油处，应充分紧固接头或更换 O 形圈；如胶管护套磨损，应及时更换
油箱油量	如油量不够，应加注油
水系统	清洗过滤器内部的脏物，清洗堵塞的喷嘴

2. 每月检查

检查下述各项有无异常现象，并参照各部的构造说明及调整方法。对于有泥土和煤泥沉积的部位要定期清除。

以每 250 h 或每个月先到为准，在每日检查的基础上检查表 3-6 所示内容。

表 3-6　每月检查部位及内容

检查部位	检查内容
截割头	修补截割头的耐磨焊道
	更换磨损的齿座
	检查凸起部分的磨损
	检查截割头后部密封盖板螺栓有无松动现象。定期更换防尘毛毡并注润滑脂
截割臂	检查盘根座有无过度磨损

续表

检查部位	检查内容
截割减速机和电动机	检查螺栓类有无松动
铲板部	检查驱动装置的密封
	检查轴承的油量
本体部	检查回转轴承紧固螺栓有无松动现象
	检查机架的紧固螺栓有无松动现象
	为回转轴承加注黄干油
行走部	检查履带板
	检查张紧装置的动作情况
	调整履带的张紧程度
第一运输机	检查链轮的磨损
	检查刮板的磨损
喷雾部	调整减压阀的压力
	检查密封处的漏水量是否正常
	清洗过滤器及喷嘴
润滑系统油脂泵	检查泵内的油脂量，及时加满
液压系统	检查液压电动机联轴器
油缸	检查缸盖有无松动
电气部分	检查电源电缆有无损伤
	紧固各部螺栓

3. 每半年检查

检查下述各项有无异常现象，并参照各部的构造说明及调整方法。对于有泥土和煤泥沉积的部位要定期清除。

以每 1 500 h 或每 6 个月先到为准，在每日及每月检查的基础上检查表 3-7 所示内容。

表 3-7 每半年检查的部位及内容

检查部位	检查内容
截割减速机和电动机	分解检查内部
	换油
铲板部	修补星轮的磨损部位
	检查铲板上盖板及镜板的磨损
行走部	拆卸检查张紧装置
	检查张紧轮及加油
行走减速机	分解检查内部
	换油（使用初期 1 个月后）
第一运输机	检查溜槽底板的磨损及修补
	检查从动轮及加油
液压系统	更换液压油
	更换滤芯（使用初期 1 个月后）
	调整换向阀的溢流阀

检查部位	检查内容
油缸	检查密封
	检查衬套有无松动，缸内有无划伤、生锈
电气部分	检查电动机的绝缘阻抗
	检查控制箱内电气原件的绝缘电阻

4. 每年检查

以每 3 000 h 或每 1 年先到为准，在每日、每月及每半年检查的基础上检查表 3-8 所示内容。

表 3-8　每年检查的部位及内容

检查部位	检查内容
截割减速机和电动机	为电动机加注黄干油
行走部	拆卸检查驱动轮
	检查支重轮及加油
电气部分	为电动机轴承加注黄干油

五、故障现象、原因及排除方法

故障现象、原因及排除方法见表 3-9。

表 3-9　故障现象、原因及排除方法

故障现象	原因分析	排除方法
截割头不转动	（1）截割电动机过负荷； （2）过热继电器动作； （3）截割头轴损坏； （4）减速机内部损坏	（1）减轻负荷； （2）约等 3 min 复位； （3）检查内部； （4）检查内部
星轮转动慢或不转动	（1）油压不够； （2）电动机内部损坏	（1）调整溢流阀； （2）更换新品
第一运输机链条速度低或者动作不良	（1）油压不够； （2）电动机内部损坏； （3）运输机过负荷； （4）链条过紧； （5）链轮处卡有岩石	（1）调整溢流阀； （2）更换新品； （3）减轻负荷； （4）重新调整张紧程度； （5）清除异物
履带不行走或者行走不良	（1）油压不够； （2）电动机内部损坏； （3）履带板内充满砂、土并硬化； （4）履带过紧； （5）驱动轴损坏； （6）行走减速机内部损坏	（1）调整溢流阀； （2）更换新品； （3）清除砂土； （4）调整张紧程度； （5）检查内部； （6）检查内部
履带跳链	（1）履带过松； （2）张紧油缸损坏	（1）调整张紧程度； （2）检查内部
减速机有异常声响或温升高	（1）减速机内部损坏（齿轮或轴承）； （2）缺油	（1）拆开检查； （2）加油
漏油	（1）配管接头松动； （2）O 形圈损坏； （3）软管破损	（1）紧固或更换； （2）更换 O 形圈； （3）更换新品

续表

故障现象	原因分析	排除方法
液压泵不出油、输油量不足、压力上不去	(1) LS 阀卡滞； (2) 吸油管或过滤器堵塞； (3) 进油管连接处泄漏，混入空气，伴随噪声大； (4) 油液黏度太大或油液温升太低	(1) 重新反复调节、清洗或更换 LS 阀； (2) 疏通管道，清洗过滤器，换新油； (3) 紧固各连接处螺钉，避免泄漏，严防空气混入； (4) 正确选用油液，控制温度
液压泵噪声严重，压力波动大	(1) 吸油管及过滤器堵塞或过滤器容量小； (2) 吸油管密封处漏气或油液中有气泡； (3) 泵与联轴节不同心； (4) 油位低； (5) 油温低或黏度高； (6) 泵轴承损坏； (7) 泵上的调节阀损坏	(1) 清洗过滤器使吸油管通畅，正确选用过滤器； (2) 在连接部位或密封处加点油，如噪声减小，拧紧接头或更换密封圈；回油管口应在油面以下，与吸油管要有一定距离； (3) 调整同心； (4) 加油液； (5) 把油液加热到适当的温度； (6) 检查（用手触感）泵轴承部分，换件； (7) 更换调节阀
轴颈油封漏油	漏油管道液阻太大，使泵体内压力升高到超过油封许用的耐压值，轴封磨损	检查柱塞泵体上的泄油口是否用单独油管直接接通箱。若发现把几台柱塞泵的泄漏油管并联在一根同直径的总管后再接通油箱，或者把柱塞泵的泄油管接到总回油管上，则应予改正。最好在泵泄漏油口接一个压力表，以检查泵体内的压力，开式泵其值应小于 0.08 MPa，闭式泵其值应小于 0.2 MPa
液压油缸受到冲击或无法锁定或开启	阀失去平衡或锁定作用	先导平衡阀插件，故障方向相反则调节平衡阀的压力，无法排除时更换相应插件，或清洗阀座的控制油道
液压油缸爬行	(1) 空气侵入； (2) 液压缸端盖密封圈压得太紧或过松； (3) 活塞杆与活塞不同心； (4) 活塞杆全长或局部弯曲； (5) 液压缸的安装位置偏移； (6) 液压缸内孔直线性不良（鼓形锥度等）； (7) 缸内腐蚀、拉毛； (8) 双活塞杆两端螺帽拧得太紧，使其同心度不良； (9) 油缸筒变形	(1) 增设排气装置，如无排气装置，可开动液压系统以最大行程使工作部件快速运动，强迫排除空气； (2) 调整密封圈，使它不紧不松，保证活塞杆能来回用手平稳地拉动而无泄漏（大多允许微量渗油）； (3) 校正二者同心度； (4) 校直活塞杆； (5) 检查液压缸与导轨的平行性并校正； (6) 镗磨修复，重配活塞； (7) 轻微者修去锈蚀和毛刺，严重者需镗磨； (8) 螺帽不宜拧得太紧，一般用手旋紧即可，以保持活塞杆处于自然状态； (9) 更换油缸

复习思考题

1. 巷道掘进方法主要有哪几种？

2. 掘进机是如何分类的？

3. 简述装载机的分类。

4. 何谓部分断面巷道掘进机和全断面巷道掘进机？

5. 简述 EBZ318H 型号的含义。

6. 简述 EBZ318H 型掘进机的主要组成部分及其作用。

7. 简述 EBH315 型掘进机的适用范围。

8. 简述全断面巷道掘进机的分类。

9. 简述全断面巷道掘进机的优、缺点。

10. 简述全断面巷道掘进机的基本功能。

11. 全断面巷道掘进机的刀具是什么样的？它是利用什么原理破碎岩石的？

12. 盾构机主要用于哪些方面的建设？

13. 试述 P-30B 型耙斗式装载机的结构及装载原理。

14. 试述 P-30B 型耙斗式装载机绞车结构及传动系统。

15. 试述 ZC-60B 型铲斗装载机的结构及装载原理。

16. 试述 ZC-60B 型铲斗装载机主要组成部件结构原理及液压系统工作原理。

17. 试述 ZMZ_{2A}-17 型蟹爪装载机的主要组成部分及工作过程。

18. 试述 ZMZ_{2A}-17 型蟹爪装载机转载机构的上、下和左、右摆动的完成方式。

19. 悬臂式掘进机的截割头按其中心与悬臂轴线的关系分为哪两种？

参 考 文 献

[1] 谢锡纯，李晓豁. 矿山机械与设备 [M]. 徐州：中国矿业大学出版社，2012.

[2] 程居山. 矿山机械 [M]. 徐州：中国矿业大学出版社，1997.

[3] 李峰. 现代采掘机械 [M]. 北京：煤炭工业出版社，2011.

[4] 王仓寅，丁原廉. 采掘机械 [M]. 北京：煤炭工业出版社，2005.

[5] 毋虎城，王国文. 煤矿采掘运机械使用与维护 [M]. 北京：煤炭工业出版社，2012.

[6] 国家安全生产监督管理总局，国家煤矿安全监察局. 煤矿安全规程 [M]. 北京：煤炭工业出版社，2016.

[7] 何全茂，王国文. 煤矿固定机械运行与维护 [M]. 北京：煤炭工业出版社，2011.

[8] 黄开启，古莹奎. 矿山机电设备使用与维修 [M]. 北京：化学工业出版社，2011.

[9] 赵汝星，陈希. 矿山机械运行与维护 [M]. 北京：中国劳动出版社，2010.

[10] 汪浩. 煤矿机械修理与安装 [M]. 北京：煤炭工业出版社，2010.

[11] 丁杰. 采掘机械使用与维护 [M]. 徐州：中国矿业大学出版社，2009.

[12] 于励民，仵自连. 矿山设备选型使用手册 [M]. 北京：煤炭工业出版社，2007.

[13] 徐从清. 矿山机械 [M]. 徐州：中国矿业大学出版社，2009.

[14] 陈维健. 矿井运输与提升设备 [M]. 徐州：中国矿业大学出版社，2007.

[15] 裴文喜. 矿山运输与提升设备 [M]. 北京：煤炭工业出版社，2004.

[16]] 毋虎城. 采掘运机械 [M]. 北京：煤炭工业出版社，2011.

[17] 刘振洲，王瑞贤，等. 综采工作面"三机"正确选型及合理配套的探讨 [J]. 煤矿安全，2006（1）.